# 新疆棉花传

任茂谷 —— 著

浙江人民出版社

图书在版编目（CIP）数据

新疆棉花传 / 任茂谷著. -- 杭州 ：浙江人民出版
社，2025. 6. -- ISBN 978-7-213-11908-8

Ⅰ．S562

中国国家版本馆CIP数据核字第2025FF1937号

# 新疆棉花传

任茂谷　著

出版发行：浙江人民出版社（杭州市环城北路177号　邮编　310006）
市场部电话：(0571)85061682　85176516
责任编辑：余慧琴　徐雨铭　柴艺华
营销编辑：张紫懿　周乐兮
责任校对：汪景芬
责任印务：程　琳
封面设计：今亮后声
电脑制版：杭州兴邦电子印务有限公司
印　　刷：杭州富春印务有限公司
开　　本：710毫米×1000毫米　1/16　　印　　张：21
字　　数：241千字　　　　　　　　　　插　　页：1
版　　次：2025年6月第1版　　　　　　印　　次：2025年6月第1次印刷
书　　号：ISBN 978-7-213-11908-8
定　　价：86.00元

如发现印装质量问题，影响阅读，请与市场部联系调换。

# 目　录

# 序言　一块黑色的印迹

## 一

棉花给我最早的记忆，是一颗糖的褒奖和一场痛打，以及留在身上的终生印记。

7岁那年的初冬，经过春天割草、夏天拾麦穗、秋天在场院和庄稼地里捡粮食，直到下了第一场雪，全村进入冬闲，我还在想着到哪儿搜捡一些能吃能用的东西。我妈除了不让我惹是生非，就是让我不停地干活，干别人家孩子不干的活。

有一天，我到生产队那块被羊群啃过多遍的棉花地，摘干枝上没有开花的"死桃子"（棉铃）。那天运气真好，我在一个背阴的角落发现了一小片晚长的棉花，干枝上吊着不少包得紧紧的"死桃子"。摘了半篮子，连蹦带跳提回家。我妈看见高兴坏了，奖给我一颗小米粒大的糖。回想起来，那颗糖应该不止小米粒大，因为特别金贵，特别不经吃，在我的记忆里就成了小米粒那么大。反正很小，肯定不会大过玉米粒。特别甜，放进嘴里就没了，但甜味让唾沫不停地冒泡泡，咽进肚子里持续膨胀，放大到全部神经，让本来跑累的腿脚又欢蹦乱跳。

我兴奋地去找隔壁邻居，我的死党秋富，一起下河滩"打侧侧"，就是城里人说的滑冰。秋富比我大 1 岁，但个子比我矮，胆子比我小。

河里有一个小水潭，刚封冻，冰是透明的，能看见水里的蛤蟆蹬腿游泳。我俩踩上去，冰"嘎巴嘎巴"作响。秋富退了，我大着胆子滑起来，薄冰贴着水面晃动，忽忽悠悠的特别好玩。我滑了一圈，没有事儿。第二圈滑到中间，快要回到岸边时，突然一声脆响，冰破了，"哗啦"一声，我掉进水里。唾沫里的甜泡泡顿时消失。我惊慌起来。好在水潭不深，我已学会了几下狗刨，连滚带爬上了岸。

棉衣棉裤都湿了，回家肯定挨揍。趁太阳还在，我们找了一个避风湾，点起一堆火烤衣服。秋富帮着加柴草，我转着身子烤。好不容易烤到半干时，左腿胯部冒起烟，棉裤着火了。棉花着火就像熔化，扑打不顶用。火"哗哗"烧到肉，我痛得倒地打滚。棉裤上的火压不灭，还有扩大之势，情急之下，我只能滚进水里。火灭了，我成了一条冻狗。棉裤的左腿胯部烧了一个巴掌大的洞。我硬着头皮回到家，"接受"了我爹的一顿痛打。

我爹收手后，我妈把我扒光塞进被子里，翻箱倒柜找棉花要给我补棉裤。她明知道找不到，还是把能找的地方翻了个遍，最后坐在炕沿上，叹着气翻看棉被。她似乎想拆开被角，掏一把棉花出来。被子太薄，掏出一把，就不好再摊匀。她犹豫了好一阵，放下被子，下炕去剥我摘回来的"死桃子"。

她在木墩上把"死桃子"一个一个敲开，撕出里面僵硬的白絮，用擀面杖捶打了一夜。直到天亮，那些白絮也没有像好棉花一样暄起来。早晨太阳出来了，她只好拿出一部分，给我补进棉裤里，里外各打了一层补丁。

这些没有成熟的棉丝原本不会单独用，它能干什么呢？夏天拆洗被子时，里面的旧棉花放在太阳下晒两天，为了节省弹棉花的钱，我妈用手一点一点撕松撕软撕暄，把那些没有长成的棉丝续进去，混在一起，增加被子的厚度。或者纺线时，混到好棉花里一起纺，不太影响棉线的韧性。单独补进棉裤里，没几天就不知滑漏到哪儿去了，原来的那个大洞只剩下两层补丁布。

那年冬天，天气格外冷，风格外硬，绕着没有棉花的空洞，刀子一般在我的左腿胯上剜削。整个冬天，我觉得那个地方贴了一块厚厚的冰，开春脱掉棉裤，冰凉的感觉还留在肉上。那片皮肤变成了紫黑色，像胎记一样，随着我的长大而长大，随着我的衰老，颜色变深，像一块巴掌大的茄子皮。


童年的兴趣是一个岔路口，向左上山，向右下河，长大后的差别可就大了。我出生在缺水的黄土高坡，村里的一条小河，除去掉进冰窟窿的那一次，给我的大多是快乐。很小学会狗刨，稍大一点儿就能游泳。长大后到了新疆，胆子大，去的地方多，江河湖海，见水就敢下，似乎有些天生的鱼性。

我很早就是乌鲁木齐红山冬泳俱乐部的会员，游泳是工作之余最大的一件正事儿。一年四季，只要不外出，没有特殊的事情，天天都去游一趟。到了游泳池，想尽各种办法，不让人看见左腿胯的那块黑皮。无论是坐还是站，总是侧身向右。泳友中有几位纹身爱好者，在胸、背、肩、臂、腿等部位，有纹一条大鲤鱼的，有纹崇拜偶像的，有纹一些特别图案和文字的。这些人的特点，体形健壮，肌肉发达，皮肤紧致，一个个又帅又牛气。我也动了纹身的念头，想废物利用，把这块难看的皮纹成一只乌龟、一头黑熊或者一只大蜘蛛。因为受传统文化影响太深，脑袋里的一道藩篱始终不能突破，跃跃欲试几次，还是作罢，只好带着这块另类的皮肤，接受他人异样的目光。

这块黑色的印迹伴我终生，犹如蜘蛛吐丝，连着一根细细的棉线。线头做成的捻子，穿过煤油灯乌黑油亮的尖嘴，燃起一粒黄豆大的光苗。红黄交替的灯光定格了我的童年，微弱而幽深，摇曳在记忆里，照向远古，让我看到了世界上最早的棉。

## 二

童年的光苗，在心里不停地放大，照耀我沿着阅读的小路，登上一个又一个知识的台阶。

前面的路没有止境，一座座高山还在远方，那粒小小的光苗，放大到光芒万丈，贯通天地，照亮白天和黑夜。我心里的棉花变成了满天的白云，翻阅很多书籍，探寻这种洁白温暖的物质背后的秘密。如同站在高高的台阶，悬崖跳水，纵身一跃，扎向深深的大海，顺着一束亮光游向深邃的远古时代，去看地球上棉花的起源。

我到新疆那一年的秋天，有同事买了当年的新棉花，加工成棉被芯寄给老家的亲戚。年底有回老家探亲的人也会带几床新棉被芯。几年后，我成了家。我妈在我来新疆之前，已经去世了。我结婚时，经济不宽裕，没有回家办婚礼，家里的亲人没有来新疆。两个姐姐给我做了两床新被褥。我爹写信说，无论我何时回家去，都会给我留着。

又过了几年，我带着妻子回家探亲。我爹收到信，提前把那两床被褥从箱子里拿出来，晒了好几天。我刚到家，他第一件事就是告诉我，这是给我的家产，让我回新疆时带走。我在新疆不缺棉被，临走时送给了二姐。

后来，我也给老家寄新棉花、新棉被芯、新棉布。老家亲戚中有人结婚，用新疆棉被芯做婚床上的大红被子，参加婚礼的女宾摸来摸去，很是羡慕。遇有办丧事，用新疆寄回去的白棉布做孝衣、孝帽子，事筵会显得隆重。老家的风俗，凡是戴孝的人，葬礼之后，孝衣、孝帽归本人。因为新疆的白棉布质量好，亲戚后人争着当孝子，能得到七尺好棉布，当孝子有什么不好呢？穷地方薄养厚葬，戴孝的人多，葬礼显得隆重，孝子贤孙们感觉有面子，认为会得到先人更多的荫福。

我生活在新疆，总是看到大片的棉田。每至秋收季节，地上的棉花比天上的白云多，让我觉得新疆天然盛产棉花。

太阳对大地的恩赐本是公平的，但洒在新疆的阳光，含有特殊的金色质地。照耀的时间更长更明亮，更有利于植物的生长。新疆的夏季，日照充足，最长时一天有16小时以上，农作物能充分吸收阳光的热量。昼夜温差大，白天光合作用旺盛，晚上气温降低抑制养分流失，有利于果实储存能量。这样的气候条件十分适合棉花种植，产出的棉花有更好的品质。降雨少，气候干燥，棉花生长过程没有潮湿环境，纤维的丝光性、柔韧度极好。

新疆是中国最早的棉花种植区之一，20世纪50年代之后，在天山北坡的玛纳斯河流域，科研人员突破了北纬44度不产棉的气候瓶颈，引入早熟的陆地棉优良品种，逐步形成南疆、北疆、东疆三大棉花种植区。

20世纪90年代之后，黄河流域和长江流域两大棉区种植面积下降，棉花生产的重点向新疆转移。新疆棉花的种植面积逐年扩大，种植水平提高，产量成倍增长，成为中国乃至全世界最大、最集中的优质棉花种植区。

我与童年好友秋富联系，告诉他新疆棉花的种种奇迹，几次动员他来新疆承包土地种棉花。他本人有些动心，家人不同意，只好作罢。后来，他也离开家乡，在晋南安居乐业。

## 三

我生活在新疆，感觉棉花无处不在，因为太常见，差点儿忘了棉花是植物界的一个奇迹。我用棉花纺织的衣物，贴身穿，睡觉盖，把孩子裹在纯棉织物的襁褓里，过着理所当然的生活。有一天，突然向自己发问：假如没有棉花，生活将会怎样？没有棉花，我睡觉的床上可能会铺皮毛或麦草，穿羊毛、亚麻或丝绸材质的衣服。这些东西不好清洗，替换频率必然降低，长此以往，不利于身体健康。

我经常看到大片大片的棉花地，看到一株株棉花，小树一样站成无边的矩阵，齐整而强大，不由得对它们赞美：地球上所有的植物，唯有棉花，竭尽植物生长的奇迹，它以庄稼的高度，长出树的支撑；以细密的柔软，对抗寒冷；以纯粹的白，供人间印染无限可心的色彩。

我站在大田中观察棉花的生长。一粒种子，经过精选、脱绒，十几次磨炼后，在千挑万拣中诞生，种在地里，发芽出土，长出两片肾形的子叶，而后拔茎长出手掌状的真叶。真叶长成长短不一的裂片，裂口连着叶掌，很像人的手，托举植株一层一层生长。

　　棉花似乎知道自己的使命，主茎直立，快速长高，从叶腋处分生出叶枝和果枝。叶枝是营养枝，通常只长2—4枝，就像家庭里的长子，辅助主茎长出果枝。一旦长出果枝，叶枝就被整枝去掉，将营养省下来留给果枝。每个果枝上会有多个果节，果节生出蕾，开花座铃。棉株成熟时，会有8—10条果枝，长成塔形、筒形和倒塔形，像一个结构完美的家庭。

　　棉花生长分营养生长和生殖生长。营养生长就是植株不断长大，就像一个孩子身体发育；生殖生长则是植株发育成熟后孕育果实，二者相互作用。营养生长过盛，会影响生殖器官的形成和养分积累，进而影响棉花产量；营养生长过弱，无法满足生殖生长的养分需求，植株早衰，影响果实的数量和质量。棉花是通过种子产生纤维的植物，从种子萌芽，到发根、增叶、长茎、分枝，完成营养器官的生长；而后现蕾、开花、结铃、吐絮，完成生殖器官的发育，直到种子和纤维成熟，完成一次生命历程。它有极强的生存能力，主根最多能深入地下2米，侧根和众多根毛组成倒圆锥形的庞大根系，吸收土壤深层的水分。它像极了勤俭持家的女性，吸收的养分，少部分用于自身的营养生长，大部分用于生殖生长，供养十来个洁白靓丽的女儿。

　　细看棉花的生长过程，每一点微小的变化都缜密精确，充满温情。幼小的花芽叫蕾，被三片苞叶捧着，呈锥状三角形。待幼蕾长大，开出花朵，就像是一个家庭的兄弟姊妹。花瓣五片，大如扶桑，艳若牡丹。雄花蕊多，有近百个花药，花丝基部合成管状，包裹着一支雌蕊的花柱和子房，每个子房中有若干个胚珠。雌蕊接受雄蕊的授粉，受精后，每个子房发育成一个棉铃，里面的每个胚珠发育为一粒棉籽。

棉花纤维是由受精后胚珠的表皮细胞伸长和加厚形成的种子纤维，一粒种子上的纤维数量可达一万到两万根，细细的，软软的，交织成茸茸的一团。

大片的棉田地，如同大地的棉被，在沙漠戈壁间，又如水意葱茏的青色湖泊，给土地铺陈出水乡的柔美。夏季开花时节，若荷花荡漾水面；秋天成熟时，白棉映衬蓝天，让天上的吉祥降临人间。

棉花开花时是花，作为果实的棉铃开裂时亦如花开。绽放的花朵娇嫩富丽，演示着仙子美幻无比的霓裳，告诉人们，纺织的未来，就是用棉铃中的纤维，织出开花时的花那样天然美丽的衣裳。

棉花改变着新疆大地，人们为棉花更多更好地盛开忙碌。

汗水，智慧；当下，未来……每一天，每一年，每一块土地，不同的人群，不断创造人间奇迹。

每次看到棉花，我会下意识地去摸左胯的黑色印迹。我为新疆有这么多的棉花高兴，为遍地棉花和种植棉花的人感动。

追寻历史，探求新疆棉花的奥秘，决定为它写一部传记。

是为序。

# 第一章　大地奇迹

## 一

一滴水可以有很多境遇，很多种文学描写，如果放在新疆塔里木盆地的沙漠边缘，会受到怎样的对待呢？

当地人对一滴灌溉用水，会分析它的成分和盐碱度，反复测试利用效果。放大到所有浇灌用水中的每一滴，要选择最节省的使用方法，得到最合理的效果。这样说吧，一般人喝一杯水，单位是"杯"，研究节水的人，会把水分成很微小的单位，会说你一口喝掉了多少万个微单位水。这样的表述，代表了他们对水的态度。

2022年6月21日，夏至。上午10时，新疆尉犁县塔里木河东岸，阿克苏甫一块面积4000亩的棉田里，塔里木河流域巴音郭楞管理局正在举办一场节水灌溉和土壤盐碱控制交流会。从乌鲁木齐和其他地方赶来参会的水利专家、棉花种植研究和种植人员，齐聚棉田查看每亩棉株数量、长势以及土壤的盐碱度等多项指标。使用"干播湿出"技术下，对比分析每亩棉田分两次共滴

水 80 立方和单次滴水 50 立方，对盐碱压制效果、棉花出苗率和
生长情况的影响。对比的结果，两种滴水法都达到了预期的效
果。那么，明年就可以采用更节水的一种方式。

回到管理局大楼二层的总控室，看到右边是几排电脑，后面
坐着忙碌的工作人员。他们对着的整面墙上，是巴音郭楞蒙古自
治州（简称"巴州"）境内流域管理示意图，塔里木河干流、开
都河—博斯腾湖—孔雀河两条水系的支流以及所有的水库、干
渠、支渠、毛渠，都密密麻麻标注在上面；管理区域范围内，所
有的蓄水量，水头行走路线、时间、流量；年度总水量，季节分
布，每一个用水单位、用水的时节，每一块地，每一个人，每一
滴水的用途、使用时间，都一目了然。一切都在掌控中，调水指
令可以直达每一个引水口，后台操作电磁阀开启与关闭。有人开
玩笑说，就连一只麻雀喝的水，都在严格的管控之下。管理目的
是高效节水，节约的水用到生态和生产的各个方面。多节水，种
植面积才能扩大。节水技术于是成了一个重要的研究领域，"干
播湿出"是近几年投入应用的农业种植节水新技术。

临近中午，预报温度 38.6 摄氏度，实际地表温度超过 45 摄
氏度。棉田里热浪滚滚，人们浑身冒汗，心里冒火。工作人员准
备了西瓜，在树荫下切成长条牙，看起来红红的沙瓤很解渴，吃
起来都是热的。黏稠的瓜汁不解渴，反而因为增加了口腔里的糖
分，使得喉咙发黏发干。太热了，说出口的话，因为被蒸发失去
水分而变得沙哑，像碎在空气里的颗粒，影响到听话人耳朵的接
收。尽管如此，人们还是站在棉田里热烈地讨论。酷热让人受不
了，正在生长的棉花却不在意，手掌形状的棉花叶子，叶面朝
上，并没有打蔫。人们弯腰拨弄着棉花，查看生长情况，待所有
的问题都讨论清楚了，才带着采集的数据和研究结果，"逃亡"

似的离去。

如果说天山山脉和昆仑山脉是一只盆的盆沿，那么这两列巨大盆沿，围了一个怎样的盆地呢？这个盆地是塔里木盆地，地理上叫作封闭型特大山间盆地。巨大的盆沿阻挡了水汽进入，成功地留住了太阳的热量。盆地里面是温带大陆性气候，空气干燥，蒸发强劲，年平均降水量43毫米，蒸发量2700毫米。日照时间长，光热资源丰富，昼夜温差大，为绿洲灌溉农业提供了特殊的光热气候条件。新疆的大部分地区，夏至日白天时间14—16小时，特别适合棉花生长。然而，农业生产一个最基本的前提是水。因为缺水，塔里木盆地的大部分面积是沙漠，少部分面积才是绿洲。尉犁县的棉田是少部分中的少数，因为得到充足的水，才有旺盛的生长。


所有人都走了，棉田里的生长却一派热闹。浓密的叶片下，藏着繁星似的花朵，热浪烘托着无以遏制的生机。棉花是一个传承悠久的植物家族，每一株就像一个小家庭，有着爱情的浪漫，生殖的繁密，成熟的温暖。

这些棉花完成了少年时期的营养生长。种子发芽，出土后长出两片肾形子叶，进行最初的光合作用，储藏能量，催动激素。全部力量集中迸发，冲破生长的第一道难关，从两片子叶的中心，长出三片手掌形状的绒面真叶。掌心向上接收阳光，又像撑开的小伞，保护叶面下的经脉根须，吸收地下的养分。小小的棉苗，自我保护，全力吸收，很快长成一棵小树的形状，用一个多月的时间，长出八九根结有棉铃的枝条。种棉人称一条果枝为一台，八九条果枝就是八九台，每一台都有几个果节，结出花蕾。就像一个人，长成了年轻的身体，从单纯的营养生长，转为营养生长与生殖生长并行。手掌状的叶片聚成一篷，集体向上展开，自觉地撑起一片天空。叶片遮掩的枝叶间鼓起花蕾，棉苗青春勃发，开始了隐秘而热烈地爱恋。

花的发育体现了爱的完美仪式。一个花蕾，外层长有三片锥形苞叶。苞叶里的最底层，有五片淡绿色的心形萼片，手拉手合成一个奖杯的形状，护托着花苞的基部。花苞的最里层，子房在安静地发育，苞叶保护花苞，给花苞提供营养。萼片与花苞的接触面，长有一圈乳状突起的蜜腺，分泌着吸引花粉的蜜汁。所有的布局精巧而庄重，让五片花瓣组成的花苞，在爱意的包裹中一点点地鼓胀。直到某一个早晨，朝霞浓烈的八九点，花苞打开了，花冠将生长的密码大胆释放。

棉花的初花是乳白色，五片花瓣徐徐打开，一簇相互拥抱的雄蕊在里面微微颤抖。中央是一个雌蕊，花柱粗壮，柱头圆润，像一位丰满的少女，亭亭玉立，裸露着爱意浓浓的心房。雄蕊数量有一百多个，激动地簇拥在雌蕊周围，每一个细细的蕊柱上，顶着细密的花丝和花药，纷纷向雌蕊献爱。雄蕊们奋勇争先，用开裂的花药把花粉洒上雌蕊的柱头。雌蕊娇嫩的柱体沾满花粉，接受着爱意飞洒的洗礼。雌蕊的柱头被雄蕊授粉，经花柱到达子房，通过珠孔进入胚囊，放出精细胞，与卵细胞结合受精，形成合子，发育成胚。

此时，蜜蜂和一些昆虫飞过来，"嗡嗡""嘤嘤"想要参与其中。棉花的授粉用得着他们吗？不用。棉花雌雄同花，授粉并不需要昆虫们的帮助。它在开花的刹那间，便完成了雄雌相交。这是一朵花的爱恋，倘若比作婚礼，所有赶来的昆虫，恭贺新喜，烘托氛围，起到了传带授粉的友情作用。棉花的传承"血统"正宗，自然产生遗传变异，这是一个漫长而偶然的过程。由此可见，人工培育一个新的优良品种，是一桩非常复杂而艰难的事。

授粉在开花时已经完成，"婚礼"却要持续两天。棉田里的热度在增加，闷热中散发着淡淡的油脂香味。花瓣中含有花青素，随着雄蕊对雌蕊授粉的深入，花瓣的细胞液由碱性渐渐变为酸性，它鲜嫩的乳白随之变色。时间到了当日晚间，乳白不见了，花瓣变为红色，慢慢合拢。犹如新娘受孕后羞红的脸庞，半躲在叶片下面，轻轻遮住如水的身体。经过一夜湿润的陶醉，第二天早晨，变成红色的花朵半开半合。再发生一天的渐变，花瓣的细胞液从酸性又变成碱性，日落时分，红色变成了紫红色，紧紧闭合，直至凋零。

一朵花的"婚礼"，成为一片土地上棉花繁殖的隆重开场。从尽情绽放，到内敛结束，一个小小的棉铃，像一个翠绿的袖珍宝塔，随着花瓣凋零，稳稳地坐在心形的五环杯托上。一夜之间，在这片棉田里，无数个棉铃坐果成功。

不知情的人，在浓绿的棉田里，看见开着三种颜色的花，以为是不同的花色品种。其实，那是一朵花授粉前后不同的颜容。三种颜色像三色不同的云霞。花瓣的质地柔软如绸，兼有某种皮质的韧性。手掌似的叶片，挺举整个生长季。等到秋天，棉铃开裂，叶片的使命完成了，枯萎落地。洁白的棉花铺满大地，呈现出果实特殊的盛开。

棉花开花是花，结果也是花，开花与结果，呈现出四种颜色的花样。长成开花形状的种子，回想当初授粉时的花瓣，那样的色彩那样的质地，成了棉花纺织孜孜以求的理想。

盛夏时节，棉田一片连着一片，连成一块平铺大地的绿洲，一直连向视线尽头的山脉。大山把河流送到绿洲，让绿色把大地丰腴美丽的部位遮盖，在里面隐秘而急速地繁衍生息。

新疆棉花每年的种植，最早从中国陆地最低点吐鲁番盆地开始，随后扩展到东边的哈密，昆仑山下的和田地区，和田往北的喀什地区，塔里木盆地北部的阿克苏地区、巴州；翻过天山，在准噶尔盆地南侧的昌吉州、呼图壁、玛纳斯、石河子、沙湾、奎屯、乌苏、博乐一带，也分布着大片大片的棉田。全疆所有的棉田里，繁密有序的开花坐果，这个过程会持续两个月。

新疆如此之大，给了棉花无边生长的自由，棉花却遵从严谨的生存法则。从远离地球几百公里的卫星向下俯视，新疆的南疆棉区、北疆棉区、东疆棉区，三大棉区的几千万亩棉田，分别连片，成为绿色的宏大奇观。

所有的生长离不开水，新疆的水极为宝贵。盛夏炎热中，河流被晒得慵懒疲惫，让人不禁产生深深的疑虑：等到棉花生长需要大量用水的时期，天不下雨，水从何而来呢？

三大盆地被群山围困，难道是向作为盆沿的群山要水吗？


二


"劝君更尽一杯酒，西出阳关无故人。"

在脚步丈量旅途的漫长历史里，西行之人，离开距敦煌70公里的阳关，再往西，即使背上身体所能承受的最大重量的食物和水，仍然是一条生死长路。戈壁黄沙，茫茫无涯，没有水，没有绿色，没有人家，危险随时可能降临，不知道哪一天才能够走出绝境。"无故人"，不只是前行路上难有故人相遇，而是可能再无归路，与生命里所有的故人成为永别。

新疆的干，新疆的热，自古令人生畏。那样走着，绿色是一个难以想象的梦境。如果能走到丘陵浅山中的隘口星星峡，这是从甘肃进入新疆的峡谷。此时行走的路程超过200公里，干渴依然不减，但是望见了天山的最东端，意味着有了活的希望。玄奘法师当年西行取经，出玉门，穿越戈壁荒漠400公里，耗时15天到了伊吾，即今天的哈密。一个意志坚定、毅力超常的取经之人，都要经过九死一生的磨难，何况常人呢？

一直走，一直走，一直走……

到了哈密，远远看见东天山的著名高峰博格达峰，看见山峰上耀眼的白雪。那是生命凝固的存在，人生的感动会油然而生。100公里外看见它，有了生存的保障。走到它的山脚下，感觉那是幸福的源泉。继续往前走，离开100公里，回头还能看见，脚下仍有赖以生存的绿洲。只要能看见雪山，人就不会有太大的生存危机，这是山对人间生活的护佑。从古至今，被雪山恩泽的人，赋予雪山种种神话。雪山，给辽阔干燥的大地生命之水。因为雪山永驻，山下有了河，有了绿洲，有了耕地，种植粮食和蔬菜，包括大片的棉花，才有了人间的幸福生活。

沿着天山山脉的南麓继续往前走，会看到完全裸露的山体，尖耸干裂，在烈日照射下，呈现出毫无生机的土黄或赭红，寸草不生，没有任何生命的迹象。恰恰就在这些干山之间的峡谷里，有河水流出，养育出一片又一片绿洲。这样的情景让人惊奇不已。这些河水来自哪里呢？

路途依然艰难，会有干渴的长路，但在绿洲与绿洲之间，干渴之路上，有了足迹踩实泥土的道路。在绿洲上行走，还会有林荫鲜花，瓜果美食。一路走着，能看到干山背后的天山更高处，有海拔 6000 米以上高峰 40 多座，每一座都凝固着耀眼的冰雪。能远远看到托木尔峰，那是天山山脉的第一高峰，位居天山中段；看到汗腾格里峰，那是西天山的最高峰。这些冰雪耀眼的大山，让人觉得近处的干山，杳无生迹，也成了原始粗犷的别样风景。那些雪山就是河流发源的地方，汇聚的水，流下高山，从干裂的峡谷里流出来。

沿着天山南麓，在塔里木盆地的北部一直走，上千公里的路程，可能要走几个月，也可能要走几年。走过一片片绿洲，一个个村庄，一座座城市，一个人如果有足够的体力，加上足够的幸运，走完盆地，能走近帕米尔高原，即古代的葱岭。攀登高原的道路几近垂直，险峰峡谷，滚石飞溅，惊险不断。从海拔几百米，上到三四千米的高原，空气变得稀薄，会有步入云天的惊奇与幸福感，犹如道家传说里的得道成仙。

站在高原上，环顾四周，神话里高若天梯的神山就在身边，触手可及。云在山顶，云在山间，云在山脚。山是云故乡，云是山风景，白云绕山，烘托出雪山超于云天的雄浑高大。昆仑山脉西部的三座高峰，公格尔峰、公格尔九别峰、慕士塔格峰。这些山峰上的冰川，动辄面积几百平方公里。几十公里长的冰舌向下散射，融化出一滴一滴世界上最纯净的水。水滴如帘，汇成幽静的小溪，从冰隙里，到砾石间，到草地上，幽静地流淌。

幽静到极致的卡拉库勒湖，幽深的水面，从不同的角度，倒映着几座神山的全貌。连绵的雪山倒悬其中，感觉水比天高，是远离尘世的仙境。被誉为"冰山之父"的慕士塔格峰，倾斜的双峰像巨大的头颅，看不见的风吹动山顶的积雪和白云，形成飘逸的白雾，那是触天"父山"的皓首白发。塔吉克族人的面容像高原一样棱角分明，大大的眼睛如湖水般幽静，这些人与他们居住的石头屋，共同展示着生命的坦诚和坚毅。从天空到地面，空气里的纯洁干净，透析心肺，给人一种脱去凡俗的空灵。随便走在一条小径上，踩着一块石头，凝视一株花草，如同仙境中的相遇。雪山是生命的禁区，高原上任何细微的生长都不平凡，动物、植物与雪峰相伴，都是极限生存的奇迹。平缓小溪，看起来清秀柔顺，却都是大江大河的源头。江河的流淌，放大了生命的磅礴浩荡。

人站在如此高度的纯洁之地，会感慨经历长路修行的超越，产生存在即为高大的感悟。这里是亚欧大陆上几条最长山脉相互连接的山结，喜马拉雅山脉、喀喇昆仑山脉、昆仑山脉、天山山脉、兴都库什山脉，五大山脉汇集于此，有现代冰川1000多条，面积1万多平方公里。

站在这样的高度，似乎能望穿山川时空、宇宙万物。

向北看，天山山脉，全长2500公里，南北平均宽250—350公里，最宽处超过800公里，在中国境内有1700多公里，占地57万多平方公里。山脊群峰大面积位于雪线之上，有现代冰川7000多条，面积1万多平方公里。从大西洋飘来的暖湿气流含有水分，遭遇天山群峰的阻挡，形成降水，使得天山山脉成为新疆大地上的一列湿岛。它用巨大的身躯收集水分，存于山巅，再分流天山南坡和天山北坡，在山下干旱的大地形成绿洲。

向南看，昆仑山脉，长度也是2500公里，跨新疆、青海、西藏、四川，平均海拔5500—6000米，宽度130—200公里，海拔5000米以上的山峰有30多座，冰川面积1000平方公里。天山和昆仑山，以及山系交汇的帕米尔高原，发育了流向塔里木盆地的所有河流，形成塔里木河水系。昆仑山山脉的东段，还是长江、黄河、澜沧江、怒江等一些大河的源头。

新疆的最北端是阿尔泰山脉，海拔和山体不及天山和昆仑山，由于更靠近大西洋与北冰洋，山上有少量的冰川，但有大量的降水，向南流向准噶尔盆地，形成额尔齐斯河和乌伦古河，与天山北坡发育的玛纳斯河等一些河流，共同形成准噶尔盆地的水系。

山脉与盆地相间，盆地与高山相抱，天山横亘中部，把新疆分为南疆和北疆，构成"三山夹二盆"的地形特征。东天山南侧的吐鲁番—哈密盆地是东疆，东天山发育的中小河流，养育着那片炽热的土地。

站在帕米尔高原，纵览新疆大地，广阔的棉花地以及所有的生命，都要感恩山脉。如果没有这些雪山，远离大海的新疆，会是一片荒芜，就像我们现在看到的火星一样。

天山、昆仑山、阿尔泰山，新疆的这几大山脉是天然的"固体水库"，蕴藏有冰川1.86万余条，总面积2.4万平方公里，占全国冰川面积的42%。高山接收着从遥远大洋飘来的水汽，形成降水，与亿万年的冰川，一起汇集了570多条大小河流，穿越山链，切割峡谷，沉积出大大小小的冲积扇，再用河水浇灌，形成亿亩耕地和可垦荒地。

源自高山的河流输送着生命之水。几千万亩棉花，得到雪山之水的浇灌，年复一年地生长。

# 三

　　山脉伸出一条条河流的手臂，抚慰并恩泽几个盆地。然而，相对于缺水的大地，流出山口时气势磅礴的河流，到了大漠，便会感到自己的微弱。它们带着大山的嘱托，在兑现养育大地的承诺中，最终耗尽了自己。

　　大面积种植棉花，需要大量的水。生产与生态，是一个千古不变的话题，河水在二者之间如何合理分配，是人与自然反复争夺又反复和解的一对矛盾。

　　塔克拉玛干沙漠、古尔班通古特沙漠、库姆塔格沙漠，三大沙漠分别占据着南疆、北疆和东疆，还有一些面积较小的沙漠和戈壁散布各地，合计占新疆总面积的三分之一以上。三大山脉孕育的河流，形成几大水系，在三大盆地的边缘，冲积形成可供耕种的土地。这些土地承载的绿洲，如同沙漠的花边，依靠河流维系生存。河流滋养万物，结局是被大漠吸收到只剩下尾闾慵懒发咸的湖泊。

　　人们把河流比作母亲，相信它携带着生命的密码。在新疆大地，水的多少，决定生命的多少；水的流向，决定着生命的走向；水，决定着人类的生存状态和生存方式，以及历史与现实的发展和衔接。

　　塔里木河是大海嫁得最远的女儿，被嫁到了这个很大很干裂的家。盆地面积53万平方公里，中心的沙漠30多万平方公里，山前平原和绿洲近20万平方公里。沙漠里住着"四大恶魔"——极端干旱、极端酷热、极端蒸发和极端风暴。塔里木河流域有上百条河流，构成九大支流水系，分别是孔雀河水系、迪那河水系、渭干河—库车河水系、阿克苏河水系、喀什噶尔河水系、叶尔羌河水系、和田河水系、克里雅河水系和车尔臣河水系。这些水系，在"四大恶魔"称霸的气候环境下，养育了5个地（州）的42个县（市）和兵团4个师的55个团场，近千万人口。

水的本真是快乐的，新疆之水却有着悲情的内在。生于雪山时清纯脱俗，流于大漠时落入垂暮。人类在与河流的相依相偎中，留下了很多水的绝唱。水声潺潺，水色明亮，人类慢慢解读着水的密码，在严酷的自然法则中，留下了沉重的历史。

郦道元《水经注·河水篇》记载，北魏时（5—6世纪），塔里木河分南北两河流入罗布泊。北河上游由喀什噶尔河和阿克苏河构成，流经沙雅县南部时接纳渭干河，到轮台县境接纳迪那河，转向东北，沿群尔库木沙漠以北的塔里木河故道，在库尔勒西南与孔雀河汇合，流入罗布泊。南河上游由叶尔羌河、和田河和克里雅河汇合而成，大体上沿现在塔里木河之南的阿合达里亚，经铁干里克和阿拉干从南流入罗布泊。

看似亘古不变的河流，却在短期内发生了巨大的变化，很多繁花之地，因为水的离去，陷落式地湮灭。

营盘，西域三十六国墨山国的都城，位于楼兰故城西200公里，孔雀河故道的北岸，曾经是丝绸之路北道的必经之地。西汉时屯田聚兵，故名营盘。4世纪，孔雀河断流，罗布淖尔西北的绿洲衰废，历史戛然而止。直到20世纪末，考古学家多次深入，它才得以露出残损的面容。

楼兰，曾经天堂般的水乡泽国。塔里木河和孔雀河流入罗布泊之前，在楼兰城外分出多条支流，有几条环城流淌，有几条穿城而过，无论城内还是城外，河边绿树成荫。城内商旅辐辏，是东西方文明交汇融合的"国际商贸中心"。人们用汉朝钱币与各国货币相互兑换，可以用多种货币完成交易，出售或购买各自所需的物品。那时的楼兰，堪称世界上最好的人文景观。生活在那样水流充沛、繁华富庶的地方，人们何曾想到，美丽的家园有一天会突然被迫废弃。

考古证实，人类在塔里木河盆地的活动，有一万年以上，很多故城在4—5世纪突然消失。现在把遗弃在沙漠中的遗址，用一条线连在一起：营盘—楼兰—米兰—尼雅—喀喇墩—丹丹乌里克……这些故城都分布在距现今人们生活的地方50—200公里的沙海中。这样的故城遗址，已经发现了40余座。

由于人类活动和气候变化的影响，明代，克里雅河与塔里木河干流失去联系；清晚期，耕地增加，喀什噶尔河不再进入塔里木河干流；20世纪40年代之前，迪那河与干流失去地表水联系；40年代之后，开都河—孔雀河、渭干河也逐渐脱离干流。近几十年来，土地不停地开垦，塔里木河上游的三源河流域灌溉面积快速扩大，修建的大型干渠超过塔里木河总长度的三倍，支渠、斗渠、毛渠，总长超6万公里，年引水超过总流量的八成。水量减少，河流改道。1972年，曾经浩瀚无垠的罗布泊干涸，塔里木河主干的尾水可以到达若羌县境的台特玛湖。20世纪80年代后期，叶尔羌河基本无水补给干流，和田河每年断流的时间更长，阿克苏河只在洪水期下泄。到了枯水期，塔里木河干流的河水几乎都是回归水和农田排水，只有洪水期才能流到恰拉水库和大西海子水库。21世纪初，与干流有地表水联系的只有和田河、叶尔羌河和阿克苏河三条源流，孔雀河通过扬水站从博斯腾湖抽水经库塔干渠向塔里木河下游灌区输水，形成"四源一干"的格局。

每一位苍老的母亲，都曾有清纯如水的少女时代。老祖母一样的塔里木河，曾经乳汁丰沛，妩媚动人，率性泼辣，像一匹野马。河道南北摆动，迁徙无定。从叶尔羌河源头起算，长2179公里，长度排在长江、黄河和黑龙江之后，居中国第四位。如果只计算干流上游肖夹克到台特玛湖的长度，则为1321公里。近20年来，经过全流域科学治理，这条母亲河恢复生机，更为合理地浇灌着南疆广袤的耕地。

翻越天山，玛纳斯河是准噶尔盆地南部水量最大的河流，北流注入玛纳斯湖，长约450公里。《玛纳斯水利志》记载，1950年之前，常因洪水冲坏龙口堤坝，造成水灾。"水小不够用，水大不能用。"经过几十年的综合治理，改善了流域的生态环境，流经玛纳斯县、石河子市、沙湾市、克拉玛依市和布克赛尔蒙古自治县，浇灌着20多万公顷土地。盆地中部是古尔班通古特沙漠，面积近5万平方公里，为中国第二大沙漠。玛纳斯河从高山流入盆地，最终归于沙漠，像柯尔克孜族英雄史诗《玛纳斯》歌颂的英雄，宿命的历程，充满了悲剧美。

东天山山脉，把水量不多的河流，给了吐鲁番和哈密。地面的河流不够用，则用从暗渠流淌的坎儿井作为补充。

河水不停地流动，有时稍作停留，又继续流走。它们聚拢在一起，呈现出河的形象，一旦离开集体就会消散，注入其他的生命。

一片土地，因为有河成为绿洲，一座城市因为有河而繁华灵动，一个地方失去了水，就会成为沙漠。水告别一片土地，生命就会消失，如果非要让一个地方得到更多的水，另一个地方就会因无水而死去。

土地与河流，经过亿万年的磨合，懂得了相互珍惜。人类在与水的交往中留下很多得与失，幸福与眼泪，快乐与忧愁。直到今天，实现了河长制管理，生态与生产形成了相对合理的稳定关系。

人们修水利，整农田，高效节水，建成集中连片的高标准农田，有了种植棉花的宏大场面。一条小溪，一泓渠水，只要能浇灌农田千亩百亩，其中很大的一部分可能会种植棉花。三亩五亩，三分两分，或者在梨树下、枣树下的小块耕地，要保持熟地的松软，种点什么作物好呢？棉花便是最为普遍的选择。

# 四

新疆大地充满奇迹。山是奇迹，水是奇迹。有一种树是大漠的奇迹，有一种花，是生活的奇迹。树的名字叫胡杨，花的名字叫棉花。这两种完全不同的植物，因为一种共同的特性，有了紧密的联系。

在塔克拉玛干沙漠深处，有枯死的胡杨，人们赞美它三千年不朽的灵魂；在古尔班通古特沙漠腹地，有硅化的胡杨，人们赞美它三亿年玉化的永恒。在风沙弥漫、杳无人迹，只有日月星辰光顾的大漠戈壁，生长着各式各样的胡杨。胡杨的金色让人迷恋，那些枝干扭曲、死而不倒的沧桑和倔强，给人心灵的震颤。茫茫沙海里，远远看见一棵胡杨，孤立无援地活着。走近了发现，那样一棵树活下来，绝非偶然，在它周围的沙包下面，有很多枯死的老树和幼苗。犹如一支建制完整的军队，坚守一个阵地，战友们牺牲了，只有一棵活下来，屹立在那里。

这样一棵树，矗立沙海，是卓然风景，又绝非只是风景。它的存在，包含着一个重大的信息，证明这近乎死寂的沙漠下有水。有水就会有更多的生命。远远看见这样的一棵树，立即就有了安全感，因为不远处会有两棵、三棵胡杨树，甚至是胡杨林。

胡杨是沙漠中的消息树，告诉人，走近它，翻过它旁边的一座沙山，可能会有成片的胡杨林。距离胡杨林不远，可能会有河流、道路、村庄，可能会有一片或大或小的绿洲。绿洲的繁华，少不了更多的胡杨林。成排的胡杨树横平竖直，作为防风林阻挡风沙，分隔保护着大片的棉花地。这是绿洲独特的风景，但并不是胡杨和棉花产生联系的根本原因。

新疆三大盆地的土壤，除了风沙土，主要是水成土壤，河漫滩一般分布着盐化草甸土。这样的土壤盐碱含量高，很多植物难以生长。胡杨是适应性很强的树种，耐盐碱，抗干旱，不怕涝，有着优秀的植物基因。细小的种子飘落在沙漠里，暴晒多年不会死，一旦遇水就能快速发芽。除了种子繁殖，细小的枝条入土即能生根，成年胡杨的根部会滋生小苗。根据生长环境的不同，胡杨的叶子会长成细针、狭长、卵、菱、心、半圆、三角等形状，通过叶子大小的变化，减少蒸发。精打细算，尽可能地节省根部吸收到的水分。经过胡杨的生长，土壤的盐碱含量有所下降，才能适应其他植物的生长。这样的土壤，称为胡杨林土。棉花也有耐盐碱的特性，喜阳抗旱，经过胡杨生长之后的土壤，可以大面积种植棉花。

新疆的三大盆地因此形成了这样的生态：胡杨跟着河流生长，人们跟着胡杨开垦土地，开垦出来的耕地种植棉花。一树一花便有了紧密的联系，把它们联系在一起的人，也有了适应严酷环境的秉性。

　　塔里木河主河道与孔雀河相汇于尉犁县的阿克苏甫，因为多水，成为一片富饶的绿洲，盛产棉花和香梨，远销世界各地。从这里出发，一路向南，高大的胡杨林，连片的棉花地，一路相伴，直到看见位于若羌县城北50公里的台特玛湖。这是塔里木河现在的尾闾湖，几经干涸，几经重现。发源于高山之巅的晶莹小溪，汇成河流，最终到达这里，在阳光的直射下，呈现出湖的形态，如同一幅巨大的水墨印记。100多平方公里的水面，水草丛生，鸥鹭踱步，在强烈的蒸发下，散发着软塌塌的灰蓝色光芒。

　　到了若羌县，便是昆仑山的领地，县境内有从昆仑山发源的14条中小河流，向北流淌，浇灌出相对独立、面积或大或小的绿洲。从县城出发，公路在昆仑山脚下的戈壁沙漠上延伸。左边是荒凉的山峦，右边是炽热的沙漠，几乎看不到生存之地。向西80公里，突然看见茂密的胡杨林，便知道会有一个繁华的镇子，那就是瓦石峡镇（瓦石峡，维吾尔语为"喧闹之城"）。这里有两条小河，瓦石峡河和塔什萨依河，水量不大，但足以让小镇喧闹起来，几经兴废，留下唐宋时期的遗址12处。这里曾经是丝绸之路南道要冲，现在生活着两万多人。出镇西行10公里，公路向南，直到昆仑山浅山脚下的十几公里，全是漫漫黄沙，公路的北面同样是无边的沙漠。恰恰就在这样的环境中，一片低洼处，出现一座胡杨树护卫的绿城，四四方方，独立于沙海，犹如人间仙境。走进去，几条纵横交错的胡杨林带，保护着4万亩耕地和居住着耕种这些土地的人。

　　2000年之前，这里是一片原始胡杨林，林下是放牧的草场。有树有草就有地下水，经过勘探，成立了国营阿西农场。人们开荒平地，种植防风林带。2011年，农场对外招商，四川来的黄宗洪在尉犁县发展多年，有着丰富的棉花种植经验。他在承包谈判中获得一项重要资源，每年每亩耕地配备500立方米的地下水开采指标，于是在瓦石峡镇注册成立了康胜农副产品有限责任公司，成为农场的承包人。几年间，小块耕地，被整理成80—200亩的大条田，新修了水井和田间道路，建成完善的浇灌设施，种植红枣和棉花。农场发展需要劳动力，1000多公里外的巴楚县英吾斯塘乡铁热克力克村，艾尼瓦尔·吾布力组织了当地的70多人来到农场，做种植管理的农场工人。他们都是夫妻组合，每两人管理200—400亩不等的棉田。每年3月初来，9月底走，一年收入七八万元，摆脱贫困，成为小康之家。春来秋去，慢慢地有些人不想跑远路了，冬天也住在农场，干一些滴灌带加工、残膜回收的工作，省下路费，还可以增加收入。农场统一建起砖混结构的平房，给每家免费提供两间，于是成了一个热闹的村子。小孩子统一到瓦石峡镇上学，每天有校车接送。住户们在院子里开出菜园，种瓜果蔬菜。一栋一栋的房舍，一个一个农家小院，中间留有街道，两旁停了多辆小轿车，都是务工人员的私家车。

艾尼瓦尔的女儿热孜万考上了新疆农业大学，毕业后准备在乌鲁木齐工作。她假期来农场看望父母，一起干活。父母在哪儿，那儿就是家，这里成了她新的家乡。

梁映武是农场的技术负责人，承包了6000亩地，种植季节每日三看，早晨、中午和傍晚到所有的地块看一遍，查看地里的墒情、虫情、肥情、苗情，根据棉花的生长情况，安排田间管理的一应活计。2021年，农场的棉花喜获丰收，亩产籽棉460公斤。他知道，要想亩产有新突破，管理和投入要做到更加精准到位。

昆仑山下的沙漠腹地中，有一座不大的绿色方城，胡杨，耕地，人群，如同无形的水，聚为有形。所有的一切，有条不紊。树保护着地，地里种着棉花，劳作的人们来自他乡，建成新的家园。这是一个微型绿洲的生成模式，完整体现了树、棉、人的有机联系。午休时分，在胡杨树的浓荫掩映中，各家生火做饭，饭后休憩，切开一个西瓜，泡上一壶清茶，三五人一起，聊天，下棋，打扑克。2016年，农场成立了村委会，有了一个金灿灿的名字：若羌县瓦石峡镇金胡杨村。沙海绿城，18户人家成了这里的第一批常住居民。

从瓦石峡镇往西200公里，一路上，几百年树龄的胡杨树多了起来，意味着更大的绿洲即将出现。果然，天边小城且末县到了，迎面而来的是向北奔流的车尔臣河。胡杨树密布两岸，鲜嫩的枝条柔软摇摆，释放着水量充足的快意。距离县城7公里，紧邻车尔臣河，有一座占地150亩的胡杨林风情园。神态各异的胡杨树，参天遮日。透过胡杨林，看见的是绿意葱茏的田园风光。

且末县与若羌县同处昆仑山北麓，塔里木盆地东南部，南与西藏接壤，北部伸入塔克拉玛干沙漠，面积约14万平方公里，是仅次于若羌县的中国面积第二大县。绝大部分为山地和沙漠，阳光充足，严重缺水。

车尔臣河是且末县的母亲河，也曾是一条灾害河，发源于昆仑山中部7700米的木孜塔格峰，全长813公里，年径流量达8亿立方米，穿城而过，最终流入台特玛湖，与塔里木河下游干流共同维系着塔克拉玛干沙漠东部的绿色长廊。径流来自山地降水和高山融雪，春夏流量占七成以上，时间短，来势猛，因流沙堵塞多次改道，使且末古城几度被风沙吞噬。一场洪水下来，会让渠道阻塞，甚至抹掉几个乡的耕地，导致沙土覆盖无法耕种，于是大部分土地用于放牧。在沙漠边缘，人的生存与胡杨为伴，有树的地方，才可以开垦少量的耕地。国家投资 19 亿元，建成了车尔臣河大石门水利枢纽工程。2020 年下闸蓄水，水库沉沙后河水变清，不再出现洪流造成土地沙化和板结的现象。洪水灾害从此消除，灌溉农田的浑水变成清水，灌溉面积达到 30 多万亩。

距离县城 24 公里的阿克提坎墩乡伊斯克吾塔克村，70 岁的买买提力·玉素普把他家原来放牧的草场，开垦出耕地 7000 亩，全部种植棉花。1966 年，他父辈因为贫困，从和田地区策勒县迁来且末县，再也没有离开。且末县的很多人家来自和田县和策勒县。他说这个地方好，一个好是水多，还有一个好是汉族人多，与他们相处，能学习好的种植方法。方法好，棉花收成就好。买买提力有 5 个儿子、1 个女儿，一家 25 口人生活在一起。他把耕地分成 7 份，6 家子女和老两口一家一份，有合作也有分工，每一家都有自己的责任。水多，浇地不花水费。自己修了水渠，学会了机械化种植，打药使用无人机。购买了 1 台美国进口的采棉机、3 台国产采棉机，除了采收自家的，还收别人家的棉花赚钱，一个采收季能收两万多亩。按照每亩 200 元收费，一年收入有 400 万元。2021 年，他家好的地里亩产籽棉 300 公斤，儿子和女儿 6 家赚了 420 万元，平均一家 70 万元。他在房子里也喜欢戴一顶白色凉帽，开口说事，总带万以上的数字，衣着朴素，却遮掩不住家境富裕的底气。

与伊斯克吾塔克村相邻的色格孜勒克西庞村，全村 74 户，全是汉族，大多来自河南和山东。33 岁的王建国祖籍山东临沂，种了 300 亩棉花，年龄相近的曹全柱祖籍河南，种了 100 亩。这个村的棉花长势，比买买提力家好，亩产籽棉能超过 500 公斤。

且末县实际耕种土地中有棉花 19 万亩，机械采收率达到 90% 以上。围拢着棉田的胡杨树强健挺拔，与沙漠环境的生长状态完全不同。地处遥远并不封闭，生活在这里的人，无论是维吾尔族还是汉族，很大一部分是近几十年从别处迁来的移民。因为多水，人们的付出得到应有的回报，就像这里的胡杨树，生命之根扎得牢固。

车尔臣河的三大使命：把山里的泥土冲下来，形成绿洲；浇灌绿洲；留一部分"安抚"躁动不安的沙漠。胡杨，河流，土地，人，是且末县稳定繁荣的生态模型。

远离且末县近千公里，从吐鲁番盆地翻越天山进入塔里木盆地的入口处，有一片盛产棉花的新绿洲。

从北疆去南疆，有一条只有干热、没有绿色的干沟，是314国道的必经之路。干沟，顾名思义，是一座干山中间的路。这座山是天山南坡的库鲁塔格山。干沟的路全长70公里，因为太险太陡，开车要走6个多小时。路两边奇形怪状的干石山，獠牙豁嘴的乱石沟，高高低低的山头，像被冻裂又晒散、张着干裂的嘴唇想喝人血。因为路险，事故频发，常有车毁人亡的事发生，被称为"魔鬼路"。上到山顶往下走，还是干得不见一棵草。接近山脚，路边有一个叫库米什的小镇，有几家小饭馆。翻过干沟的车辆停下来，让发热的水箱降降温，人也喝水吃饭压压惊。吃饭喝水时，站在路边，远远看见左边的洼地里一片墨色，来来往往的人叫它黑戈壁。有意思的是，没有人料到，一片黑黢黢的荒漠，有一天会变成生金长银的福地。

库米什镇虽然小，出现在干沟这样的地方，却显得神奇。说神奇自然有神奇之处。库米什又叫库木什，维吾尔语意为"银"，因为这里有一座银眼阿塔麻扎而得名。干沟自古是穿越天山的交通要道，路虽险，必经之。库米什本来没有什么，只是人们经过生死考验，翻越险山之后，一个歇脚吃饭的地方。走了几千年的老路，没有多少值得纪念的遗迹，只有一座不知何时留下的堡垒。这里是交通要道、兵家必争之地，建有防御设施很正常。没有常住居民，却留下一座老麻扎，就有点儿让人费解了。"麻扎"指墓地，但不是普通人的墓地，而是葬有知名贤者。据说这座麻扎有几百年的历史，人们说一定有来头，但因为没有记载，说不清楚有什么来头。山里有矿，但不产银，为什么会被冠以"银眼"二字呢？原来这里还有一处"阿傅师泉"，据说泉水很神，能治眼病。患眼疾之人，洗一洗就能好。泉眼像一面银色的镜子，又能治眼病，有一位贤者来治眼睛，死后就地下葬，于是叫银眼阿塔麻扎。这说法听起来有一定的合理性。

库米什真正的神奇，发生在20世纪80年代。

库鲁塔格山分割南疆与北疆，除了过路之人，再有就是找矿的和放牧的会来这里。改革开放初期，身处贫困中的农民都想多产粮食。托克逊县的博斯坦乡在库鲁塔格山的东边，吐鲁番盆地的西缘，距离库米什有上百公里。有一位叫依拉音·艾山的农民，曾在库米什放羊，多次到过黑戈壁。他到黑戈壁的原因，是那里有胡杨树，有树就有地下水，所以，黑戈壁除了胡杨树，还有稀疏的牧草。他放羊的时候想，假如政策允许，这里一定能打出水井，有井就能开垦耕地。1983年春天，改革春风催着人们放手大干。他领着一家人从博斯坦乡来到黑戈壁，用铁锹、十字镐这些简陋工具，用了15天时间，打出一口井，印证了自己的猜想：这里水质好，水量稳定。当年垦荒几十亩，种下小麦和甜瓜，获得丰收。

依拉音一家的行动引起托克逊县农业部门的重视。这里是一个小盆地，地形三面环山，东部开阔与艾丁湖相连，周围是基岩裸露的山区。经过勘探，发现荒芜的戈壁下面有暗河与博斯腾湖相通，还有天山融雪向盆地聚水。水源丰富，是这个干燥之地的惊天奇迹。气候干热，无霜期长，有水，就有农业开发的价值。

1984年，库米什镇设立，筹划开发黑戈壁。博斯坦乡、依拉湖乡和夏乡的20多户农民，看到依拉音家的收成，先后来到了这里。开发之前，这里土壤盐碱化严重，一脚踩下去，虚土淹到小腿肚子。为了生产粮食，亘古荒漠中，开始了人类的大规模活动。大家学着依拉音，在地上挖一个坑，上面覆盖红柳，再盖上芦苇，抹上泥巴，建成简陋的地窝子。银行给每户贷款8000—10000元，用于打井和开荒。

经过几十年的开发，库米什镇的耕地面积达到7.9万亩，大部分种植棉花。2019年，下设库米什社区和英博斯坦村、柯尔克孜铁米村两个行政村。"博斯坦"维吾尔语意思是"绿洲"，"英"的意思是"新"。"英博斯坦"——"新绿洲"。"铁米"是墙的意思，大概指有一堵柯尔克孜人留下来的墙。柯尔克孜铁米成了另一个村的名字。

59岁的刘水中是河南许昌人，因为贫穷来新疆谋生活，1998年开始在和硕县种棉花，经过多年摸索，成为一名"土专家"，积累了经验和资金。2005年来到英博斯坦村，成立了一家农业开发公司，开发耕地1.8万亩。十几年的时间，他目睹了英博斯坦村的耕地面积逐年扩大，棉花种植从人工劳动、半机械化、全程机械化，到智能机械化，从艰苦的人力付出，到变成一种"轻松的活儿"。

他家的房子数间连在一起，其中一间似小型会议室，摆了一张大茶台。盛夏时节，院子里的胡杨树洒下浓荫，房子开着窗户，通风又凉快，十几个人围坐茶台煮茶喝，他们都是棉花种植者。从四川资阳来的汪富林和刘水中一起给众人讲"棉花经"。

38岁的克热木·艾合买提种了670亩，42岁的阿布都外力·胡加买提种了400亩，39岁的阿不来提·艾合买提种了440亩。三人都是刘水中和汪富林的种棉徒弟，跟随他们学了七八年，2021年亩产籽棉超过450公斤，全年收入都有五六十万元。他们原来家境都很一般，现在成了"大款"，有了更多的见识。时不时来师傅家小坐，讨论讨论如何提高棉花的产量和品质，泡茶的功夫似乎在师傅之上。

汪富林奉行技术至上，虽学历不高，但善于钻研。他的理念是高投入，高产出，只要有增产的可能，不怕增加成本。他早先在库车县开干洗店赚了一些钱，后来改行种棉花，越干越顺手。2020年，以每亩5000元的价格，购买了714亩地16年的种植经营权，技术随之更上一层楼。每年从选种着手，种植管理的每一个环节都追求最好的。他地里的棉花，伏前桃占到六成以上，每一个桃子都很紧很重，整株棉结的桃子，如同猴子爬树，呈筒形上升，上下一般大。一般的高产田，单桃重量有5克，他地里的桃子有不少单重9克，棉株承桃太重，很多被压倒了。其他人家亩产籽棉400公斤时，他家连续几年达到500公斤以上。他选的棉种，试种成功后推荐给村里的其他人，总结出来的管理技术，也无偿教给村里人。

库米什开发的几十年，在漫长的历史里只是短暂一瞬，这个群山围困的干裂之地，原来的黑戈壁，变成了胡杨成林、银花遍地的乐土，居民人均年收入接近10万元。富裕之人不再视干沟为险途，以此为原点，农闲时节，自由行走全国各地。

新疆的绿洲有大有小，或广袤千里，或独傲瀚海，无论大小，总有胡杨和棉花相伴。人们追寻胡杨的根脉开垦土地，种植棉花，像这两种植物一样耐盐碱，抗干旱，经得住风暴和高温。

胡杨代表新疆人的精神，棉花支撑着新疆人的生活，它们共同代表了人对土地的忠诚。

## 五

2022年3月下旬，汪富林提早开始了新一年的播种准备。

这一年气温回升早了几天，天气晴朗，风沙比往年小，气象部门预测不会有大的风灾。前一年秋收后，他将棉秆粉碎还田，把残膜回收干净，计划采用"干播湿出"新技术，因此对土地的整理格外用心。泥土刚化冻，他对已经做过高标准农田整理的棉田，又做了一次四方对角平整。耕翻耙糖，几百亩的大条田，土壤平、松、碎、净，完全达到了自己想要的效果。传统播种，土地要有足够的底墒，采用"干播湿出"则完全相反，不搞冬灌和春灌，棉田整理好之后，干土播种，再均匀滴水。这项新技术在南疆部分地区试用了两年，取得成功，能避免土壤因春灌结块而阻挡棉种发芽破土的问题，出苗率从八成提高到九成以上，早出苗，出全苗，出匀苗，出壮苗。苗全苗匀苗壮，有利于田间管理，棉花结桃早，结桃大，品质好。理想的效果，每亩可以增产籽棉50公斤以上，还能节水一到两成。

汪富林观察了两年，看到这么多的好处，这一年决定采用这项新技术。他心里有一个高产目标，达到亩产籽棉600公斤，这几年，一直朝这个目标努力。这一年满怀信心，志在必得。

4月5日，库米什镇白天气温为10—21摄氏度，土壤温度超过12摄氏度，汪富林的棉田开播了。2台大马力拖拉机同时开动，带着4台播种机，以每小时3.5公里的速度，一次性完成铺设滴灌带、铺地膜、打孔播种，种子行和地膜两侧分别覆土的全套流程。笔直的行距，几乎没有误差。等到秋天，采棉机在行距间行驶，同样笔直无误。

2台拖拉机带着4台播种机，一天播种300亩，两天半的时间，714亩棉花轻松播完。接着安装调试滴灌系统。打开阀门，井水经过泵房送到主管，主管分流到支管，再进入毛管，无声地滴在每一粒棉种的周围。7天之后，棉种就像接到了统一的号令，只用了三天时间，便长出两厘米高的嫩芽，顶出两片可爱的子叶。

4月，天气回暖，天山南北春意融融，棉花播种在新疆从南向北陆续展开。汪富林播种的同一天，与库米什镇处于相同纬度，相距几十公里的和硕、焉耆、博湖三县，十几万亩棉花同时开播。再往西，库尔勒市、尉犁县、轮台县的300万亩棉田，兵团第二师沿塔里木河两岸的70万亩棉田也开机播种。若羌县金胡杨村和且末县的棉田播种更早，已经逐渐出苗。

塔里木河流域春意盎然，每天早晨的阳光，自东往西，在塔里木河干流和每一条支流水系撒播金色。阿克苏地区的库车、沙雅、新和、温宿、阿瓦提，每个县都有百万亩棉田在播种，兵团第一师种植面积200万亩以上，喀什地区的巴楚、伽师、岳普湖、麦盖提、莎车等县，兵团第三师各团场也是一派播种的忙碌。从天山脚下到昆仑北麓，沿塔克拉玛干沙漠的边缘，巴州、阿克苏、克孜勒苏柯尔克孜自治州、喀什、和田五个地州，所有的棉田，围绕塔克拉玛干大沙漠连成一个巨大的"C"形月牙，银光闪闪，专门与沙漠较劲。

新疆的季节春秋短，冬夏长，春天的到来是爆发式的。南疆的杏花还没有凋谢，北疆又现草绿花红。稍晚几天，天山北坡的昌吉、呼图壁、玛纳斯、沙湾、乌苏、精河、博乐，玛纳斯河流域辐射的10多个县市，兵团第六师、兵团第八师、兵团第七师、兵团第五师都有几十和上百万亩的棉田相继开播。到了4月下旬，南疆、北疆、东疆的所有棉田播种全部完成，平静地等待出苗见绿。

4月的新疆，有很多著名的花海，最为宏大的风景就是棉花春播，如果拍摄成VR全景，会看到这样的场面：完成标准化整理的大条田，小的50亩，大的达到350亩，这些条田像量具画出的模块，连成几十、上百万亩的面积，有林带和道路分隔，横平竖直，构成整齐的几何图案。小的条田里，1台或2台装有北斗导航系统的大马力拖拉机，带着播种机匀速行进。大的条田里，6—8台排成矩阵，横扫千军，势不可当。大型机械是大地的画笔，只用不到一个月的时间，白色的地膜铺出整齐的线条，覆盖了几千万亩棉田，如同特殊的大地花园。

国家棉花市场监测系统专项调查结果显示：2022年，全国棉花实播面积4428.1万亩，新疆为3745.4万亩，占全国的84.58%。

如此广阔的棉田，被地膜铺成巨大的镜子，反射着白光，映照着蓝天白云，给大地增加了生长的温度。这是自然与人文的精巧组合，构成温暖壮阔的宏大叙事。

播种结束，棉花叙事完成了第一章。智能化的田间管理是棉田叙事的第二章。种子被埋在泥土里，自动滴灌系统启动，地温不断上升，经过沉淀的清水，再做一次泵前过滤，通过水泵连接施肥罐，经过科学配比的肥料溶入水中。受电磁球阀的控制，含有肥料的灌溉水，进入田间主管，分流到分主管、支管、毛管，从一个个滴头流出，一滴一滴，缓慢、均匀、定时、定量，滴渗到棉花的根系发育部位。根系区的土壤保持在水、肥、气、热的最优状态。

棉花出苗后，卫星遥感和无人机扫描技术派上用场。过去繁重的田间管理，进入了智能机械化时代，管理200亩棉田仅需1—2人。

5—8月，棉田像绿色的绒布，铺盖新疆大地，又如水意葱茏的青色湖泊，繁密的鲜花，像睡莲荡漾在水面，给干燥的大地水乡似的柔美。

9月，铃桃开始吐絮，大片的棉田，一天天变成白色。

10月，铃桃绽开，棉田一片洁白，与天上的白云相互映衬，把富裕吉祥带到了人间。


机械化采收开始了，这是棉花叙事最精彩的篇章。

过去的几十年，每到棉花采收季，新疆要动用大量的劳动力。农村的人口全部上阵，城里人下乡支农，学生娃娃们也会停课去拾棉花。尽管如此，当地的人手依然不够用，还要从众多其他省份联系铁路系统开"拾花工专列"，组织百万劳动大军，到新疆采收棉花。拾花是一项需要长时间弯腰的辛苦劳动，工价逐年上涨，从最初的每公斤几角，涨到2015年的每公斤2.5元，拾花者和种棉人都不堪重负。

2012年，机器采棉开始在新疆推广，10年间，世界上最先进的采棉机出现在新疆，国产采棉机加速实现技术突破，棉花的生产方式实现了机械化和智能化。2022年，北疆的机械采收达96%，南疆也达到80%以上。只有三亩五亩的小块面积，或者与林果树套种的棉田，仍保持人工采收。棉田里的纯手工劳动者，已经不是农民，而是孜孜以求的科学家和育种专业人员。

　　10月上旬，机械采棉开始了。与棉花播种的顺序相反，大型智能化采棉机从北到南，依次拉开收获的大幕。六行自走式打包采棉机开进棉田，它们像胃口大开的吸花大嘴，伸入种植时10厘米窄行距配置的两行棉花间，12行棉花尽数被"抓"入机器的肚子。采棉机匀速开过，白绒绒的棉花一朵不剩，刚刚还是"全身臃肿"的植株，只剩下棕褐色的光杆和空壳。吸入采棉机的棉花，由空气管道送入装棉箱，再送入打包装置，自动压缩。过了一段时间，机器的尾部自动抬起来，黄色塑料膜包裹的大棉包，像一个巨型大蛋被吐出来，滚落在地面。人们把这种采棉机叫"下蛋机"，几台下蛋机在棉田里并排行进，铺满白花的条田快速脱绒，变薄变轻，棉秆成了大地的单衣。一个个黄色大蛋，摆放在棉田里，如同大地睡够了一个生长季，刚刚醒来卷起的被褥。随后，叉车进田，将大蛋叉上卡车，运往棉花加工厂。紧紧包裹的大蛋，避免了采收和运转过程中的杂质污染，提升了棉花的生产品质。

　　一台六行自走式打包采棉机一昼夜连续作业，可以采收500—600亩，相当于2000名拾花工一天的劳动量。采收和播种所用的时间差不多都是一个月。春天时，一粒种子埋入泥土，等到秋天，会结出30—50克籽棉。几千万亩棉田收获的喜悦和温暖，足以回报供之以水的雪山和河流。

　　从第一块棉田采收开始，新疆有800多家棉花加工企业开机加工，数量占全国的84%。这些加工厂把脱籽的皮棉，分级送往建在各地的标准化棉花监管库，随时调往全国各地。

　　棉花采收全部结束，数据显示2022年又是一个丰收年。

　　国家统计局公布：2022年，中国棉花总产量597.7万吨，比上年增加24.6万吨，增长4.3%。其中，新疆棉花产量539.1万吨，比上年增加 26.2 万吨，增长 5.1％，占全国总产量的 90.2％。

中国是全球第一大棉花消费国和第二大棉花生产国，新疆棉花的总产、单产、种植面积和商品调拨量连续 26 年位居全国第一。

美国农业部预测，2021—2022 年，全球棉花产量 2609.5 万吨，新疆棉花占全球的 20.66％，是当之无愧的"天下棉仓"。

汪富林的棉田采收完毕，亩产籽棉 580 公斤，没有实现他心中的目标。但当他得知有一块试验田单产创出新高、质量同步提高、效益显著增加的时候也就释然了。汪富林像一个运动员，今年没有破纪录信心也不降，明年又有了新的目标。

新疆棉花被全球业界公认为是高品质天然纤维原料，其中长绒棉的纤维长度可与世界主流的吉扎棉（埃及）、皮马棉（美国）相媲美。作为中国唯一的长绒棉种植区，新疆所产的棉纺织面料堪称国内纯棉面料的品质典范。

新疆纺织确定了"三城七园一中心"发展规划，重点发展阿克苏纺织工业城、石河子纺织工业城、库尔勒纺织工业城；哈密、巴楚、阿拉尔、沙雅、玛纳斯、奎屯、霍尔果斯七个纺织工业园；乌鲁木齐纺织品国际商贸中心的国际化发展。到 2022 年，新疆纺织已实现棉纺产能 2400 万锭，服装服饰产能 5 亿件（套），容纳就业 60 万人，由此带动大量小微服装企业，在城镇和乡村遍地开花。

清人李拔言："无不衣棉之人，无不宜棉之土。"新疆创造了棉花奇迹，几千万亩棉花，凝聚在一起，犹如一棵与天山等高的大树。从叶到根，能开发出 1200 多种各类产品。棉纺织品有平布、卡其、府绸、灯芯绒等成百上千的名称；棉籽上的短绒能制作棉毯、绒布、高级纸张以及钞票；棉短绒经过化学处理，可以生产人造纤维、无烟火药、油漆、塑料、玻璃纸、航空材料；棉籽仁的含油率不亚于大豆，能精炼高级食用油；榨过油的棉仁饼，蛋白质含量是稻米、小麦、玉米的3倍；棉籽壳能生产糖醛、酒精、甘油等，还是优质饲料；棉秆皮上的纤维，能制作麻袋和绳索，棉秆能造纸，可以制成纤维胶合板，代替木材制作家具……棉花集棉、油、粮、饲为一体，能满足人类生活多方面的需要。

从一朵棉花到一匹布，从一个车间到一个产业园，从一件衣服到一个品牌，从生产资料到种植过程，机械、运输、加工、仓储、纺织、服装等，棉花产业造福一方，富裕万众。

新疆有一半农户从事棉花生产，达550万人以上，棉花的上下游产业支撑着千万人口的生计，惠及到所有新疆人。

这无疑是一种大地奇迹。这种奇迹缘起于何？

新疆的第一株棉花来自哪里？

第一块棉田位于何方？

第一块棉布由谁织出？

在漫长的历史岁月中，走过怎样的发展历程？

诸多问题构成了一个又一个谜题，发人深思，引人探寻。

# 第二章　菩萨蜡染和红棉裙

## 一

　　菩萨蜡染是一件棉布用品，加一条喇叭形的红棉裙，能代表什么呢？在今天看来，这两样东西算不了什么。如果放在2000多年前的汉代，意义非同一般，既能证明新疆棉花种植与纺织的悠久历史，还能代表当时棉花纺织的成熟工艺。

　　菩萨蜡染和红棉裙是两件难得的汉代文物。新疆每到秋天，大片的棉田，给大地盖上了白云似的松软棉被。站在洁白松软的田间，随手摘下一朵，温暖带着秋阳传遍人的全身。这样的感觉传导到人们的生活中，穿棉布衣服，盖纯棉被子，吃棉籽植物油，用有棉花成分的洗涤用品……年复一年，棉花与人们的生活高度融合。

　　可是，现在习以为常的棉花，最初是什么样子？起源于哪里？是在什么年代，如何传入新疆的呢？

　　丰富多彩的植物遍布地球，棉花是其中一种。它最早诞生于何处，历经了怎样的进化之路？时间太过遥远，想要找到准确的答案，实在是一件非常困难的事情。

　　很多的科学探索开始于假设。假如采用倒序进化轨迹的方式，以现在的某一个植棉区作为研究探索的入口，去追溯棉花的起源，这样的路径是否合理可行呢？采用这样的方法，就像无以计数的棉花纤维可以织出万丈霞帔，却很难由此梳理出有效线索。假如说能从一根纤维连通古今，那一定是没有凭据的幻想。所幸人们掌握了很多方法，学术界凭借有限的文字记载、考古发现和基因测序等现代技术，可以衔接起历史碎片。沿着植物起源和进化的轨迹，理出一条基本可信的进化脉络。

　　大约在46亿年前，地球诞生了。新生的地球上有植物吗？当然没有，而且在很长时间内没有任何生物。空中赤日，地下喷火，在混沌无生中旋转。如此孤独了十数亿年，才终于诞生了微小的生物。微小到什么程度呢？陆地上没有，只有在江河湖海的水中，有了微小的丝状藻类，像棉花丝那样纤细，无根，无芽，无筋，稍有波纹就会破碎。如果不是已经实现棉花种植，在人类的想象中，如此低端的生物，就算跨界变异，也不可能演化出复杂高级的棉花。

　　时间，时间解决了一切。

　　因为宇宙的耐心和神奇，地球上的植物有了第一次质变。这场耐心的用时不是一生一世，也不是一两个地质纪，而是30多亿年。通过这一次神奇的质变，那些微小的藻类经过30多亿年的死而复生，集聚了无法描述的能量，从水中上岸，进化出能在岩石上生长的苔藓。虽然没有成为站起来的植株，却实现了从水生到陆生的飞跃，让地球初披绿装。这是植物史上两个最漫长的时代，被学界命名为藻类植物时代和苔藓类植物时代。

　　苔藓依然弱小，因为有了岩石坚硬的支撑，明显加快了进化的速度。大约1.6亿年之后，蕨类植物诞生了，这是地球的第三个植物时代，持续了大约1亿年，生长出乔木状的鳞木、芦木、封印木等高大蕨类，陆地上的植物从此繁盛。

到了1.4亿年之前，蕨类植物因为不适应环境变化，多数绝灭，裸子类植物成为陆生植被的主角。经过第四纪冰川时期的考验，保留下来很多高品质的种类，有银杏纲、苏铁纲、红豆杉纲、松柏纲、买麻藤纲5纲9目12科71属近800种。但它们大多生长于高纬度和高海拔的寒冷地区，与棉花品种隔绝，没有任何交集。

到了距今约9000万年前，地球上的被子植物产生了。它们的特点是外露好看的生殖器官——花，让世界变得缤纷，同时为昆虫提供了最好的食物——花粉，让它们愉快地在不同的鲜花间不辞劳苦地传播花粉，帮助植物完成交配，继续进化。

植物从最初的藻类，经过多轮的生长、灭绝和再生，进化出了能长根茎的、结果实的、产粮食的、生纤维的，好看、能吃、可用的被子植物，并且在大部分陆地占据了植物中的统治地位。棉花是其中的一种吗？如果不是，什么时候才会产生呢？

到了大约6600万年前，地球进入白垩纪的末期，气候剧烈变化，非洲中部热带森林的潮湿生态，向草原与沙漠化的干旱生态转换。植物为适应新的生长环境，向旱生化特性渐变。被子植物中的锦葵目，产生了"原始棉属"。生态环境继续变化，物种随之变异、迁移、适应，"原始棉属"分化出了"棉树"——一种生长在热带森林边缘的旱生化小乔木，种子上长有灰色或棕色的绒毛。

那是棉树最初的样子，种子上有绒毛，生长在非洲大陆，即现在撒哈拉沙漠以南的半干旱热带稀树草原地区。可以推断，那里是原始棉树的起源地。

在浩繁精妙的植物世界里，锦葵科是被子植物中的一科，科下50属，棉为其一。棉属植物又有许多，又经过漫长的分化和驯化，才有了未来与人类生活很亲近的栽培种棉花，这是充满偶然的神奇的自然选择。当人们回顾植物起源的时候，实在难以想象，棉花能进化到如此完美的程度。

那么，棉树诞生后，谁是最早的发现者？又是哪个人或哪些人，怎样懂得了对棉的利用呢？

## 二

人类的祖先在地球生态的演变中进化，脑容量增大，肢体能力增强，护体之毛退化。保暖成了事关生存的大事，还有了遮羞和装饰的需求，于是人类设法寻找毛的替代物。开始的时候，没有多少好办法，除了树叶和茅草，只能获取动物的皮毛。

古人类也是自然食物链中的一部分，生存环境险恶。他们在猎杀动物的时候，也可能被动物猎杀，每次打猎都有很大的难度，要冒着失去生命的风险。为了狩猎成功，他们或隐蔽或穿梭于原始草原和丛林中，在大森林边缘的稀疏林带里躲闪腾挪，会碰到枝叶带刺的、有毒的、光滑的等各式各样的树。其中有一种树，种子上长有一层绒毛，相比动物身上的毛，细密而柔软，最重要的是可以在不发生对抗的前提下，毫无风险地获得。这便是早期的野生"棉树"。

茫茫大地，纷繁植物，早期的人与野生的棉，是以怎样的形式，在什么时间相遇相知的呢？

中国古代有神农尝百草的传说，最早发现并利用棉的会不会也是一位神人呢？是男人还是女人？在群体中处于怎样的角色，有着怎样的地位？

现代人无法还原遥远的真实故事，不妨展开想象的翅膀，假设一下当时的生活场景。

原始人类一般以母系成群，首领自然会是女性，到森林里打猎的，一般是健壮勇敢的男性。某一天，某一次，某一位猎手，在追逐猎物时受伤了，伤口流血不止。什么东西可以用来止血呢？身边有宽大的树叶，干爽的泥土，还有一种树的种子上长有的灰色或棕色绒毛。绒毛揪下来，摁在伤口上，既柔软又能吸收血液，相比其他东西，止血效果更好。他回到族群营地，有人看见他受伤了，同时注意到了他的止血用品，请他讲述事情的经过，于是知道了那是一棵有用的树。以后碰到类似受伤的情况，大都也会效仿剥绒止血的方法。

这样的事多次发生，引起女性首领的注意。她比一般人聪慧，懂得总结事情的规律。她意识到，那是一种有更多用途的东西，于是让猎手们采集回来，除了用于伤口止血，还可以粘在身体上保暖，而后又琢磨出其他的用处。

这是假设。当时的场景是否如此，其实并不重要。重要的是当时的人，在有意无意之间，发现了棉籽绒毛的实用性。发现它的人，可能叫"嗷"，或者叫"喔"，也可能是音节更多，拥有更有辨别性的名字，当然也可能根本就没有名字。然而，他或者他们，肯定是人类进化史上，充满智慧的人。

有了人与棉发生联系的事情，那么，是什么时间呢？

经过科学的考证和推演，学术界有一个大概的判断：早在进入农耕时代之前，生活在非洲中部的"人"，懂得了采集"棉"，用这种多年生小乔木种子上的纤维满足自身的需要，时间大约是

150万年之前。

"嗷"或"喔"，把棉树的种子采回家，撕下表面的纤维后随意丢弃，无意识地在"家门口"播种了棉花。那时候，人类的家，一个族群的聚居地，巢居穴处，危机四伏。为了防范猛兽的侵袭，他们放火烧掉周围的植物，形成四周的开阔地，与潜伏在森林里的"对手"保持一定的安全距离。烧荒之后的土壤，掺入生活留下的"有机肥料"，野生棉树的种子落入其中，长出来，明显好于森林边缘自然野生的。树高3—5米，枝叶繁茂，结出的棉籽多一些，大一些，绒毛也长一些。其他植物烧掉了，棉树成为部族居住地独特的风景。人们在棉树下活动，烤制食物，手工劳作，乘凉游戏，很容易就能采摘树上的棉铃。站在地上够不着，可以让小孩子爬到树上去采摘。人们把棉花用细软的藤条穿起来，裹或绑在身上，弥补失去的体毛，天冷时可以保暖，还能遮盖不宜暴露的私处。

半野生的棉树，越来越多地生长在人类的居住地，部族首领抬头看着满树的棉铃，开始想一些好方法，让这些柔软的纤维，能遮挡族群成员的身体。

那时候，人类的寿命很短，一般活不到30岁，一代一代的人，守着自己的领地，守望远不可知的未来。他们尚不知道，自己发现并无意识种植的棉花，对未来人类的生存和发展，有着怎样重大的意义。

人类的棉花"种植"从无意间开始，历经了150万年的自然演变。随着使用工具能力的增强，需求更多更快地增加，人类也有了更多改变自然的能力和积极性。

大约从8000年前起，人类开始了对棉花的驯化，半野生的棉花经过人工培育，演变成为栽培型，向世界各地扩散。野生的棉树至今仍有栽种，在热带的一些地方，有人种在庭院或墙外用于观赏。

那么，一种从野生到栽培的作物，到底有多少品种，有着怎样的特性呢？

迄今为止，地球上共发现棉类植物51种，其中有4个栽培种供人类利用，其他依然是野生种。几十个种类，天生有着高矮大小的区分，这是由它们自身染色体的多少决定的。染色体少的是二倍体，两倍于二倍体的是四倍体，由此可分为两大类群。二倍体类群早期生长于非洲、大洋洲和中美洲、南美洲，其中非洲棉和亚洲棉两个种类，成了人类的栽培种。四倍体类群早期分布于中美洲、南美洲及其邻近岛屿，其中的陆地棉和海岛棉（长绒棉）是栽培种。四倍体棉比二倍体棉枝叶大，结果多，品质好，抗逆性强。

科学推论，在白垩纪后期或第三纪初期，一种美洲野生棉与一种非洲野生棉，经过天然杂交后，染色体数目加倍，成为四倍体优良棉种。至于它们是如何相遇并且杂交的？是由于大陆漂移？种子跟随海洋漂流？还是人类或动物携带？各种假说无法定论。总之，四倍体棉种表现出了更好的栽培优势。

自然进化和人工选择的双重作用，使得野生棉演化为栽培棉，不断趋向早熟、结铃多、单个棉铃大、衣分增加（指皮棉占籽棉重量的百分比），种植区域也从终年无霜的热带扩展到有霜冻的亚热带和暖温带，多年生木本型演化为一年生亚灌木型。纤维也就是棉絮，由较短、较稀、色泽较暗，演变为较长、较稠、色泽洁白，更符合人们的纺织要求。经过人类长期的筛选、培育，优胜劣汰，最终形成四大栽培种，分别是：中美洲的陆地棉、中美洲和南美洲的海岛棉、亚洲的树棉和非洲的草棉。

现在非洲中东部肯尼亚的原始人类遗址，长有野生的棉树，那里也许就是"嗷"和"喔"曾经的家园。回想那些站在古老棉树下的人，守着身边的棉花，不知道是否曾经想到过，树上结出的蓬松纤维，会成为人类最为依赖的穿衣奇迹。他们中间的聪明人，一定经常思考，要如何更好地利用这些温暖的纤维。

棉花纺织在一代又一代人类的梦想期盼中，直到几千年前才一步一步变为现实。

他们又是什么人？是在棉树原始生长的非洲实现的吗？

## 三

人类从茹毛饮血的蛮荒世界走向文明时代，穿和吃是同样重要的两大问题。狩猎和耕种，解决了最基本的吃，生命得以延续。穿是更加复杂的问题。每一个民族的先民，都有自己的智慧之神，提供了最初的解决方案，产生了流传千古的传说和神话。

非洲传说，最早由蜘蛛神阿南西教人学会纺织。

美洲的玛雅神话中，大地之神的女儿用棉花纺织成了雨云。

中国有牛郎织女的故事，说织女把云朵织成了天衣。还有一个更为接近现实的传说，黄帝的妃子嫘祖发明了养蚕缫丝。教民养蚕治丝，无须树叶蔽体；令地产桑育蚁，遂教人力回天；脱渔猎以事农耕，制衣裳而兴教化。

神话传说源于生活本身，人类发明纺织技能的触动点可能很多，蜘蛛吐丝织网，就有很大的现实启发性。

大约三万年前，人类开始用亚麻织布，在此后的两万年时间里，尝试用各种不同的纤维纺织并制作衣物。中东和北非地区的人，最早用亚麻和动物的毛制衣。欧洲人最早有了毛织物，他们把动物的毛织成衣服，穿在身上并不舒适，人们普遍患有皮肤病。王爷贵族，公主贵妇，因为穿着考究严实，皮肤病更为严重，于是又发明了香料和护肤品。

东方的华夏民族最早发明了养蚕缫丝，还利用葛和麻抽丝织布。夏朝王室有专司养蚕的奴隶，发明了织布用的纺轮和腰机。古代先民用丝和葛麻纺织品缝制衣被。权贵富人多着丝绸，平民百姓则穿麻衣。

三万年，与棉花的进化历程相比，只是短暂的一瞬，在这个阶段，人类对自身的需求有了更多的追求，加倍努力，一代比一代学习更多的技能，还是感觉获得的进程有些慢。在穿衣问题上，生活在不同环境的人，虽然都有自己的解决方案，但还是想得到一种更好、更实惠、穿着更健康的纺织原料。棉花早就存在，因为它的纤维相比葛、麻、丝、毛，强度较弱，很容易被拉断，需要更好的纺织技术。它天然的保暖性，又让人们喜欢，总想把它变成纺织原料，为此做了更多的尝试，如同现代的科学试验。

生存于地球各个地方的各类人群，都想得到理想的衣料，他们为此付出了自己的努力。每个族群的努力都有收获，总有一些地方会领先别处，就像现代科技的发展。如何更好地利用棉花纤维，用它纺线织布？最先实现这个目标的也许是一个地方的人，也可能有几个不同的地方同时实现。那么，人类究竟是哪一年的哪一天，学会了棉花纺织呢？事实上，棉花纺织诞生的大概时间，不是哪一年，更不是哪一天，因为这样的重大事件，不可能在某一天突然发生，人们通过考古，推断出棉花纺织大概发生在距今5000多年前。

经过人类漫长的努力，能给人皮肤以舒适感的棉花，终于得到了专门的利用。在史册可以追寻的记载中，有一个地方的人，最先掌握了棉花的纺织技术，把一种比羊毛纤细、比葛麻柔软、比丝绸廉价且保暖的纤维纺成线织成布，缝制成衣服或被褥。经过几千年的传播和改进，棉花的利用普及到全世界，从根本上解决了穿衣和保暖的生活大事。

那么，是谁？哪个民族？最先在哪里开始了棉花的种植纺织呢？

考证历史有两种可靠的依据，一是地下考古挖掘，一是查找文字记载。考古学家在今巴基斯坦境内，距离首都卡拉奇约500公里，地处印度河谷的信德省，拉尔卡纳县城南的摩亨佐达罗遗址，发掘出了大约在公元前3250年至公元前2750年的棉纺织品残片。这是至今发现人类棉花纺织的最早物证。由此证实，5000多年前，南亚次大陆的人种植棉花，实现了纺线织布。这里有古印度达罗毗荼人缔造的都市文明，被誉为"古代印度河流域文明的大都会"。这样一个曾经繁华文明的地方，考古发掘的棉织品，绝不可能是孤立的。考古学家从纺织品的工艺成熟度推测，当时的棉花纺织已经比较普遍了。

达罗毗荼人是迄今证实最早开始棉花种植和纺织的人。

除了考古，古印度没有留下当时棉花种植的文字记录。不过，同时代的欧洲人，却多次留下了相关的文字。古希腊、古罗马、古马其顿人，先后占领过印度河流域。生活在公元前5世纪的希罗多德，被誉为古希腊的"历史之父"，他留下的著作《历史》中有这样的记录：

　　一种长在野生树上的毛，这种毛比羊身上的还要美丽，那里的人穿的衣服便是从这种树上得来的。

公元前4世纪，又一位古希腊哲学家赛奥弗拉斯特到过南亚次大陆。他是亚里士多德的学生，对物理学、动物学、植物学和文化史都有研究，留世著作中有《植物研究》9卷，《植物病原学》6卷，其中有一段记录：

> 叶似葡萄而较小，蒴大如橙橘，中含絮状物，人们用以织布，这是一种"生絮树"，更确切地说是"生长羊毛的树"。

同时代的古希腊还有一位学者，名叫泰奥弗拉斯托斯，他是哲学"逍遥派"的代表人物，同样留下了在古印度有"长羊毛的树"的文字记录。到了1世纪，古罗马作家普林尼在他的著作《博物志》中描述：其叶似桑，果上有白毛，用以纺纱织布。为了进一步确认，他专门派人到印度观察，那些人回来后告诉他，看见挂在树上的是一团羊毛。

现代植物学证明，地球上没有"羊毛树"，也没有"树羊毛"。那么，当时的那些学术大家，所写的到底是一种什么东西呢？

中世纪前后，棉花传到欧洲，当地人认为是树上的羊毛。人们说，有一种特殊的绵羊长在树上，夜晚偷偷下来喝水，啃食长在地上的草，长出比普通羊毛更白更细更柔软的毛。这样的认识，显然受到那些著名人物的影响，反过来又证明了他们的错误。他们所写的长在树上的"羊毛"是什么呢？现代人反复求证，只有两种可能——棉花或蚕茧。蚕茧主要产在中国，南亚次大陆当时普遍存在的是棉花，而且是一种树棉。据此推断，他们当时在印度看到挂在树上的白色纤维团，一定是正在吐絮的棉铃。

欧洲人的"错误"认识，佐证了一个事实：公元前1000年前后，古印度人已经普遍种植棉花了。同时，也透露出欧洲人的内心，他们总是穿羊毛织物和兽皮，向往一种更舒适、更经济实惠的纤维织物。棉花的特质，正好符合他们的心理预期，这也给未来的棉花资本主义发展埋下了历史的伏笔。

美洲人在很长时间里，有着自己的文明，因为大洋阻隔，亚欧大陆上的人，并不知道他们最早的衣着习惯。史料证明，在古印度开始棉花纺织的相同时期，万里之外、远隔大洋的南美洲安第斯山中部，即现在的秘鲁和玻利维亚，人们也发明了棉花的同样用途。稍晚一些时期，非洲大陆也有了广泛的棉花种植。作为人类生活的基础性需求，只要某一个地方的人学会了种植和利用，从开始的那一天起，就会向外扩散。随着利用能力的提高，扩散的动能成倍增加，像风又如云，无边无垠地绵绵蔓延，就像中国的丝绸无可阻挡地源源外溢，棉花也从不同方向传入了古代中国。

中国现在是世界上最大的棉花生产国之一。古代中国没有原始种植棉花的记录，那么，棉花是在什么时候，从哪里传入中国的呢？据考古和文献记载，棉花传入中国，有两条路线：一条是印度树棉从西南陆地和沿海传入，另一条是非洲草棉经中亚从新疆传入。

古印度种植的棉花，现代人称其为亚洲棉，最初是多年生木本植物。约在公元前1000年到公元前500年向东传播，经过现在的孟加拉国、缅甸、泰国、老挝、越南传入中国海南、云南、广西、广东一带。在长期的传播过程中，从热带的半野生类型，演变为亚热带和温带的一年生亚木本栽培类型。

公元前3世纪的《尚书·禹贡》记载："淮海惟扬州……岛夷卉服，厥篚织贝。"夏禹治水成功后，将华夏分为九州，"扬州"是其中一州，指从淮河以南至南海的广大地区。"岛夷"指扬州治下的东南海岛，"卉服"指植物纤维制成的衣服，"厥篚"是竹制长方形带盖容器，或者说带盖的竹篮子，"织贝"是棉布的古称。夏禹时代是公元前2000年左右，这是迄今为止，对我国东南海岛居民用棉花织布的最早记录。

《后汉书·南蛮西南夷列传》记载："武帝末，珠崖太守会稽孙幸调广幅布献之。"此句意思是在汉武帝晚年，海南岛的珠崖太守会稽孙幸向武帝进贡了棉布。这是一条可靠的记录，说明汉武帝时期，即公元前141年到公元前87年，海南岛的黎族居民种植棉花并纺棉织布，当地的官员作为贵重物品献给皇帝。

此外，还有商业流通的考证。公元前5世纪至公元前4世纪，印度商人航海通过马六甲海峡来中国经商，很有可能将亚洲棉带到了东南亚、南海诸岛和华南沿海。

《后汉书·南蛮西南夷列传》记载："哀牢人……有梧桐木华，绩以为布。"说明在东汉时期（25—220），云南西部的哀牢族人种植棉花，能够纺织和印染。"绩"是印染的意思。

亚洲棉传入中国后逐渐扩展北移，13世纪之后越过岭南，到达长江流域，经过演变和培育，渐渐成为中国棉。

另一条途径，非洲棉传入新疆是怎样的情形呢？

# 四

　　最早的棉树起源于非洲中部。到了接近现代的几千年前，在非洲中南部进化出一种栽培棉，称非洲棉、草棉或小棉。一年生，植株矮小，生长期短，成熟早，适合干旱地区种植。史前时期扩散到非洲的大部分地区，通过部落之间的贸易向外传播，从肯尼亚、埃塞俄比亚、埃及、伊拉克、伊朗，传到阿富汗、巴基斯坦、印度、土库曼斯坦、乌兹别克斯坦等国家。

　　埃及考古学家在距今2100年前的法老墓中，发现了盛有棉籽的器皿，木乃伊身上缠绕着棉布彩带。俄罗斯考古学家在乌兹别克斯坦的古墓中发现了公元前1000年左右的草棉种。多方资料证实，从3000多年前起，非洲棉在与新疆接壤的中亚国家有了广泛的种植。

　　考古发掘和文字记载证实：近代之前，新疆种植的一直是非洲棉。那么，非洲棉何时传入新疆？经过怎样的途径？最先在哪里种植？人能否破解古代的谜题，探寻到它真实的踪迹呢？

　　追寻重大历史事件的蛛丝马迹，从中也许能找到可以取信的依据。这是一条可供探索的思路。经过几千年的历史进程，能沉淀下来的历史事件，每一件都不可谓不重大。究竟哪一项大事件会与棉花相关呢？

　　凿空西域！这是历史大事件，毫无疑问，是古代新疆最重大的历史事件之一。

　　凿空，在未知的情况下，犹如面对一堵巨大的墙，这堵墙有多宽？多厚？从哪里凿？如何凿？用多大的力气？那是一件开创性的历史大事。凿空之后，必然会有很多全新的发现，其中是否会有关于棉花的信息呢？

汉代之前，中原地区的人对于西域，应该是只闻其名，所知甚少。张骞的"凿空"之举，把阻塞中原与西域之间的无形之墙豁然打开，让中原人看到中亚细亚高远的天空、辽阔的大地，众多的西域诸国得以向东方呈现出来。张骞将中原文明传播至西域，把西域诸国的汗血马、葡萄、苜蓿、石榴、胡麻等物种带回到中原。

张骞在西域的那些年，看到了些什么？听到了什么？引入中原的"物种"中有没有棉花呢？

公元前129年，张骞逃出匈奴人的拘押，一路西行，经过车师、焉耆、库车、疏勒，也就是现在的哈密、吐鲁番、库尔勒、阿克苏、喀什，翻越葱岭，到达今乌兹别克斯坦费尔干纳盆地的大宛。尽管疲惫不堪，在大宛王的面前，还是展现出卓越的气质和外交能力，得到对方的信任。款待一番之后，大宛王派官员和翻译，把他送到今乌兹别克斯坦和塔吉克斯坦境内的康居。康居王又派人将他们送至大月氏。

西迁的大月氏建立了新的国家，土地肥沃，气候良好。他在大月氏逗留了一年多的时间，越过妫水南下，抵达大夏的蓝氏城，即今阿富汗的汗瓦齐拉巴德，观察了解到这些地区的基本情况。归途中，为避开匈奴势力，改走塔里木盆地南部、昆仑山北麓的"南道"，经莎车、于阗（今和田地区各县）、楼兰（今若羌县），对这条线路上的西域诸国顺道做了观察和研究。

民间传说，张骞在"西天"，会见过牛郎和织女，这是关于纺织的神话故事，不能作为论证事物的依据。但是，他在大夏时，去过当地的一个大市场。作为西汉的使者，他不是散步闲逛，而是每到一个地方，都悉心了解当地的风俗民情、地理物产等情况。商业流通是一项重要内容，市场上可以看到当地的商品和交易方式，也可以看到来自他方的货物。一天，他惊奇地目睹：一位商贩正推销源自中国四川的邛竹杖与细腻棉布。回想往昔，他曾在康居、大月氏的市集上见过棉花与棉布的身影，亦在大夏的土地上目睹过相同的织物，心中不禁疑惑：既然四处皆有，为何还要远道而来，从中国贩运呢？张骞身穿麻布里丝绸面的青色曲裾深衣，他出使之前，知道中国的南方有纺棉织的布料。汉朝年间，纺织业繁荣昌盛，官营作坊规模宏大。百姓不仅自给自足，纺织衣物以供日常所需，还以麻、葛、绢帛作为赋税上缴国家。纺织技术之精湛，织出的布匹细密如丝、平整无瑕，品质远超西域诸国的纺织品，正因如此，方有远行千里、贩运其间的价值。张骞既惊讶那里有来自中国的棉布，更惊讶这么远的路是如何贩来的。他与这名商人攀谈起来，问他这些货物是从哪里买来的。商人告诉他，这些东西从身毒（即古印度）那边买到，运来这里赚取一些差价。张骞听到这里，陷入思考，琢磨出一个道理：质量好的货物，不长脚也能"行走"天下。他有了一个猜想，既然中国西南产的棉布和竹制品，能经过身毒卖到大夏，那么有可能早就存在着一条从中国西南到身毒的商路。回到长安后，他把这件事向汉武帝做了专门汇报，《后汉书·南蛮西南夷列传》对此事做了记载。

张骞根据这一情况，向汉武帝建议遣使南下，开辟一条直通身毒，再到中亚诸国的路线。汉武帝采纳了，安排他总负责，派出四支队伍，分别从四川、青海、西藏和云南出发，目的地都是身毒。四路人马出发考察，都没有成功到达身毒，但顺路收服了西南的大多数地区。这件事虽不是为了棉花，但足以说明张骞对

"凿空"各地商路的重视。

张骞两次出使西域，既代表西汉完成了外交活动，同时也实地考察研究了地处新疆的各城邦国和中亚诸国。其中有位于巴尔喀什湖以南和伊犁河流域的乌孙，位于里海和咸海以北的奄蔡和位于现伊朗的安息、伊拉克一带的条支（又称大食），位于南亚次大陆的身毒（又名天竺）等国。对葱岭东西，中亚、西亚诸国的位置、物产、人口、城市、兵力等基本情况，做了翔实可靠的记载，整理完成了历史上第一次全面记录上述地区的珍贵资料。他向汉武帝所作的详细报告，基本内容保存在《史记·大宛列传》中。开辟丝绸之路，形成了"商胡贩客，日款于塞下"的景象。

那么，他从西域返回时，有没有把那里的棉花带回中原呢？

《唐代植棉史考证》记载，因张骞出使之故，康居以其特产"金绣白叠，贡赠中国"。"白叠"即棉布，"金绣白叠"是比较高级的棉布，作为贡品献给中国皇帝。

棉花传入新疆，作为一个单独的问题，受到了清代学界的重视。萧雄是清代一位歌咏边疆的诗人，家乡在湖南益阳。他屡试不第转而从军，跟随左宗棠的军队消灭阿古柏势力，收复新疆。他写了很多关于新疆的诗，翔实记述了新疆的自然景观、民俗风情，汇集成《西疆杂述诗》。他认为，张骞开辟丝绸之路的过程中，带回了棉花的种子。

现当代研究棉花的一些学者认为，商贾旅人沿着张骞的足迹，来往于各国之间，把非洲棉沿着中亚循丝绸之路，较早地传入新疆南部。棉花棉布作为生活用品，在丝绸之路上交易流转，这样的推测，有较大的可信度。

丝绸蚕桑伴随着悠扬的驼铃西去，棉籽棉布在骡马"嘚嘚嗒"的蹄声中东来，丝绸之路上的物流景象，像一条不可阻挡的河流，里面流淌着丰满的历史细节，这些细节包含在当时的社会生活中。追寻历史的真相，需要深入当时的社会生活，由此找出关于棉花传入的事实依据。

五

事情还要从大月氏讲起。因为他与犍陀罗密不可分，犍陀罗地区是丝绸之路上一个绕不开的地理节点，也是张骞凿空西域的一个关键点，无论是东西货物的流通，还是文化的交流，都"绕"不过这个地方。张骞翻越帕米尔高原的道路之后，犍陀罗发生了很多大事，影响力一度波及塔里木盆地南部人们的生活。棉花是一种生活物资，在当时的社会生活中扮演了怎样的角色呢？

先说犍陀罗，那是一个怎样的地方呢？研究过西域历史的人都知道它的特殊含义。

简单讲，公元前6世纪时，犍陀罗是古印度列国时代的十六国之一，此国的所在地，就叫犍陀罗地区。这个名称，是梵文发音的汉译表述，有香行、香遍、香风等意思。犍陀罗的核心区域，包括今巴基斯坦东北部和阿富汗东部，地处兴都库什山西南麓，人口多居于喀布尔河、斯瓦特河、印度河等河流冲击形成的山谷地区。其特殊的地理位置，使得该地区在历史上频繁成为各方势力争夺的焦点。波斯和马其顿先后占领过，后来归入孔雀王朝。孔雀王朝的阿育王，在见证了无数战争与杀戮后，终于顿悟，皈依佛门，并将佛教定为国教，将其广泛传播至这一区域。

057

公元前190年，孔雀王朝没落，大夏，也就是希腊—巴克特里亚王国占领了犍陀罗地区，引入古希腊的建筑艺术，在这里形成了犍陀罗文化。创制的佉卢文，成为很长一段时期里犍陀罗地区的通行文字。

公元前129年，张骞抵达大夏时，犍陀罗地区被大月氏征服。史学家推断，大月氏是古老的欧洲人种，大约生活在距今2500—3000年前，由于战争失败，举族向亚洲迁徙。来到罗布泊岸边，看见水草丰美，鸢飞鱼跃，他们中从事农耕渔猎的一支选择在此定居，建立了楼兰国。游牧的一支继续走，直至敦煌和河西走廊一带，建立了大月氏。

公元前177年至公元前174年，大月氏多次被匈奴打败，王的头颅，成为匈奴单于的酒壶，族人被迫西迁到了阿姆河流域。公元前130年，南下征服大夏，把大夏分给了五个部族。公元前1世纪初，五部中的贵霜侯统一其他部落，建立了贵霜帝国。贵霜国到了第三代，一位了不起的君王继位，他叫迦腻色迦，在位的年代众说纷纭。375年，贵霜帝国灭亡，再无后续。

1世纪前后，迦腻色迦把贵霜国的都城迁至犍陀罗的富楼沙，现在是巴基斯坦的白沙瓦市。

古印度宗教盛行。早期的佛教把释迦牟尼奉为教主，但不奉祀神灵，没有人形佛像。贵霜统治犍陀罗之前，佛教以菩提树、台座、法轮、足迹这样一些象征物，代表佛陀的存在。

迦腻色迦在位期间，共在克什米尔举行了四次佛教结集。每次结集都是一场重大活动，寺院要拉起上千条百尺长的彩幡。长幡飘动，佛号长鸣，来自世界各地的僧人与当地僧众，成千上万齐聚大寺，诵经祷告，场面宏大。每一次结集，都吸引了各国的僧侣和信众向犍陀罗云集。古代于阗国民众信奉佛教，自然有僧人前往参加。

制作长幡需要大量的布匹。佛教繁荣，僧侣有较高的社会地位，吸引很多人加入其中，成了人数众多的社会群体。他们所穿的僧衣、僧袍，需要大量的棉布缝制，同时引领普通民众的穿衣习惯。巨大的需求，促使棉花种植和纺织业快速发展。流传于犍陀罗地区的"佛陀圣诗"写到"织布机上的线"，还出现对棉花的表述，反映出棉花是当地的常见之物。结集活动把相同制式的僧侣衣饰，扩散到佛教传播的广大地区，从而带动棉花的种植和纺织。

贵霜最强盛的时期，影响力一度扩大到我国的喀什、和田、莎车等地。

《于阗国授记》记载，迦腻色迦曾征调于阗、龟兹的军队参加对印度的远征。

《后汉书·班超传》记载，汉和帝永元二年（90），迦腻色迦与东汉发生了一场战争，汉军以少胜多，迫使贵霜求和。贵霜军退回葱岭以南，两国关系重新修好。

这样的记述，说明贵霜对中国喀什与和田的部分区域有过短暂的统治，使得棉花的传入有了更多的可能。

贵霜时期，来自犍陀罗的传教僧人，在中国的西域络绎于途。他们翻译的佛经，对汉传佛教影响极大。留下名字的僧人有：支娄迦谶、支曜、支谦、竺法护、阇那崛多、般若三藏等。没有留下名字的更是不计其数。

古代于阗，人称于阗佛国，从西汉起一直保持强盛，领地包括现在和田地区所有的县市。位居丝路要道，东通且末、楼兰，西连莎车、疏勒，气候宜人，植物繁茂，是东西方贸易商旅的集散地。经考古证实，公元初，这里使用的铸币，正面印着汉文，背面印着佉卢文，都是于阗当时的官方文字。

于阗寺院众多，现在的皮山、墨玉、和田、策勒、于田、民丰各县市，都有佛寺遗址，佛教造像与犍陀罗风格相近。不同的是，于阗佛像的材质不用石雕，主要是泥雕和木雕，形象上也融合了本土的地域因素。

以上种种，说明于阗与犍陀罗地区，宗教相同，文字相通，地理气候相近。棉花与棉布，是否也和犍陀罗一样，成为常见之物呢？

于阗以东的楼兰，与贵霜有着千丝万缕的联系。传说贵霜帝国被史称白匈奴的嚈哒人灭亡后，部分遗民投奔了楼兰。贵霜使用的佉卢文，楼兰也在使用，与汉语并行为楼兰的官方语言。贵霜的棉花与棉布，是否也在楼兰普遍存在呢？

既然地理气候相近，相互联系频繁且紧密，作为一种生活必需品，棉花种植和棉布纺织，没有理由不在于阗和楼兰等地存在。如此看来，新疆种植的非洲棉，从中亚国家经过犍陀罗这个枢纽之地，最先传入塔里木盆地南部一带，是顺理成章的事情。

那么，非洲草棉传入新疆的时间是否可以确定？有没有什么可信的物证呢？

# 六

从近代西方考古探险家们的发掘，到20世纪中期的国内考古，南疆地区的古代墓葬中，出土了大量的丝绸锦绢随葬品，却没有发现有棉花和棉纺织品随葬。难道塔里木盆地南部早期棉花种植的推论不成立吗？这个问题让人费解，引起了考古专家们的思考。

考古发掘有一个规律，越是稀有的东西，人们越加珍视，越可能作为随葬品得到保存；越是普遍的东西，反而较少留存后世。关于南疆考古没有发现棉花的问题，业界人士猜想，也许因为最初的棉织品质地粗厚，使用普遍，价值相对低廉，所以较少用作随葬品。可是，无论怎样猜想，没有实物就无法证实，也就不能构成真实的历史。塔里木盆地的考古，是在茫茫沙海里探寻湮灭的遗迹，稍微不小心，就会把自己湮灭其中。然而，以命相搏的追寻，不一定会有回报。关于棉花的考古就是这样，明明觉得应该有，就是找不到。直到1959年，考古工作者孜孜以求地探寻，终于得到了回报，数量不多，但成果惊人。

1959年，新疆维吾尔自治区博物馆考古工作队在民丰县北境的沙漠中，发掘一座东汉初年的夫妻合葬墓。棺中有两块蓝白印花棉布：一块用蜡染的方法印有三角纹和圆点纹，残存长80厘米，宽50厘米；另一块也是蜡染布，印有三个画面，左下角的正方形画面是一尊菩萨像，圆脸、高鼻、大眼，袒露上身，头上挂有珠链，身后有三道圆形背光，双手捧着盛有葡萄的大角杯；中间的长方形格子内，是一条鳞片整齐，胸鳍和背鳍森森，蜿蜒爬行的龙；上方的大长方格子中，残剩两只人足形的狮蹄，两蹄的中间，弯曲下垂着一条狮尾，尾尖呈毛球状，狮头和狮身皆已残缺不存。这两块棉布，纺织技法精细，蜡染工艺高超。菩萨像和狮子的形象，符合犍陀罗的风格特征，龙是东方中国的图腾。看来这是佛教从西向东传入于阗后，与东方文明相互结合的产物。这两块蜡染棉布覆盖在盛有羊骨和小铁刀的木碗上，作为珍贵的盖单使用。

如果说精美的盖单不能证明棉布使用的普遍性，人们的普通穿用总有说服力吧。墓中的挖掘恰恰回应了上述疑问，出土的棉制品不只两块盖单，还有两件日常用品。男尸着一条白粗棉布长裤，长115厘米，宽66厘米；女尸的身上有一块白粗棉布制作的方手帕，长宽皆26厘米。经过测定，墓里主人生活在东汉初年，可以推测是于阗东部地区生活比较富裕的人家。

1976年，还是同一支考古队，在且末县扎滚鲁克二号墓地，出土有红色棉布裙衣，在同区域的一号墓地，出土有较细的平纹棉布，年代测定为西汉时期。

且末县在民丰县东，两地相距300多公里。民丰墓葬中的菩萨蜡染布，代表了复杂的技术水平，且末墓葬中红色棉裙子，体现了女性的风采，加上其他的棉布衣服和用品，说明当时的棉花种植和纺织，在于阗和且末具备了一定的普遍性。

广种棉花的古埃及、古印度以及古代中亚各国，考古出土的棉花制品寥寥无几。而新疆在相距不远的地方，先后出土了汉代的棉制品。菩萨蜡染和红棉裙，这既证明了种植的存在，又代表了比较高的纺织印染水平。

可以推断：由于丝绸之路的"凿空"，棉花早于西汉时期，借助商贸流通传入新疆，在南疆的和田、且末、若羌等地均有种植。1世纪中期，由于佛教盛行，大批僧人至塔里木盆地传教，将种植棉花和纺纱织布的技巧更多地传入。

既然有了广泛的种植，有没有可能找到一块最早的棉田呢？

历史往往会有不期而遇的巧合。20世纪50年代，新疆军区生产建设兵团农二师勘探队在米兰古城遗址，发现了汉代完整的水利工程。浮沙下面，掩埋着大片的农田，有一条总干渠，七条支渠，很多斗渠和毛渠，由南向北呈扇形展开。灌溉范围东西长约6公里，南北宽约5公里。简单换算一下，那是一片30平方公里、3000公顷、4.5万亩设施完备的高标准农田。

史书记载，西汉时期，此地是西域楼兰国的伊循城。汉昭帝元凤四年（前77），楼兰王尉屠耆继位，改国名为鄯善，请求汉朝派将领带兵到此屯田。汉朝派出1名司马、吏士40人，屯田伊循。米兰古城遗址发现的灌溉渠道和农田，所处的年代和位置，与文献记载吻合，证明这里正是新疆最早的一个屯田生产区。

这里还有众多佛塔和规模宏大的寺院遗址，寺院里有很多佛像雕塑，延续着犍陀罗风格的艺术特征——优美灵动的"有翼飞天像"壁画，人称"有翼天使"，面容饱满圆润，长眉大眼，鼻梁高耸，目光明亮，有着明显的犍陀罗艺术风格的特征。

楼兰与大月氏有千丝万缕的联系，建立了贵霜国的大月氏人，把棉花带到鄯善，并在土地肥沃，灌溉系统完善，生产力先进的屯田之地种植，是一件完全合乎情理的事情。1980年，新疆考古研究所罗布淖尔考古队，在楼兰古城遗址东郊的墓葬区，发掘出数量较多的棉花和棉布，证明了早期棉花种植的事实。

时隔2000年，20世纪50年代，新疆军区生产建设兵团农二师在米兰建立了一个农垦团场，后来修建了50多公里的引水渠。把子母河水引到新建的米兰镇，供应团场几千人饮用和几十万亩农田的灌溉，种植有棉花、枣树和蟠桃。荒废千年的屯田之地，建成了新的绿洲小城。团场有一个民族连，成员主要是当地的罗布人。他们说自己是古楼兰国的后裔，可能与大月氏有一定的血缘关系。

非洲古老的野生棉树—非洲棉—犍陀罗—于阗—米兰，这是一条多么清晰的传播之路啊！

古代伊循的屯垦之地，是不是新疆最早的棉田呢？至少可能是最早的棉田之一吧！

有着古老传承的罗布人，在古老的屯垦之地种植棉花，不知道壁画上"有翼天使"明亮的目光，有没有看出古今的相同与不同。2000年的历史洪流，恍若明镜般清澈，将非洲棉传入新疆的生动场景，囊括时间、地点与人物，宛如一幅细腻的画卷，徐徐展开，揭示着棉花传入新疆的悠久历史真相。

新疆的棉花种植，最晚于汉代拉开序幕。自此之后，又会有怎样的故事发生呢？

# 第三章　白叠与吉贝

## 一

73年，汉军司马班超到达于阗。那年春天，天气刚刚转暖，犍陀罗的两位僧人支谦和竺法护，参加了贵霜王迦腻色迦又一次召集的佛教结集之后，骑着毛驴，翻过冰雪葱岭，第三次来到玉龙喀什河边的于阗国都城约特干。城内行人熙攘，商铺相连，有人认出他们，客气地走近问候。二人双手合十，一边回礼，一边向王宫走去，觐见于阗王尉迟广德。他们恭敬地问候之后，献上从贵霜国带来的十匹棉布，四褡裢棉花籽。提出请求，恳请于阗王准许他们继续在于阗传播佛教教义，同时帮助百姓种植棉花。尉迟家族笃信佛教，于阗王高兴地接待了两位僧人，同意他们所请之事，安排他的弟弟尉迟广厚亲王，把两位僧人带来的棉花籽分给老百姓种植。

于阗的气候四季分明，夏季炎热，冬季冷而不寒，多风沙，零星种植棉花已有上百年。受佛教文化的影响，于阗人爱花，不少人家在麦、粟、糜、豆等庄稼地边种植棉花和玫瑰花，也有人家用整块地种棉，把棉花种子撒进翻耕好的地里，像种麦子一样把一次土。也有人穴播，挖一个坑，抓几粒种子扔进去，把土埋上。撒播的种子出苗不匀，有的地方空无一苗，有的地方出苗太稠。穴播时挖的坑有深有浅，扔进去的种子有多有少，出苗稍好一些。棉苗刚出土，遇上刮大风，刚长出的嫩苗会被刮断、刮死，或者连根拔起刮跑。等不刮风了，棉苗长起来，有的大有的小，密密的苗挤在一起，长得细高不结桃。种棉花比种一般的作物辛苦，管理复杂，收成时好时坏，但捻成线纺成纱织成布，家家户户都需要，能得到更高的价值。人们愿意种，却因为种不好、收成少而苦恼。

这一年，犍陀罗的僧人拿来了新的种子，尉迟广厚亲王安排，在约特干城周边的十几个村子种植，很多人听说后非常高兴。为了让种子多出苗，长出的苗不被风刮坏，长壮实，多结桃，得到更好的收成，广厚亲王在准备播种的前几天，召集各村种过棉花的人，和大家分享自己种棉花的方法。

春天的阳光很暖和，玉龙喀什河西岸的核桃树发芽了。广厚亲王召集人们聚在树下，四褡裢棉花种子放在中间。他主持了一场漫谈式的讨论，让人们一个一个轮流讲，慢慢讲，讲出自己的想法。

众人讲的第一个问题是种子不出苗，因为种子在地下坏了。要种好棉花，先要选出好种子。种子上留有一层细绒毛（棉短绒），一粒种子好不好，能不能发芽长出苗，怎样才能知道呢？又有人说，种子放在一盆清水里，饱满的好的种子会沉到水下，差的瘪的种子会漂在水面上。还有人说，种子上的绒毛里可能藏着虫子，还有各种不好的病，得先用开水烫一下，再放到太阳底下晒，种子上的虫子和病害就能被烫死晒死。

支谦和竺法护表示他们带来的都是好种子，并请大家找来两只大木盆，看种子沉到水下面还是漂在水上面。广厚亲王让他们不要着急，等人们都说完了再谈种子的事也不迟。

一个人说完下一个人说，直到太阳下山，仍有人没有轮上说，有人说过了还要说。广厚亲王说，太阳下山了，你们回家吧，明天接着说。说了一天又一天，第三天太阳下山了，所有人都说过了，说过的人又要说。直到第四天，讨论会才结束。广厚亲王让人把所有的问题记下来，好的办法加以总结，并确定了一套新的种植管理方法。

广厚亲王命人架起火烧开水，把四褡裢种子分批倒进开水中，先用开水烫一会儿（棉籽上可能有的病虫被烫死，种子又不会被烫坏），捞出来倒进凉水盆里泡了更长的时间，只有很少的一些漂在上面，其他的沉入水下。烫与泡检验了种子的好坏，同时还有一个作用是把种子泡胀。捞出来，堆放在阴凉处的湿地上，用瓦盆扣住潮一夜。第二天，打开瓦盆，取来草灰倒在上面，把因为潮湿粘连成块的棉籽搓散成一粒一粒的，摊在太阳下晒了三天。棉籽的外壳泡软了，里面的籽仁接收到水分，一颗颗肚子鼓胀像要裂开发芽的模样。此举第一步是防治病虫，第二步是选掉不饱满的差种子，第三步起到催芽的作用。种子经过这样的处理，再分给各村各户，要求这一年领到种子的人，全部在麦子地里套种。

4月，天气热起来了，麦苗已有三寸高。种棉人赤脚下地，隔三垅麦苗，挖一垅坑，两个坑之间相距一尺，几粒棉籽被扔进去，覆土埋上，用脚踩实，一垅一垅种下去。等到棉花开始出苗，两片肥大的子叶顶土困难，广厚亲王要人们一窝一窝去观察，用手扒开泥土放苗出土，这叫放苗。接下来的几天，每天都到棉花地里做同样的事情，腰弯得很低，没多长时间便疼痛不已。十几天后，该出的苗全部出土了，经过处理的种子，出苗率比往年高了很多，长得比往年壮实，很是喜人。这时候麦苗又长高了两寸，一行棉苗，几行麦苗，绿茵茵的很是好看。与以往不同，因为有了麦苗的阻挡，大风刮了几场，刚出土的棉苗被刮断的不多，被刮跑的也不多。

小棉苗经受住了大风的反复折磨。

勤快的人开始第一次锄草间苗，把草锄掉，把一窝棉苗中明显细弱的拔掉。十多天之后，棉苗更高更壮了，第二次除草间苗，一窝只留一两株最壮的，其他的全部拔掉，这叫定苗。麦地浇水时，棉花浇了水，麦地施肥时，棉花也施了肥。到了麦收时节，棉苗长到一尺多高。麦子收割后，地里只留下棉花，土地的肥力全给了棉花。这是一年中天气最热的时候，没有了麦苗的阻挡，棉花的行距宽，通风好，枝叶舒展，能充分吸收热量，生长很快。与往年相比，高了很多，也壮了很多，开花结桃自然也多了。

这一年，于阗王城周围的棉花生长格外好。9月，棉桃开始吐絮，妇女和孩子提着篮子或袋子，到地里捡拾棉花，在齐腿高的棉枝上撕下柔软的棉絮拿回家。

10月，广厚亲王请支谦和竺法护到地里教农民选种留种。9月里吐絮的棉桃，成熟早，种子不够饱满，11月快到落霜时吐絮的种子也不好，只有在10月吐絮的，挑选长在整株棉花的中部，且最大最好的棉桃用于留种，实际上就是后来人们说的"中喷花，留种顶呱呱"。棉株中部的棉桃成熟度好，种子饱满，适宜留种。选中的棉桃，连壳摘下来专门保存。当时的人们认为，让棉籽待在铃壳棉絮的包裹中，会继续吸收营养，原封不动保存一个冬天之后，做种子会更有活力。等到第二年开春准备播种时，再撕掉棉絮，烫泡捂晒后用作播种。撕下来的棉絮，也不影响纺线织布。

到了11月，天气变冷开始下霜，种棉人家最后捡拾一次棉花。棉株上还有少许没有开的、半开的，都不捡了，留下的剩棉任由他人拾取使用。这叫"留余"，含有佛教"取之有度"的意思。这一年的棉花丰收了，有些种棉人家一亩地收获籽棉40—60斤。

这一年，于阗的种棉新方法向四处传播。不过，当时的人们掌握新技术的能力有限，除了约特干附近村子的棉花种得好，其他地方的不尽如人意。古代技术发展缓慢，比如汉朝发明的铁铧，用了两千年都没有太大的变化。于阗人的种棉新方法，也一直沿用了上千年。


人类历史如同源远流长的大河，时缓时急，时深时浅，时而风平浪静，时而浊浪滔天。人类在历史的长河中，遭遇不同的时代，就会有不同的生活境况。新疆人种植棉花的历史一直在延续，处于和平时代，耕作水平会有进步，陷入动荡岁月又会倒退。棉花的生长特性决定了种植和管理的复杂性，所以在古代漫长的历史进程中，虽然许多地方种植，还是无法满足人们的穿衣需要。

于阗古代最早的居民属于斯基泰人，还有一种说法是藏地与南亚次大陆人种的混血部族，长相"颇类华夏"，就是说与中原人颇为相像。性格温恭，能歌善舞。他们很早就学会了把羊毛纺线织成片，缝合成衣帽毯靴。西汉时期，在西域诸国中最早传入中原的桑蚕技术，手工纺织业比较发达。种棉人家都会手工纺织，棉花捡拾回家后就开始了新的劳作。

依前所述，于阗人种植的棉花品种是非洲草棉，铃桃较小，纤维短粗，棉籽较大。捡回家之后，第一步要脱籽，脱籽后的绒絮才能纺线织布。最初的时候，人们用手撕，那样做特别慢，时间长了手指会痛。日复一日地劳作，枯燥漫长还让人着急。最终有聪明人想出了好办法，发明了原始简单的辊式轧花机。他们用坚硬的胡杨木做成支撑稳固的架子。在架子主梁的两端掏卯，插进两根砍削出来的方木桩，横着掏出五个对应的卯孔，靠下面的两孔横拉两根大棒作为加固，靠上面紧挨的三个孔，插进三根挤在一起的圆木棍，相互之间留有棉籽大小的空隙。三根圆棍中间的一根连着架子外面的手柄，手柄绞动，带籽的棉絮绞过去，就能把棉籽挤出去。后来，学会了弹棉花，一根弯木，连接两头的一条牛皮绳绑紧做弦，就是弹棉花的弓，用一只木槌敲击皮弦，引起振动，弹掉棉絮里的泥土杂物，把棉絮弹到蓬松如云。女人们将弹好的棉花搓成条，用手摇纺车纺成纱线，然后用挂在房梁上的织布机织成斜纹或平纹棉布。

他们住的房子很简陋。用树木搭起架子，四周绑上荆条或芦苇编成的篱笆，外面涂上一层泥巴。里面盘上炕，摆上家具，就是一个家。尽管气候温和，冬天不是太冷，但这样的居住条件，人们还是非常需要有保暖的衣服。当他们种出棉花，从棉铃里撕出蓬松的白絮，像纺毛纺丝纺麻一样纺成线，织成体感柔软、容易清洗的棉布时，收获的何止喜悦。这样的布，冬天御寒，夏天抵挡灼热的阳光，特别实用。于是，人们希望能种出更多的棉花，织成更多的棉布。

历史无法复原。从零星的资料中可以看出于阗人对种植棉花和纺织技术的追求。为了获得更多的棉花，男人们勤勉学习种棉技术。为了得到更多更好的棉布，女人们追求更快更好的纺织技术。女孩子出生后，大人会把纱线缠在她的手腕上、胳膊上，并找来棉花地里的蜘蛛网在孩子的小手上摩挲，希望她得到纺织的天赋，长大后能有一双巧手，既能掌握娴熟的纺织技巧，还能在纺织劳动中不知疲倦。

漫长的冬天，于阗人家在简陋的房子里弹花纺织，"叮叮咚咚"的声音是生活的乐曲。他们把一年种植的棉花捻成线，纺成纱，织成布。一部分作为贡赋；一部分染成青色和红色，缝成衣衫、裙子、裤子、手帕、盖布；还要留出一部分，拿到集市上出售，所得收入换取其他的生活用品。

在古代，衣着是区分各个社会阶层的重要标志，无论生活在哪个地方，属于哪种文化，人与人之间总是存在穿衣等级的差别。阶层区别，扩大了对棉布的需求，在生产力相对低下的古代，纺织品总是不能满足各个层次的需要。

西汉时期，经过"文景之治"，经济繁荣，纺织品产量不断增长，中原的服饰文化由俭变奢，形成了汉服的独特形式：交领、右衽、系带、宽袖，需要大量的布匹。朝廷依照周礼，针对穿衣戴帽的款式和颜色，制定了复杂的形制礼仪。规定青绿为民间常服，蓝色偏暖的青紫为贵族的服色。受中原服饰制度的影响，西域诸国的王公贵族、官员士人、富裕阶层、普通百姓，都有不同的穿衣特点。纺织和染色的技艺越来越好，人们的需求也相应地增加。体感舒适、价格又相对低廉的棉布，总是不能满足人们不断增加的需求。

活动在于阗、且末、楼兰等地的犍陀罗僧人，不只有支谦和竺法护。到处都是外来的僧人与当地的僧人一起传经布道。他们带来棉籽，帮助农民耕种，提高种植技术。鉴于棉花的实用性，官方重视棉花种植，给农民多种多样的鼓励，于是，塔里木盆地南部种植棉花的地方越来越多。

二

古代丝绸之路从敦煌到楼兰后，向南向北分道而行。楼兰这个必经分岔之地，成了连接东西方贸易的重镇，东汉时期，成为最早的"国际化"商贸之城，接收着东来西去的商品和文化。来自古印度，堪称精美的棉纺织品，带动了楼兰的棉花种植和棉纺织业发展。来自中原的纺织工具和纺织技术，带动着棉纺织生产水平的提高。中原人的穿衣风格，对西域，包括楼兰人直接产生了影响。

米兰是新疆古代最早的屯垦之地，拥有良田几万亩，种植小麦、棉花和其他农作物。楼兰城外，孔雀河下游地势平坦，水源充足，气候炎热，同样可以种植小麦和棉花。每年收获的棉花，可以织造厚密的棉布，也能织出细薄的轻纱。

红色在中华传统文化中代表光明、耀眼，自古就是中国的尊贵颜色。周朝贵族在祭祀等重大场合穿红色的礼衣，汉初刘邦称帝后，黑红两色同等尊贵。汉朝的旗帜是红色，贵族喜欢穿红色的衣服。汉朝之后，红色成为中国人普遍喜爱的吉祥色，结婚生子过生辰，各种节日都离不开红色。受此影响，西域人穿衣也喜欢红色。炎炎夏日，有钱人家用细棉纱布搭起凉帐，做成头巾，遮挡阳光和风沙，这样的细纱布被称为"风织之网"。在河网密布、水意葱茏的楼兰，平民百姓身穿青布素衣，有钱的男女身穿红衣，头披薄纱，行走在城市街巷，漫步在水边的胡杨树下，风流出众。或者在纱帐之下，身穿红衣的女子纺纱织布，行商坐贾买卖红布轻纱，运往东西商路，构成美妙多姿的市井风情图。

考古揭示了当时的历史真实，证明那样的情景绝非文学虚构。

20世纪80年代，新疆考古研究所楼兰考古队对楼兰古城遗址和城郊的墓葬区进行挖掘，出土的棉织品有厚实的棉布和轻薄的纱布，颜色有大红色和素色。从出土的木简和纸质文书可知，这些棉纺织品产于2世纪前后。当然，作为商贸之城的楼兰，流通在市场的棉纺织品数量，应该远远超过本地的生产能力。

棉花作为一种生活必需的物资，一经被人使用，便在各种交流交往中传播。进入新疆后，由最初的于阗，一路传到楼兰，并没有停止传播的脚步，而是继续向更多更远的地方扩散。

营盘古城距离楼兰200公里，位于孔雀河北岸，库鲁克山支脉兴地山以南的大戈壁上，是西域三十六国之一山国的都城，丝绸之路北道的必经之地，被历史学家称为"第二楼兰"。在这里发掘的有从汉到西晋的古墓，出土有棉铃和棉籽。棉铃小而圆，纤维长17毫米，较粗，种壳较小，属于非洲草棉。还出土了大量的棉纺织品，分别用作香包的衬里、绢枕填料、棉布裤、布袍、长裙等，说明2—3世纪，在塔里木盆地东北的库尔勒一带，普遍种植非洲棉，并成为较为普及的纺织原料。

到了魏晋时期，于阗棉织品有了新的发展。考古人员在位于洛浦县的山普拉古墓群出土的纺织品，均为棉纺织物，其中有蓝白印花布，有用于覆面的白色棉布，也有白色棉布手套。在民丰的尼雅遗址中有绢边棉布单，棉布方巾。在于田县的屋于来克遗址，出土有晚一些时期，结构比较紧密的"褡裢布"和蓝白印花布。揭盘陀是于阗之西的西域小国，那里的人穿棉布衣服。

考古发现，在浩瀚的塔里木盆地周边，村庄和农田，显得星星点点，遥远而孤单；但是，沿着水系与绿洲，可以连成时间与地理的立体交叉线，令人信服地勾勒出两汉至魏、晋、南北朝、隋、唐时代，棉花种植和棉纺织普遍发展的大致样貌。

塔里木盆地西北的喀什地区巴楚县，有一处唐代古城遗址托库孜萨来，当地人称唐王城（"九重宫殿"的意思），出土了一包当时的棉花籽，如今放在巴楚县博物馆的玻璃柜里，整整100克，两手一捧约有800粒。还有保存完好的四根棍手摇轧花机、纺车以及织布用的梭子。

这是现存古代最多的棉籽，100克之多，还有成套的纺织用具，说明了什么呢？说明当地大面积种植棉花，普通民众既种棉又纺织。经中国农业科学院棉花研究所鉴定，这包棉籽的品种是非洲草棉。

由此可见，植棉和棉纺由塔里木盆地南部、东部普及到了塔里木盆地几乎所有的绿洲，而且所植的品种均为非洲棉。由于气候条件的限制，元代之前，非洲棉还没有传到天山以北的准噶尔盆地。早期的棉种要求生长期长，一般需要200天左右，北疆地区无霜期短，积温条件不能满足棉花的生长。直到经过多代的培育，有了棉花的早熟品种之后，天山北坡的玛纳斯河流域才成为新的主棉区，不过那要等到1000多年之后了。

倘若要真实还原古代人的生活，而且还要与棉花密切相关，是十分困难的。棉花作为一种产业，在生活中的千变万化、穿戴行睡，显现生动鲜活的烟火气，从哪里可以看到呢？

正当人们为此发愁的时候，有一个地方，恰恰满足了现代人的所有想象。这个地方就是火洲吐鲁番。

# 三

吐鲁番有很多神奇之处，高昌故城就是其中一个很神奇的地方。作为西域曾经的汉族政权所在地，1—14世纪，始终是古丝绸之路东天山南路的第一重镇。现在虽然只是一片规模很大的断壁残垣，但距离故城6公里的阿斯塔那—哈拉和卓古墓群，留下了当时大量的真实记录。

古墓群现在可以参观。走进汉唐建筑风格的大门，正面是一个圆形广场。广场的中心位置建有一个很高的方台，上面高耸着伏羲女娲蛇身人面的合体雕塑。以此为中心，环形布局着拱卫形制的十二生肖雕塑。古墓群占地10多平方公里，分布着密密麻麻的古冢，是古代高昌国的公共墓地。以埋葬汉人为主，同时葬有车师、匈奴、高车以及昭武九姓等部族的逝者，说明当时各民族之间平等对待，和平相处。现在可供参观的几座都是汉族墓，每座有20—30米长的斜坡墓道，墓室在地下5米左右，里面的空间高2米以上，平顶或穹顶，没有棺椁。逝者安放在墓室后部的土炕或简易木床上，头枕鸡鸣枕，面部掩巾，眼盖瞑目物，双手握木，身穿棉麻绢锦织品制成的衣服，四周有亭台楼阁、车马仪仗、琴棋笔墨等物品的模型，以及葡萄、瓜果、饺子、面饼等食物。墓室口左右两个耳洞，里面放有镇墓之物和陪葬品，墓室的后壁绘有线条流畅的壁画。215号墓的后壁上是六幅苏杭风格的水景花鸟画，颜色鲜亮，几乎没有褪色。逝者可能是来自南方的商人，这样的水景图给他以回归南方故乡的安慰吧。

中国古代，无论中原，还是西域，人们都有"视死如生"的观念。生前在人间有什么，死后在阴间也要有什么，于是就给逝去的人尽量多地随葬生活用品。这里地处火焰山南不远处的戈壁沙丘，地势高，地形开阔，气候炎热干燥，墓穴内形成天然的无菌环境，古尸及随葬物品历经千年没有腐烂。有一份唐代水饺，形状与今天无异，里面的馅还是完好的。阿斯塔那—哈拉和卓古墓群保存了大量的文物，成为"高昌历史的活档案，吐鲁番地区的地下博物馆"。出土有丝、毛、棉、麻织物等大量文物，各种文书2000余件，内容涉及政治、经济、军事、文化等各个方面，已整理出版10册，被中外学者称为"吐鲁番文书"。

在这些文书中，是否记载了棉花和纺织的内容呢？

翻阅考古记录，可以看到很多生动有趣的故事。

482年，柔然汗国的一批官员，从北方草原打马而来，到附属国阚氏高昌巡视。高昌王提前得到消息，不敢怠慢，给每一位来者精心准备了一份钱财物品作为供奉，让这些官员在完成各自的工作后能满意而去。那是一些什么东西呢？吐鲁番文书里有一册十几份《高昌主簿张绾等传供账》，做了完整的记录，其中有毛毯、赤违（红马皮）、疏勒锦、行緤50多匹等珍贵物品。"緤"是棉布，"行"有通行、流通之意，"行緤"就是可以当作实物流通货币的棉布，实际上就是一大笔"钱"。

分析这件事情的背景，说明什么呢？说明在阚氏王朝时期，高昌地区种植棉花，纺织棉布，把緤布用作实物货币，不仅在高昌通行，即使供奉给宗主国——柔然汗国的高级官员，他们都非常满意，拿到"别国"也可以使用，等于是一种硬通货。

50多匹緤布的出现只是开始，随后看到很多"随葬衣物疏"，记载有大量的布叠。比如，543年，孝姿随葬布叠200匹；562年，孝寅随葬右杂锦百匹、右绢700匹、右绵600斤、右叠千五百匹；592 年，无名氏随葬锦千张、绢万匹、白绫百匹、细布百匹、细叠百匹、白绫裙褶一具、锦绫裙褶一具、细布裙衫一具；587年，虎牙将军张忠宣随葬绢 1000 匹、细布 2000 匹、细叠 2000匹；592 年，氾崇鹿随葬百万匹彩帛、百万段世行布叠；等等。

这些随葬记录，说明高昌地区的棉布精细纺织手工业相当发达。考古学家分析，随葬衣物疏中所写的棉纺织品，不是实物，是虚拟的数量，反映当时社会，人们想拥有更多棉纺织品的愿望。记录中出现的"细叠"，是指精细加工的棉布。"世行布叠"，是指作为通用实物货币的棉布。说明高昌生产的有粗棉布、精细棉布以及用作货币流通的棉布。还有一些随葬疏中，记录有棉布缝制的"路囊"，应该是旅行时用于装衣物和日用品的布口袋。

还有一份很有意思的账单。在阿斯塔那—哈拉和卓 151 号墓中，出土了一份《高昌作头张庆祐偷（输）丁谷寺物平钱账》。这是一份物品价值评估记录，记的是贼人张庆祐和他的儿子，偷了丁谷寺的东西，按照所偷物品，对照当时的市场价值，一件一件评估后记下的文书。其中：六纵叠布五匹，每匹评估值为银钱 12 文，合计 60 文；张庆祐的儿子与另外二人合伙偷了丁谷寺的一头牛，评估价值为银钱 10 文；另有一贼人偷了八纵麻布一匹，评估价值为银钱 5 文；一条用叠布缝制的被子，评估价值为银钱 8 文。这份文书，记录的是一起治安案件，从中可以看到，贼人所偷的物品有叠布、叠制品、牛、麻布。叠布和叠制品的价值明显高于其他物品。一头牛的价值低于一匹叠布，说明棉在当时高昌居民生活中的重要地位。一种物品价值的高低，往往取决于供求关系，需求数量大，供给数量少，价格自然就偏高。

高昌棉类物品的重要性还体现在借贷关系中。有一份借贷账，记录了高昌某人负人"叠一匹，叠花一百廿斤"，即某人借了他人的棉布一匹，去籽的棉花120斤。

高昌王曲玄喜在位时期，作为实物货币通用的叠布，分上、中、下三等。有一份文书中记载：551年，某人一次向别人借了中行叠60匹，三月借，八月归还，期限五个月，归还的数量是90匹。五个月时间，利息30匹，换算成年利率，高达120％。如果按一匹叠布价值12文银钱计算，60匹中行叠，价值720文银钱。不仅借贷数量多，利息也高得吓人，这样的事例说明，在6世纪中叶，高昌棉花种植和棉纺织手工业的普遍性，也说明当时商业繁荣，交易活跃。

还有一笔财物账。某家失火，烧毁财物中有白叠（棉布）3匹，叠缕40两。考古学家经过论证，确定叠缕所指的不是棉线，是棉花弹好后，搓成比大拇指稍粗，七八寸长，挂在纺轴上，一头捻线，摇动纺车，抽丝纺线的棉条。40两叠缕，按照古代每斤16两折算是2.5斤。这些棉布和棉条烧毁后，记入官方文书，随葬于墓中。分析个中原因：首先，这些物品比较贵重，故能引起重视，被记载下来；其次，这些棉布和棉条可能是官方财产，交给私人加工，结果被烧毁了，作为一次意外事故，要做详细登记作为备案。无论出于什么原因，能够把一次意外失火的损失留存于世，说明棉制品在当时的重要性。

阿斯塔那—哈拉和卓44号唐代墓中有一件叠布口袋的记账。655年，西州提供棉布口袋270只，用作雍州地区，即长安治所的军队使用，表明唐代吐鲁番一带以较多的棉布织品供应政府，作为统一分配使用的重要物资。

吐鲁番文书，记录了棉花和棉布在日常生活中的使用情况，还有很多零星的历史记载，精彩记录了西域棉布进贡朝廷后得到的回应。

据说汉武帝得到一件西域进贡的棉袍，穿上感觉特别舒服，特别稀罕，居为奇货。

3世纪，魏文帝喜欢西域的棉布，把自己的评价写在诏书中，加以称赞。说他所珍玩的东西，来自西域的最好，其他地方的基本比不上。来自代郡的黄布，特点是细；来自东浪的练布，特点是精；江东太末布虽然白，却比不上来自西域的白叠鲜亮洁白。他的一番表述，肯定了西域所产的棉布。

6世纪，《梁书》里留下一段表达梁武帝生活俭朴的文字：他身穿棉布衣服，用的是棉纱睡帐。一顶帽子戴了三年，一床被子盖了两年。

7世纪之后，唐朝的宫廷贵族喜欢用棉布作衣料，长安的街市上有卖白叠的商家。高昌给朝廷的贡物中，每年要有叠布10端。唐朝的布帛六丈为一端，也就是60丈。

1世纪前后，棉花的种植和纺织技术，传入高昌地区。开始时，当地居民种植手法生疏，纺织技巧简单，产量不多，质量不高。由于吐鲁番炎热的气候适宜棉花生长，加之当地一直受汉文化的影响，很快发展成为西域最集中的棉花种植区和棉纺织业发达地区。

公元前68年，汉侍郎郑吉率兵攻占车师交河城，就是现在吐鲁番的旅游名胜交河故城，派驻士兵300人屯田。

公元前48年，汉朝在车师前国设置戊己校尉，驻交河城，且耕且守，掌管整个西域的屯田和军事。

公元前21年，戊己校尉移驻高昌，建筑军事壁垒，"地势高敞，人庶昌盛"，称为高昌壁，又称高昌垒，即现在的高昌故城。因为与匈奴的争夺，戊己校尉几经撤回和恢复，到了东汉和魏晋时期，仍然沿袭这种制度，戊己校尉的驻地一直在高昌。

5世纪中叶至7世纪中叶，高昌先后经历四个汉族独立政权：

阚氏高昌、张氏高昌、马氏高昌和曲氏高昌。唐宋时期，高昌一直归汉族割据政权管理。直到15世纪，由察合台汗国分裂后建立的吐鲁番汗国统治。

吐鲁番地区温度条件好，适于棉花生长。戊己校尉管理西域的屯田事务，引进中原地区先进的农业种植和纺织技术，经过魏晋一百多年的改进和发展，棉花种植在高昌快速普及，纺织技术也不断提高。到了南北朝时期，高昌的棉花种植和棉纺织业，已经发展到了相当兴盛的程度，高昌也成了丝绸之路上一个远近闻名的棉产品贸易中心。

《梁书》以颇感惊奇的语气，对曲氏高昌种植草棉和纺织棉布的事实，做了精彩形象的描述：

> 高昌有一种农作物，种植数量很多，叶是草，杆是木（现代植物分类中，棉花是亚灌木作物），它的果实像蚕茧，茧中间的丝如同细卢，名叫白叠子。这里的人取出织成布。这种布很软很白，通过市场交易的形式，输入到中原，很受人们的欢迎。

《梁书》中讲述的这种情形，比中原地区要早900年左右。

高昌人采用粮食与棉花套种的方式，在收获粮食的同时，得到大量的棉花。和于阗的情况相似，棉花生产在家庭内部进行，成为一种家庭产业，实现自给自足。每一个家庭生产出自己所需的布料，同时也为市场提供棉纺织品。每年秋天，捡拾回家的棉花会储存几个月，等到农闲时节间歇性地加工。女性的活动主要在家庭里，有空就会纺纱织布，就像中原地区的男耕女织。这种根植于家庭内部的手工业，技术发展缓慢。一名妇女纺一斤棉纱，织一匹（10米）布往往需要个把月时间。许多家庭生产的纺织品会拿到市场上出售，所以，高昌的市场交易非常活跃，从而带动了棉花产业的整体性发展。

在接下来的1000年里，家庭种植棉花与其他作物之间保持着一种微妙的平衡状态。种植粮食作物的同时种植棉花，在自己的粮食和衣物需求，与统治者对贡品的需求之间取得平衡。

阿斯塔那—哈拉和卓古墓群的所在地，现在属于吐鲁番市高昌区三堡乡，周边有台藏、阿瓦提、曼古拉克等几个村子，有7万多亩耕地，主要种植葡萄和哈密瓜。1942年出生的阿布都热合曼·阿布都拉是一位诗人，曾经当过乡党委书记、中学校长。他说，这里种棉花有2000多年的历史。小时候，村里的地三分之二种小麦和高粱，三分之一种棉花。棉花是本地品种，只长一米高，开花小，产量很低，棉絮很紧，使劲才能撕下来。粮食自己吃，棉花当钱用，换肉吃。

新疆农业科学院吐鲁番农业科学研究所的后院有3.5亩实验地，研究员彭华用这块地种了384个品种的棉花"种质材料"。每个品种30株，单独管理，单独采收。其中有几株草棉，植株最矮，枝叶稠密，扒开叶子，找到两个开花桃。棉花吐絮，一桃三瓣，很小的一点儿。彭华说，产量少，过去很珍贵，只有贵族才能用得起。

## 四

4世纪之后，植棉和棉纺从边疆少数民族地区逐渐向汉族地区传播。棉花的用途很多，棉絮用作棉衣和棉被的填充，做粉扑、灯捻，棉布做衣服、床单、桌布、毛巾、手帕、褡裢和口袋，充作货币流通，作为借贷商品，顶替徭役，交纳贡赋。

唐玄宗时期，西域的棉花进贡到宫廷，做观赏植物，非洲草棉种植也传到了河西走廊。宋末元初，西域棉花经河西走廊传到陕西，在甘肃、陕西一带生长良好。

非洲棉抗湿耐涝性弱，因而没有大量东渡黄河进入中原腹地，以早熟耐旱的优点生长在西北。只有少量进入山西，北京曾有庭院观赏种植的记录。

亚洲棉耐湿抗热，到了13世纪的南宋，从西南和东南越过南岭，到达长江流域，后来发展到遍布中原大地。

人类历史发展的每一个转折点，是偶然，也是必然。推动中国棉纺织业的历史性进步，在世界纺织史上都得到很高评价的一位重要人物，居然是一位连名字都没有留下的贫苦妇女，让人感到难以置信。然而，历史就这样鲜活地留下了这位中国女性的非凡贡献。

宋元更替，兵荒马乱，上海松江一个聪明伶俐却深受压迫的穷苦女孩，10岁做了黄家的童养媳，承担一应家务，还没日没夜纺棉织布。尽管她已是有名的巧手织工，仍被婆家百般侮辱，受尽打骂折磨。为了活命，有一天半夜，她挖开屋顶的茅草，逃到茫茫大海上的一艘商船上，漂泊在惊涛骇浪中，活了下来，流落到海南岛。她发现当地黎族妇女都会纺织，自己的特长遂有了用武之地。她凭借纺织的好手艺谋生，与当地人融洽相处，并在学到他人先进技能的基础上不断改进，发明了很多新技术。30年后，她重返故乡。回到松江时，江南经济好转，黄家公婆、丈夫也已不在人世。她心无挂碍，在家乡传授纺织技艺，创新了轧花、弹棉、纺线、织布的机具，发明了"错纱配色，综线挈花"

的织造技术，织出来的被褥巾带，上面的折枝团凤、棋局字样，栩栩如生，就像画上、写上的一样，引起轰动。她历经人生沧桑，依旧淡泊名利，未曾将新技术据为己有以谋私利，反而慷慨地向那些慕名而来的求学者传授技艺，不久便声名远播，遍及四方，极大地推动了中国纺织业发展的历史性飞跃。松江府一带"衣被天下"，成为全国最大的棉纺织中心，从而奠定了大上海发端的雏形。不几年，她积劳成疾，一病不起，安眠故土。那时候，妇女出嫁随夫姓，名字无人知晓，人们尊称她黄道婆，感念她的恩情，立祠建庙，纪念至今。无论有没有留下自己的本名和子孙，她都被誉为中国棉纺业的先驱，13世纪杰出的纺织技术革新家。

元朝时期，政府印制植棉技术的书籍，引导民众种植棉花。老百姓可以用棉花抵税，政府得以给官员和士兵提供衣物。棉花取代了苎麻，在农村广为普及，确立了作为重要经济作物的地位。

明朝初年，政府下令，凡是有田地5—10亩的人家，要栽桑、植麻、种棉各半亩；10亩以上的，栽种面积要增加一倍。老百姓可用金银、棉布、棉花、麻布和丝织品缴纳田赋，棉花种植和纺织业得以全面发展。到了明晚期，中国的每一寸土地皆有棉布，每家每户都有织布机。"棉布寸土皆有，织机十室必有"。植棉和棉纺织遍布全国。

到了18世纪，中国人口增加到4亿，棉花产业仅次于印度居于世界第二。1750年，中国的棉花产量约为680万吨，大致相当于美国内战前10年棉花产量的总和。

棉花产业的发展，推动劳动力出现了地理上的分工。北方农民运输原棉到长江中下游地区，南方的农民用自己种植和北方运来的原棉生产棉纺织品，将其中的一部分卖回北方。跨区域的贸易活跃繁荣，棉布生意达到全国商业贸易总额的四分之一，中国的男女老幼几乎都穿棉布衣服。

元朝时期开始，棉花和棉布成为皇家、贵族和官员消费和赏赐的重要物品。到了明代，王公的岁供中，棉布作为一项固定的享用待遇，公主和亲王尚未受封的儿子，每年发给棉布30匹，已经受封的增加到100匹。各级官员每年的俸禄中，也有一定数量的棉布，离开家乡去异地赴任的官员，冬天会专门给两匹棉布。边防军士，每人每年发棉布2—4匹，棉花1.5斤，每年的军需棉布需要五六百万匹，棉花需要二三百万斤。1696年，蒙古族土尔扈特部历经千辛万苦回到祖国。乾隆皇帝给予了封地和褒奖，还赐"布六万一千余匹，棉五万九千余斤"。

人们不禁要问，世界万物，最好的纺织纤维为什么是棉花？直到有了显微镜，才解开了其中的谜底。

棉花是世界上唯一由种子产生纤维的农作物。一根成熟的棉花丝，在显微镜下，是一条连续扭转的链状细长带子，长度是宽度的2000—3000倍，1厘米长的纤维，有约50个转曲。细长和转曲使其很容易抱合联结，这就是棉纤维最基本的纺织价值。它的另一个特性，看似很细的纤维，却有中腔空隙，周壁结构中还有细微的小空隙。它的成分95%是纤维素，具有特殊的韧性。棉花及其纺织品，因此有了柔软、保暖、透气、吸湿、色泽洁白、染色性好等特性，可以纺织并染出无限多的色彩。棉花的物理性状，蕴含了无以比拟的诗意。它仿佛天生就是为纺织而生，既能给予人温暖，又巧妙地留下透气的空间，为诗意的遐想开辟了更广阔的天地。当棉花产量达到足够多的时候，自然取代了丝和麻，成为最主要的纺织原料。

棉布在现实生活中，不仅用作缴赋纳税，还被当作货币使用，作为一种理想的交换媒介，与原棉相比，更易长途运输，不易腐烂，并且有较高的价值。

因为起源不同，各个地方的人，对棉花有着不同的叫法。

中国不是棉花的原产地，原本没有"棉"这个名称。当它从国外传入时，名称随之而来。中国古籍中的"白叠""吉贝""古终藤""梧桐木""撞木"等这些名词，多是西亚、南亚等地对棉花植物名称的音译或转音。后来，创造了"木绵"和"棉"字，作为对棉花的称呼。

"白叠""白蝶""帛叠""白答"等用于指称棉花或棉布，最早的记录出现在西汉时期，来自古梵语 Bhardudji 的音译，指原产于非洲的野生棉，在书写过程中，成为读音相近的同类名词。草棉从中亚传入新疆，带来"白叠"一词，主要指棉布，也指棉絮和棉花这种植物。至今，维吾尔语棉花（含棉絮）为 Pahta（帕合塔），柯尔克孜语为 Paqta（帕克塔），哈萨克语为 Maqta（玛克塔），都与"白叠"发音接近。随着棉布传入中原地区，"白叠"一词更多指棉布，出现叠布、蝶布、㲲布、答布、都布等，更明确是指棉布了。

"吉贝""古贝""织贝""劫贝"等，在古书中也用来指称棉花。直到现在，海南岛的黎族人称整株棉花为吉贝，絮棉为贝。"吉贝"及其同类词语是古梵语 Karpasi 的音译，指木本树状棉花。白叠和吉贝，由于来路和品种的不同，从名字上区分了非洲棉与亚洲棉。

古书中记载："梧桐木华，绩以为布"，此处的"梧桐木"不是现在常见的梧桐树，而是指棉树。"古终藤"一般认为是阿拉伯语的音译。

东汉《说文解字》中没有棉字，只有"绵"或"縣"，指由蚕丝聚合的丝绵。西晋时出现了"木绵"一词，用来指称棉花，指植物所产之绵，以区别丝绵。而后，随着我国棉业发展，越来越多地用木绵称呼棉花。

南宋《甕牖闲评》中首次出现"棉"字，当时是新字，专指棉花。将"木绵"两字合在一起，去掉中间的"系"，意思是木绵，但比木绵简练，而且能与蚕丝的"绵"有明确的区分。元、明时期，"绵"和"棉"共存共用。清代的《康熙字典》将"櫊"与"沔"列为"棉"的异体字。此后，"棉"和"棉花"成为全国认同的通用词。

现在的"木棉"，专指一种在热带及亚热带地区生长的落叶高大乔木，花大而美，树姿巍峨，植于庭园行道作为观赏树，也叫"攀枝花"。


经过2000多年的种植、培育，棉花产业不仅成为中国的民生产业，也演化出了源远流长的中国棉文化。

亚洲棉在中国历史悠久，种植地区广泛，在长期的栽培中，产生了许多变异类型和优良品种，从而形成了中棉种系，被称为中棉。中国于是成了亚洲棉的次生起源中心。

非洲棉生育期短，成熟早，适应无霜期较短的西北干旱气候，成为新疆乃至西北地区的棉花品种。元朝时，意大利人马可·波罗在游记中记述了新疆塔里木盆地边缘地区的植棉情况。喀什植棉很多，以生产棉织品而驰名；叶尔羌棉甚丰；和田棉产特多，会织蓝红相间的条纹布。元代后，棉花种植扩展到了北疆，乌鲁木齐南郊盐湖岸边的古墓中，发现了棉织品，有皮袄衬里、衬袍、裤子等。

# 五

从 500 多年前开始，人类世界发生了几件标志性的历史大事，改变了棉花产业原有的分布形态。

1492 年，意大利人哥伦布登陆美洲大陆。

1497 年，葡萄牙人达·伽马绕过好望角开拓了海上新航线。

1600 年，英国东印度公司成立，紧接着，荷兰、丹麦、法国、西班牙、葡萄牙等国的商人，也纷纷建立起类似的公司。欧洲人"成功"完成了武装掠夺式的贸易占领。在此之前的很长时间里，欧洲人把棉花想象成植物和动物的混合体，西欧有些国家的语言，至今把棉花表达为"树羊毛"。他们总想更多地得到这种纺织原料，除了良好的实用性，还能赚取超额利润。借助新航路的开辟，欧洲人的棉纺织品贸易，把亚洲、非洲、美洲和欧洲联系在一个复杂的商业网络中。用贩卖印度和中国棉纺织品的利润，在非洲购买奴隶，贩运到美洲的种植园，生产供欧洲消费者享用的农产品。他们既能拥有价廉物美的商品，还依靠武力的优势征服商业上的竞争者。

英国东印度公司创立 20 多年，伦敦的羊毛商人对快速增加的棉布进口提出强烈抗议，经过议会辩论，以"有损国家利益"的名义，多次提高进口关税，后来干脆规定进口印花布为非法行为，只能进口白布到英国后进一步加工，从而促进英国棉纺织和印染业的发展。1600 年之后，英国成为全世界的纺织帝国。

1784 年，英国人塞缪尔·格雷格，在曼彻斯特的一条小河边，建成了一座纺棉纱的小工厂，里面安装了几台新式水力纺织机，开启了人与机器结合的纺织新时代。不久之后，山清水秀的农村建起了很多纺纱厂，大量的农民变成了工人。英国人在20多年时间里，先后发明了珍妮纺纱机、水力纺纱机、骡机，催生了棉纺业的快速发展。到19世纪初期，棉纺业成了英国的经济核心，英国资本家同时控制了全球性的棉花贸易网，主宰着棉花的跨洋贸易。英帝国崛起，欧洲各国步步紧跟，棉花很快成了一种全球性的商品。

棉纺织业的发展，引发了种植、加工、纺织各个环节不断的技术革新，调动了全世界的资本、土地和劳动力，将所有的关联产业整合在一起。因而，棉花纺织这种特殊的制造业，成为工业革命的摇篮，起到了撬动资本与技术的杠杆作用，成为推动工业水平整体发展的一个动力源，从而主导了世界贸易。英国正是把握住了棉花产业发展的历史机遇，全方位控制了棉花产业链，才成为17—19世纪的世界霸主。与茶叶、瓷器、糖、咖啡等商品的生产和贸易相比较，只有棉花种植、棉纺工业和棉花产品市场的世界历史，覆盖了不同阶段的资本主义的建构和运作。

构建棉花帝国的参与者，包括贩卖到美洲的非洲黑奴、被强制驱逐离开家园的印第安人、武装押运奴隶的远洋贸易商、加勒比海地区和美国南方的种植园主、英国工业革命的发明家、欧洲棉纺厂的厂主和工人、棉花交易市场的金融投机家、殖民主义国家的官僚、全球的贫苦棉农、手工业者、民族资本家等，所有这些群体都是棉花帝国故事的一部分。

19世纪初期，英国在全球棉纱和棉布的贸易中，基本上消灭了欧洲之外的竞争对手。渴望利润的企业家和渴望权力的统治者，结合成为看似坚不可摧的团队，制造了世界棉花殖民史，使中国、印度、中北美洲和北部非洲的很多国家，成为强国的附庸，导致这些地方的农民失去土地，手工业者破产，也打击了各国棉纺业的发展。

在大洋彼岸的美国，白人资本家为了得到更多的土地，用于棉花种植，土著印第安人被驱赶出家园，遭到大规模的屠杀。掠夺土地的资本家，利用从非洲贩运来的黑人，开辟了大片的种植园，把生产的棉花，源源不断地运往英国的纺织工厂。1861—1865年，美国发生南北战争。这场战争，也成为世界棉花产业重新布局的分界线，棉花种植和纺织的重心，以此为转折，重新向中国、印度等传统的农业国家逐步回归。

原产于中美洲墨西哥南部高地的陆地棉，纤维细长，品质良好，单铃重，衣分高，皮棉产量高，适合现代机器纺织工业的发展。哥伦布发现新大陆后，陆地棉出现重大的发展机遇。欧洲人移民到美洲后，陆地棉在人们的栽培和选择过程中，逐渐形成一年生的习性，产生了适应亚热带和温带栽培的多种类型，在全世界快速扩展，在美洲、亚洲、非洲、欧洲、大洋洲广泛种植，不断排挤各地原有的亚洲棉和非洲棉，成为世界上种植最多的品种。

另有一种原产于美国东南沿海和附近岛屿的海岛棉，因纤维更加细长，商业上称为长绒棉，产量虽不及陆地棉，但适应于纺织高档棉织品，也不断向外扩散。

20世纪初，棉花取代羊毛、丝、亚麻等纤维，成为人类最主要的衣着原料。尽管人造丝和化学合成纤维先后兴起，棉花在纺织纤维中仍居领先地位，但是，棉花产业在现代世界经济中的地位却在下降。1963年，曾经的世界最重要的棉花贸易协会之一——英国利物浦棉花协会（LCA）关门大吉，英国的大多数棉花工厂被废弃。棉纺工业转移到了发展中国家，中国是最主要的承接国之一。

中国古代有一个孟姜女哭长城的故事。孟姜女千里送寒衣给修长城的丈夫万喜良，等她赶到长城时，得知丈夫死了。古人所说的寒衣，一种叫裘，只有贵族才穿得起；另一种叫袍，内里絮乱麻和旧丝绵。属于平民家庭的孟姜女，给丈夫送的只能是御寒效果不佳的袍，保暖性肯定与今天普通的棉大衣无法相比。

棉花种植和棉纺业的发展不仅解决了中国人的穿衣问题，还显著增加了农民的收入，扩大了中国的对外贸易。中国实行改革开放的初期，曾经有两句让中国人很不是滋味的话：7亿件衬衫换一架波音飞机，8亿件衬衫换一架空客飞机。数量庞大的服装出口背后，映射出无数中国人勤劳的身影，他们额头上汗水涔涔，默默书写着奋斗与奉献的诗篇。

20世纪80年代以来，经过几十年的发展，中国形成了世界上最完整的棉花种植—纺织—服装产业链，成为头号棉花消费大国。新疆成了中国最主要的优质棉花产业发展区，使得西方人再次有了产业竞争的焦虑感。

中国棉花以白叠与吉贝为始，经过漫长的历史浸润，棉，成为中国文化特有的词汇，蕴含了中国人的勤劳、智慧、谦和与韧性。无论来自哪里的棉花品种，叫什么名字，生长在中国的土地上，都可以统称为"中国棉"。

新疆大地棉花遍野，发展的过程绝非一帆风顺。近代以来，发生过多少艰难曲折，生动感人的棉花故事呢？有待于在后面的章节中徐徐展开。

# 第四章　美洲棉与非洲棉

## 一

　　鸦片战争是近代中国胸脯上一块巨大的伤疤，也是国门被迫打开，与西方世界深度交往的开始。棉花纺织品贸易是那场战争的重要起因。

　　18世纪后期，英国成为世界棉纺织业的中心，从美洲大陆和世界其他宜棉地区进口棉花，加工成棉纺织品，又销往世界各地，赚取高额利润。可是，英国商人发现，他们在与中国的棉纺织品贸易中出现了亏损。英国商人对华输入本国生产的棉纺织品和从印度运来的棉花，买走中国的茶叶和生丝。中国长期处于自给自足的经济状态，各地广泛种植棉花，广大农村无法形成对外来纺织品的购买力。英商购买中国茶叶和生丝的数量巨大，单位价值远高于棉纺织品。这样的贸易结构，使得整个20世纪30年代，中国都处于出超（贸易顺差）地位，每年的出超额有白银200万至300万两。英商运至广州的天鹅绒、剪绒、印花布等货物亏损严重，购买中国商品还要支出巨额白银，导致他们从本土和美洲开采的白银大量流入中国。英国人不能接受这样的贸易，便向中国输入鸦片。这种被称为"福寿膏"的毒品，让很多富家显贵甚至平民百姓吸食上瘾，很快向全国蔓延。英商趁势倾销，扭转了双方的贸易格局，中国由出超转而成为入超（贸易逆差）。

一朵棉花散开来，细细的棉丝像云絮，细致入微地给人以生活的温暖和衣着的体面。鸦片的黑疙瘩烧出缕缕白烟，同样如云，却会钻入人的骨髓，让人丢魂失魄，顾不得体面。大量鸦片进入中国，毒雾缭绕，造成白银大量外流，国人身体素质每况愈下，清朝政府加以抵制，英国商人反抵制，矛盾升级。钦差大臣、湖广总督林则徐力主禁烟，主持了虎门销烟。英国人为此挑起鸦片战争。中国战败，林则徐被革职发配新疆伊犁。

1841年7月14日，56岁的林则徐与妻子告别，衰龄病骨，风雪长征，踏上西去伊犁的漫漫戍途。他自幼读书，家境贫寒却志向高远，9岁时写下"海到无涯天作岸，山登绝顶我为峰"的诗句，有着深厚的家国情怀。此时年近花甲，身患疾病，远赴边疆，命运何去何从？何时才能回归与家人团聚？此情此景，怎能不心潮起伏？

历史已远，当时的细节无从再现，后人看到他为夫人写了一首诗，其中的两句广为流传："苟利国家生死以，岂因祸福避趋之。"只要是有利于国家的事，一定会生死奔赴，绝不会因为自己的祸与福规避或迎合。大丈夫，真英雄，立于高处迎风可见胸怀，身处低谷远走天涯，仍然披肝沥胆。这是人生的大格局。林则徐以这样的心境孤独西行，没有顾影自怜，而是想有所作为。他一路看到民生凋敝，想着地处西北、面积辽阔的新疆，边防如何得以巩固，如何才能造福百姓。

他到了伊犁，主动申请兴修水利，造田利民。第二年，受伊犁将军委派去南疆和东疆各地查勘荒地。新疆地广人稀，难道还有人没有土地耕种吗？查勘荒地有什么意义，具体要做些什么呢？事情当然不简单，他过去在东南为官，关注国家海防。边防海防都是事关国家安危的大事，于是对新疆的边防也多有研究，他认为边防与海防同样重要。他到新疆后，了解到已有的耕地大多被少数人控制，大量的荒地却无人开垦，这样的情况在南疆尤其严重。他此行勘地，就是要调查各地官员和民众开垦荒地的意愿和可行性，实地查勘丈量每个地方可开垦荒地的数量，了解水文情况，修建水利设施，改善耕种条件。目的很明确，就是让老百姓脱离贫困，生活安定，边防得以巩固。

清政府过去在新疆没有普遍性地查勘荒地，这件事做起来阻力很大，困难重重。林则徐作为贬谪官员，做与不做，全在自己的意愿。他主动向朝廷建议，并且承担起责任。

1842 年 12 月，隆冬时节，林则徐翻过天山，到达南疆的第一站喀喇沙尔，管辖范围包括吐鲁番盆地以西，库车以东的现焉耆县及周边库尔勒、轮台等地。来到库尔勒时，他看见宽阔的孔雀河穿城而过，河上只架有一座柴桥，供行人通行。牛马拉的车，只能从宽缓处涉水而过。河流波光粼粼，美不胜收，然而人们的衣着却让他心生酸楚：不时有男人、女人、老人、小孩在河边取水，清洗日常琐碎，还有渡河的人们……他们头戴一顶破败不堪的帽子，身上的衣服破旧如絮，赤脚踏过冰凉的河水，小腿冻得通红，仿佛肿胀的胡萝卜，身体在寒风中颤抖，步履蹒跚。只有极少数的人穿皮靴，戴皮帽，穿着厚厚的棉袄祥或皮大氅。

新疆的南疆各地和东疆的吐鲁番，很早就有棉花种植，只要正常耕种，就算收成不太好，人们也不至于穿成这样呀。出现这样的境况，是什么原因呢？林则徐带着通译（翻译）走过去询问。

他关心地询问这些人，这么冷的天，赤脚踩在冰水里受得了吗？

刚开始，人们躲避着不敢说话。翻译告诉他们，这位大人没有恶意，是关心你们的生活。人们看这位年龄很大的官员一脸和气，不端架子，问话很耐心，感觉是好人，胆子大的开口了，说冷也没有办法，习惯了。林则徐和善关心的态度，让许多人放下了戒备，主动围了过来。他问这些人有没有种棉花。几个人回答说在种。既然种了，为什么穿破衣，打赤脚，收下的棉花干什么用了。人们七嘴八舌回答。有人说，春天刮大风，很多苗子被刮死了，到了秋天收获很少，还不够交纳田赋的。有人说，自己家没有地，租种地主的，收获的棉花要交租，还要纳赋，收成好的时候能剩下一点儿，不好的时候还会倒欠地主的债。还有人说，地种得好好的，突然来了土匪，全家人赶紧逃命，等回来时，地里的棉花早荒了。

林则徐听完后，归纳出几条：一是土地集中现象严重，富人地多自己不种，穷人没有地，只得向富人租种，地主既收租，还把应该承担的税赋转嫁给穷人；二是赋税沉重，穷苦人不堪重负；三是自然灾害频发，耕种水平落后，农作物产量普遍不高；四是多次发生叛乱，盗匪不除，社会难以长期稳定，平民百姓受到无端的骚扰和掠夺。种种原因，导致穷人每年种棉花却缺少衣服穿。经过这一番了解，林则徐感到这次的查勘事关重大。

他一站一站往西往南走，勘地的同时，考察民情，果断处理了许多社会痼疾。

第二年4月，林则徐到了巴尔楚克（现喀什地区巴楚县），了解到这里地处南疆的交通要道，水源充足，却荒草成片，甚是荒凉，路上还出现过老虎的脚印。他认为应该把这里作为一处重要的屯垦之地，于是停留半个多月，考察了巴尔楚克的地理地貌、物候道路、风土民俗、水资源情况，找人了解贸易和屯田之事。有一天到了克拉克勒，晚上没有房子住，在随身携带的帐篷里过夜。夜里狂风肆虐，帐篷不停地被掀动，人们说这里是老虎出没的地方，十分危险，他却坚持查勘。后来整理了《喀什噶尔、巴尔楚克等处屯田原案摘略》，呈交伊犁将军布彦泰，建议修建水渠，扩大屯田，殷实百姓。

从喀喇沙尔开始，他经库车、乌什、阿克苏、莎车、喀什、英吉沙、和田，到达东疆的吐鲁番和哈密。用了将近一年的时间，行程两万里，走遍南疆，经历了四季，看到南疆各地的老百姓春夏秋冬打着赤脚，夏天赤裸上身，冬季破烂衣服不能遮体保暖，充满同情，写下"穷边鸿雁倍堪怜"这样的诗句。他在南疆勘地60余万亩，在吐鲁番和哈密勘地13.5万余亩，解决了很多土地不公的问题。针对边防形势，建议撤销喀喇沙尔、乌什、阿克苏三地的兵屯，让种地的军队回到军营专门训练，充实战斗兵员，加强巡防查界，提高防御外来侵扰的能力，把腾出来的土地交给各族百姓种植粮食与棉花。乌什的兵屯撤销后，土地交给当地的老百姓，生产的粮食，每年上交军队5100余石，除了满足原有的官兵需求，还剩余2000多石，折换成银两，用以抵充经费。兵地两利，军队的战斗力大为提高，加强了边境巡逻，在相当长时期，边境得到了安定。他到了吐鲁番和哈密，考察了坎儿井，在原有基础上，加以完善，大力推广，扩大了耕地灌溉面积。通过勘地和撤销兵屯，扩大了粮食和棉花的种植面积，产量也有较大幅度地增长。

他还看到一个现象。新疆的棉花种植历史悠久，纺织工具和技术却长期没有改进。有一种木纺锤，由扁圆形纺轮和树枝削制的锤杆组成，在锤杆底部拴上捻好的线头，利用纺轮转动的力量捻线。这种工具操作简便，但效率不高，捻成的棉线粗细不匀。还有一种手摇纺车，构造简单，影响棉线和织布的质量。

中原地区的纺车经过黄道婆的改进，此时又有新的发展，相较手摇纺车明显先进。家庭使用的纺车由车架、锭子、车轮、手柄、绳弦等构成，布局巧妙。农村妇女坐在小凳上，可以怀抱婴儿，摇轮纺线，两相兼顾。作坊使用的纺车由轮子、摇柄、锭杆儿、支架、底座等构成，纺线时，左手持两股纱把端头蘸水粘在锭杆上，右手摇柄，主动轮带动锭杆快速旋转，效率更高。

林则徐到达新疆时，中国经过"康乾盛世"转入衰退期。康熙与乾隆在位时，纺织业达到古代的鼎盛时期。棉花是衣被的主要原料，功能不在五谷之下。乾隆时期，河北的滹沱河流域是重要的产棉区。1765年，乾隆皇帝到保定腰山的王氏庄园，观看棉花种植情况，时任直隶总督方观承以此为背景，主持绘制了一套棉花图谱，包括布种、灌溉、耕畦、摘尖、采棉、晾晒、收贩、轧核、弹花、拘节、纺线、挽经、布浆、上机、织布、炼染，共16幅，每图配有文字说明。图画线条精细，背景中的房舍规矩，人物鲜活，各具形象，突出表现了农民与织工劳作的情景，有着浓厚的生活气息。乾隆皇帝大加赞许，反复观看，诵读说明文字，兴之所至，提笔为每一幅图题写了一首七言绝句。比如为"织布图"题诗："横纬纵经织帛同，夜深轧轧那停工，一般机杼无花样，大辂椎轮自古风。"16首诗为棉花图谱增色很多。装裱成册，作为一部棉花专著，册首录有康熙皇帝撰写的《木棉赋并序》。图谱本身的价值，加之两个皇帝的序言和题诗，显得格外珍贵，被称为《御题棉花图》，刻到12块端石上，保存于河北保定市莲池书院的墙壁，成为棉花产业兴盛的见证。

　　然而，在闭关锁国的政策影响下，中国的棉纺织业未能与世界发展同步。直到道光年间，依旧是小农生产和家庭手工业相结合的模式盛行，自给自足的自然经济占据主导地位。土地兼并严重，大量耕地集中在权贵和地主手中，广大农民在地租、赋税、徭役、高利贷的重重盘剥下，贫困破产，流离失所。道光皇帝颁布"招民开垦"上谕，以棉花为代表的经济作物种植面积扩大，产量也有提高。新疆土地充足，但耕地集中的问题同样严重，加之多次战乱，百姓的贫困现象非常严重。

　　林则徐在新疆短短三年，极大地解决了土地分配方面的问题，改进水利灌溉工程，扩大浇灌面积。引进中原地区的纺车，推广新的纺织技术，提高了纺织的效率和质量，棉花种植和纺织业得到一定的恢复发展。老百姓种棉、纺织的收入增加，把他引进的新式纺车称为"林公车"。

　　林则徐离开新疆后，朝廷对他再次重用，先后任陕甘总督、云贵总督，但他念念不忘新疆的防务和民生。1850年，林则徐从云南回家乡福建时路过长沙，特意邀请曾有人向他推荐的晚辈"异才"左宗棠相谈。在湘江的舟船上，两人从入夜时分深谈到天亮。外忧内患之时，谈古今形势，品评时事人物，其中一个主要的话题是"西域时政"。林则徐作为65岁的老人，听了38岁的左宗棠的一番陈述后，称赞他是"绝世奇才"，寄予厚望。他说西域屯政不修，地利未尽，以致沃饶之区不能富强，遗憾自己在新疆时的很多想法没有付诸实现。预见到新疆必有外患，把他亲手绘制的新疆地理图册赠予左宗棠，并拍着左宗棠的肩膀说：他日完成我的志向的人，很可能就是你呀！

　　一夜宏论，林公的肺腑之言，给左宗棠留下深刻的印象，使他对新疆的思考有了更多可感的具象。

二

历史的偶然往往有必然的渊源。左宗棠一直关注西北局势，视其为国家安全不可或缺的屏障。与林公的湘江夜谈，更是深化了他原有的见解与理念。十几年之后，左宗棠临危受命，在乱局中有了实现个人抱负的机会。

1866年9月，左宗棠奉谕赴陕甘平叛，1869年接任陕甘总督，主持西北工作十几年。

国家衰弱，百姓生活陷入困顿。左宗棠目睹老年妇女与幼女衣衫褴褛，甚至不能遮体。此景非偶发，实则比比皆是，令他这位自幼浸润诗书礼仪之士，痛心疾首，难以自持。由富庶之南踏入贫瘠之北，百姓之困苦，远超其想象。饥饿者遍地，衣不蔽体者众多，此情此景，令他内心的震撼，难以言表。

当时的甘肃省包括现在甘肃和宁夏以及青海的部分地区、新疆的巴里坤和乌鲁木齐一带，陕甘总督的职责覆盖整个西北。左宗棠治大局不忘民生，常去农村了解农民的困难，探究原因，寻求解决的办法。他看到除了土地贫瘠、气候干旱等客观环境的劣势，种罂粟、吸鸦片，更是贫困之根。他发现西北的土质适宜种植棉花，用棉花种植替代罂粟最为可行，确定禁止鸦片，广泛种棉，既解决百姓生计，也能部分供应军需。他后来率大军西征，成功收复新疆，正是得益于粮饷军备的充足。

1876年，左宗棠派军队进入新疆，用了三年的时间，于1878年收复新疆，消灭了侵占新疆长达13年的阿古柏势力。

1882年收回伊犁，粉碎了俄、英等外国势力分裂新疆的图谋。阿古柏入侵新疆，破坏了中国领土完整，残酷压迫新疆各族人民，造成了长期的社会危害。左宗棠向清廷动议设立新疆省，他不忘林公当年的嘱托，一直记着前辈的殷切厚望。

新疆进入新的政局稳定期，政府在和田、吐鲁番、疏勒等地设立农林试验场、棉花讲习所、农务研究所和农林学堂。设立官办和私人银号，向棉农提供贷款。根据在甘陕推广种棉的经验，安排人员，精选棉种，鼓励农民种棉花。把过去刊印的《棉书》和《种棉十要》在新疆重印发行，内容包括选种、布种、分苗、灌耘、采实、拣晒、收子、轧核、弹花、擦条、纺线、挽经、布浆、上机、打油15项，详细说明了种棉、收棉、纺线、织布的全部流程的每一个环节，简明细致，实用易懂，供棉农学习。为提高教学效果，官府出资购置纺车织具，雇请产棉区有经验的妇女，在棉花讲习所和农务研究所给农民教习织布技能，提升棉花的产品价值。

务实的政策措施，使新疆的棉花种植和纺织业得到了较快恢复，和田、喀什、吐鲁番、库尔勒等地，出现了一大批种棉和纺织能手。

新疆与俄罗斯有着很长的边境线，也有不少通商口岸，双方很早就有边境贸易。新疆存在棉花资源分布不均的问题，部分地区和富裕群体拥有较多棉花资源，而另一些地区或群体则面临棉花供应不足的情况。这导致了市场上棉花价格波动，民众感受到购买压力。同时，新疆与俄罗斯的边境贸易中，确实存在通过出口棉花等商品，换取俄罗斯特色商品的行为。这些行为并非由单一因素驱动，而是受到多种市场因素的影响。左宗棠注意到了这个动向，收复新疆后，没有阻止出口贸易，反而要求官方收购民间多余的棉花，向俄罗斯出口。然而时间不长，俄商大量减少了新疆的棉花进口。事出蹊跷，必有原因。经过了解，发现对方的纺织方式改变，用上了英国生产的纺织机器。不仅纺织用上了机器，种植的棉花品种也有了改变。过去和新疆一样，种植的都是非洲棉，为适应机器纺织，现在改种从美国引进的新品种陆地棉。棉株长得高，结桃数量多，棉铃个头大，单桃重量增加，产量提高。更大的区别是棉绒细长，相比新疆种植的非洲棉，陆地棉的纤维长度超过半寸。新疆的棉花不能适应俄方机械纺织的要求，所以俄商减少了进口。

知道了原因，就要加以改变。提高棉花的品质，成为官府关心的一个重要议题。很快决定从俄罗斯进口陆地棉种子，试种成功后大量推广，替代原来的种植品种。俄罗斯商人在新疆开了一家华俄道胜银行，在喀什噶尔设有分行，兼做商品代理业务。俄罗斯的棉花产地，主要集中于现在的乌兹别克斯坦，与南疆接壤。官方委托华俄道胜银行喀什噶尔分行，通过俄商订购陆地棉种子，进到喀什后，无偿分发给当地的棉农。为了适应新的品种，种植技术也做了相应的改进。

从俄罗斯引进陆地棉，这是中国引进美洲棉种植的最早记录。新疆自此开始了美洲棉对非洲棉的替代，对俄罗斯的棉花出口因此得以回升。到光绪末年，新疆的棉花种植区域恢复到遍及南疆各县和吐鲁番地区，北疆的昌吉也有少量种植。

左宗棠倡导种植棉花，在他的筹谋下，新疆在陆地棉引进与对外出口两个方面均居全国前列。《中国棉史概述》记载，1907年，仅吐鲁番一地，通过伊犁向俄罗斯出口棉花达300多万斤。

近代中国多灾多难，一个地方发展的好坏，既受大环境的制约，又要看当政者能否有作为。棉花发展犹如人的命运，同样存在很多的不确定性。左宗棠离开西北之后，新疆的棉花产业，又会是怎样的情形呢？

## 三

辛亥革命爆发后，杨增新升任新疆都督，经过五年的时间，平息了各种内乱，收复了北疆的阿勒泰。外交上与英国和俄国签订条约，保证了边境的安定。在此期间，棉花产业与社会经济整体受到很大的影响。局势稳定后，杨增新致力于因地制宜，发展生产，改善民生。

杨增新任新疆都督17年，特别注重棉业发展，继续从俄罗斯引进陆地棉品种，对棉花种植给予税收优惠。比如，库车、沙雅两县盛产棉花，政府减轻税收，每亩年征银六钱八分，不用再纳粮草。他执政初期的1914年，新疆棉花种植面积为42万亩，总产量400万斤。四年之后的1918年，种植面积减少为40万亩，产量增加五倍多，达2100万斤。

自20世纪30年代起，新疆从苏联引进陆地棉，其中两个最有名的品种叫史来德尔和那佛罗斯。吐鲁番、喀什、阿克苏、和田、莎车、伊犁等地开办棉种交换所，试验棉花种植新技术，向农民示范推广。此外，还改良陆地棉品种，改进机械使用技术，为农民发放棉种贷款和免息春耕贷款，从而鼓励全省棉花增产，增加棉花出口，提高地方的财政收入。

新疆古代的手工纺织独具特色，汉唐时的"白叠"，宋代的"花蕊布"，在中原享有盛名。到了清代，在南疆和东疆产棉区，很多农民以家庭织布为业。南疆地区的"尺子布"，用当时的眼光看，既白又细密，幅宽和长度适合裁剪，对内销售到甘肃和陕西一带，对外销售到俄罗斯所属的安集延一带。喀什、和田和阿克苏的农村，生产一种"模戳印花布"。匠人们用巴掌大的木块，以自然界的花朵和动物为原型，设计各种图案刻制在上面，做成凸版模戳。几代传承的工匠，拥有几百上千块独具个性的模戳。用核桃皮、石榴皮、红柳干花、棉花壳、桑椹、赭石等植物和矿物质，通过熬煮和研磨，制成各种颜色的天然染料。在手工织造的白布上，按照个人的构思，用不同的模戳排列组合，印制出花样复杂的图案。印好的花布色彩绚丽，虚实相间，对比强烈，长期不褪色。人们喜欢用"模戳印花布"制作墙围、褥垫、桌单、窗帘、门帘，颇具浓郁的民族风格和地方特色。不过，这样的产品工艺复杂，价格高，形不成产量规模，没有商品优势，但作为人们喜爱的特色品种一直传承至今。

俄罗斯每年进口吐鲁番生产的棉花，织成布匹返销新疆，获取高额利润；京津地区每年向新疆贩运洋布，价值也有数百万元。

杨增新升任新疆都督后，很想利用新疆棉花发展纺织工业，形成产业优势，既解决新疆人的穿衣问题，又能赚取利润，增加地方收入。

机器纺织业在中原地区兴起不久，新疆地处边远，工业基础薄弱，还要面对俄罗斯的产品竞争，创建工厂缺少技术和人才，存在很多主客观难题。杨增新不断思考解决问题的良策，等待合适的发展时机。

1917年，俄国爆发十月革命，新疆对俄的棉花出口受阻，价格大幅度下降，对当年的棉花销售造成很大的影响，如果不能扭转，将严重影响到农民种植棉花的积极性。突然出现的变故，在新疆引起很大的震动。杨增新紧急安排，加强边防部署，防止俄国的局势波及新疆。形势稳定后，他看到了创建纺织厂的有利时机。此时如果把工厂建起来，形成新疆的纺织产业，不仅可以消化不能出口的棉花，还能带动棉花种植面积进一步扩大。

时任吐鲁番县知事李溶，响应辛亥革命，思想进步，工作务实，重视农业生产，想在吐鲁番发展纺织业。杨增新把这项任务委派给他，让他去北京、天津等地的纺织厂考察，拿出建厂方案。后在吐鲁番建厂，定名为吐鲁番模范纺织厂；购买纺纱机33台，木制织布机29台，铁制织布机4台，木制织巾机24台，土制提花机2台，木制织绸机1台。

工厂分纺纱和织布两部分厂房。纺纱厂建在吐鲁番城外，训练马匹拉动纺纱机；织布和织巾厂建在城内，依靠人力手工劳动。建成投产后，可生产棉纱、布匹、毛巾、被面、围巾等多种产品。1923年，每月生产棉布400余匹，毛巾400打。新疆的第一家棉纺厂建成投产，生产出大量的纺织产品。这是一件破天荒的大事，给了杨增新很大的信心，从而让他萌生了更宏大的发展计划。经过研究，他决定在迪化（现乌鲁木齐市）创建一家纺织公司。

作出这样的决策，在当时需要很大的魄力。引进全新的机器设备和专业人才，对于远处西北的新疆，是一个巨大挑战。杨增新作出决定后，把求助的目光投向一个人——南京国民政府实业总长张謇。

1923年11月，杨增新向张謇发去一封电报，表示要在新疆创办现代纺织厂，需要订购纺织机器，聘请专业技师协助建厂并指导生产，请他予以帮助。杨增新仅凭一封电报求助，会得到怎样的回应呢？

# 四

19世纪60年代之后，中国的植棉区域主要集中在长江流域和黄河流域，中原地区的有识之士，开始从美国引进陆地棉新品种。

类似2000多年前丝绸之路上的商人把非洲棉传入新疆的情形，来自西方国家的传教士和商人把品质占优的陆地棉传入中国。清政府注意到了这种现象，经过实际比对，看到从美国传来的陆地棉，结桃数量多，单桃分量重，棉绒明显长，总体优于中国传统种植的亚洲棉和非洲棉。出于学习西方、发展机器纺织的需要，决定由官方引进试种。

最早的一次规模化引种陆地棉发生在清同治四年（1865），由于种植技术的不同，引种失败了。

湖广总督张之洞是洋务运动的代表人物之一。洋务运动打着"自强求富"的旗帜，主张学习西方，纺织也是其中的重要学习项目。明代以来，湖北成为重要的棉花种植区。1861年，汉口开埠通商，棉花生产受到出口外国的需求和洋布进口冲击的双重影响，官方开始关注品种改良和种植方式的改进。张之洞关心农事，一到湖北任职，就着手农业改良，创办起农务学堂和农业试验场。1892年，他给清廷驻美大臣崔国因发电报，请他代为选购美国的陆地棉种子，并花白银2000两，购买了两个陆地棉品种的种子34担，分发到武昌、孝感、麻城、沔阳、天门等15个地方试种。第二年，购入100担继续试种，还翻译、印刷了《美棉种法十种》和《美国种棉论十条》，分发到棉农手中。聘请了两位外国教习，一位叫白雷耳的美国人，一位叫美代清彦的日本人，请两人教农民种植陆地棉。这一务实的做法，确保湖北的陆地棉试种获得成功。

1840—1911年是陆地棉在中国引种和普及的时期。清政府以及一些直接参与洋务运动的实业家，累计引进陆地棉种100多次，鼓励农民种植。到了民国，在长江流域和黄河流域实现了大面积推广。沿海地区棉纺工业兴起，刺激了江苏植棉业的发展。有一位创建实业的代表人物，对中国现代棉业的发展，起到了很强的引领作用。

江苏南通与邻近的海门、崇明、启东、如皋四县在近代统称"海通地区"。宋元时期，受邻近的松江府影响，开始种植棉花，到了明清时代，成为长江三角洲地区重要的棉花生产区域。男种棉，女织布，是多数农家的经济模式。

1895年，清光绪状元张謇，在南通成立大生纱厂，采用官商合办的方式，创建了中国第一家机器纺织企业，在内外交困中杀出了一条血路。几年后成立通海垦牧公司，围垦沿海荒滩，建成10万亩棉花种植基地，同时向当地农户推广陆地棉种。公司种植的棉花直接送入自办的纺织厂，实现了现代意义上的种植—加工—销售一体化经营模式。

张謇开发沿海棉区，大规模引种陆地棉，以南通为中心向全国辐射。所有的经济活动，以一个"棉"字为中心，制定奖励政策，聘请专家，创建农业院校，兴办棉作试验场，试验、驯化、推广，科学植棉，进行棉种的替代和改良。

经过十几年的发展，大生纱厂成为在全国有影响力的棉纺企业，带动南通成为中国重要的民族资本工业基地。全国各地有很多人仿效他搞棉种改良，设立试验场70多处。掌握政权的军阀把试验场、育种场当作官场经营，大多归于失败。

1933年，南京国民政府成立棉业统治委员会。种植和纺织虽然有所发展，但总体上不能满足全国人民的生活需要。张謇胸怀实业救国理想，走出一条成功之路，杨增新认为只有他才能帮助新疆发展现代棉纺织业。

杨增新办事雷厉风行。他在发出电报的同时，派议员继孚和赵国祯赴南通拜见张謇。两人去南通时，特意带了冬藏的葡萄和哈密瓜。新疆路途遥远，交通不便，新疆的瓜果在南方是稀罕物。张謇收到礼物，感受到了新疆人的真诚。他邀请当地的诗人和画家，一起分享瓜果，还赋诗一首："宛夏葡萄哈密瓜，远来万里督军衙。殷勤分与江南客，助尔辛盘笔上花。"还在当天的日记中，对此事做了详细记载。

张謇热情接待了远道而来的客人。继孚和赵国祯向他请教办厂事宜，请求他帮助购买纺织机器。张謇毫无保留地讲述自己的做法和心得，主客双方就办厂的具体问题逐项梳理，做了纪要。

选择何种纺纱机器呢？张謇认为，英国生产的机器体形粗重、坚固耐用，美国生产的机器相对灵便。新疆地理位置偏远，长途运输面临较大挑战，因此选用美国机器更为合适。按照杨增新的设想，张謇做了测算，认为新疆的人工和燃料成本低，市场大，大致用10年的时间可以收回成本。等到需要扩大生产规模时，再选购新的机器。继孚和赵国祯接受了张謇的建议，决定订购美国工厂生产的机器。

双方谈话的第二天，张謇给杨增新写了一封长信。张謇在信中写道，纺织是穿衣的根本，棉纺织业关系着百姓的日常生活，涵盖农业、工业和商业，三方面都能受益，市场需求必然与日俱增，有着很好的发展前景。如果中国人自己不谋求发展，机会就会被他国抢抓。新疆是中国重要的产棉区，民间有手工纺织的传统，俄罗斯国内的战争没有结束，这是振兴实业千载难逢的历史机遇。他对杨增新的远见卓识表示敬佩，表示会全力支持。

张謇又给上海海京洋行的负责人写信，详细讲述了新疆订购纺织机的事，把继孚、赵国祯二人介绍过去，要求对方一定要诚实对待。他主动做了新疆方面与海京洋行之间的中间人，拜托海京洋行一定要办好这笔交易。新疆通过海京洋行，采购美国一家工厂制造的纺纱机5台，每台240锭，共1200锭。通过张謇的推荐，新疆聘请张謇旗下南通纺织专门学校培养的技术骨干杨传敬任总技师，相当于现在的总工程师，童溪石为副技师。两人来到迪化，负责工厂的设计，监造厂房，建成后负责公司生产的技术指导。

1925年，官商合办的阜民纺织公司由新疆发起筹办，资本为省票100万两，折合现洋40万元，省府承担半数，其余向各区绅商募集，厂址设在迪化西郊现人民公园的鉴湖附近。1928年竣工，1929年5月1日正式投产，职工200人，两班生产，每班生产平纹布30匹，合股线200余斤。所织白布，大部分交当地被服厂，印染缝制军服，棉线由工厂自行出售，有一部分单纱卖给街坊的机匠织毛巾。公司产销两旺，带动了一批民间的手工作坊。

1928年7月7日，杨增新遇刺身亡，没有看到阜民纺织公司投产后的景象。最早建成的吐鲁番模范纺织厂，在李溶调离吐鲁番之后，由于经营管理不善，产品质量难以提升，所生产的毛巾和布匹质地粗糙，库存积压严重，最终陷入了持续亏损的困境，1927年1月停办。

然而，阜民纺织公司是新疆近代史上标志性的新式企业，杨增新时期先后创建了两家纺织厂，为新疆现代纺织业的发展奠定了基础。

　　杨增新遇刺后，新疆局势何去何从？棉花产业又会出现怎样的变化呢？

# 五

　　杨增新遇刺后，省公署政务厅厅长金树仁就任新疆省主席兼总司令。

　　1933年4月12日，新疆发生"四一二"政变，金树仁被迫出走。盛世才升任边防督办。甘肃的马仲英和伊犁屯垦使张培元联合反盛。南疆的喀什出现英国扶植的"东突厥斯坦伊斯兰共和国"，和田有宗教极端组织建立的"和阗伊斯兰王国"。马仲英的部队围攻迪化，阜民纺织公司成为交战地，厂房被战火焚毁，很多机器和零配件被盗。盛世才将工厂残余的机器运往机械厂制造枪炮。杨增新苦心经营的阜民纺织公司遗憾地结束了历史使命，农村经济遭到破坏，棉花种植也出现倒退。

　　1937年初，中国工农红军西路军战败于河西走廊，在苏联的斡旋下，西路军余部到达迪化。为了共同抗日，中国共产党与盛世才集团建立了统一战线。党中央应盛世才的请求，派出优秀干部到新疆的各级政府和军队任职，新疆经济出现一个短暂的稳定发展期。棉花这朵顽强的民生之花，随之得到恢复发展。

　　盛世才升任新疆边防督办后，实际控制区只有乌鲁木齐周边很小的区域。为了稳固对新疆的统治，他请求苏联军事援助，允诺在新疆实行共产主义。苏联帮助盛世才打败了张培元和马仲英，解了迪化之围，平息了喀什与和田的宗教政权，直到1937

年才实现了新疆全境新的统一。苏联与盛世才结盟后，给予其军事、经济、政治等方面的援助，中共派干部到新疆支援其工作。

当时，新疆政局仍然面临着巨大的危机。军费开支庞大，通货膨胀严重，经济几乎崩溃。省票、喀什票、伊犁票、清朝币和青铜制钱，还有的商号自发的竹简或铁制币，各种价值不一的钱币互相折顶，混乱使用，致使货币流通紊乱，物价极不稳定。很多民间交易，被迫采用以物易物的原始方法。货币不值钱，信用无从谈起，各族人民怨声载道。各地增加了名目繁多的税种，人民负担倍增，生活更加贫困。

1938年2月，毛泽民就任新疆省财政厅副厅长（代厅长），改革财政，改组银行，统一币制，使新疆实现了货币稳定。他到吐鲁番和喀什调研棉花生产，发现在这两个传统的棉花种植区，很多农民不再种植棉花。尚在种植的，亩产籽棉30—40斤，产量低，质量不高，原有的棉作试验场早已停办。曾经的高昌是古老而兴盛的棉花种植区，他到高昌故城附近的一堡、二堡、三堡几个乡了解情况，结果大失所望。大部分土地归地主所有，农民租种土地，种植出来的棉花，一部分用于抵交地租，然后向政府缴纳田赋，收成好时，尚有很少的剩余，收成不好时，还要倒欠债务。吐鲁番天气炎热，农民种棉花非常辛苦，这样的结果，导致人们不愿意种棉。即使种了，由于管理粗放，长势很差。听人介绍，三堡乡台藏村有一个叫吐尔地的农民曾经在棉作试验场工作，种棉花是一把好手，毛泽民便去他家访问。到了吐尔地的家里，看到的场面是，一个70多岁的老太太带着三个孩子，女孩大一点，六七岁的样子，两个男孩一个三四岁，一个在地上爬，不满1岁。那个爬着的孩子一直在哭。老太太看到毛泽民一行人，吓得浑身发抖，嘴里不停地求告着什么。翻译告诉毛泽民，她在说，家里什么都没有了，小孩子饿得没有饭吃，求老爷们行行好，把她儿子和媳妇放回来。

原来，吐尔地前一年租了本乡最大的地主麦麦提敏家的10亩地种棉花，因为他懂技术，一般的租金是收成的四成，麦麦提敏只要他收成的三成。但有一个条件，要求他协助管理地主家种的300亩棉花。当时没有约定产量目标，这个叫麦麦提敏的地主看似比较开明，实则藏了祸心。吐尔地利用自己的技术，把棉田管理得很好，播种、出苗、定苗都很顺利。没有想到，晚春时节，突然刮了一场大风，棉田受灾面积达三分之一。吐尔地建议补种，麦麦提敏同意了。为了抢时间，他带着地主家的雇工通宵达旦，连着干了几天。到了秋天收获时，麦麦提敏突然翻脸，要求补种的种子钱要吐尔地承担。这样的无理要求，吐尔地自然不答应。麦麦提敏蛮不讲理，让他家的雇工抢了吐尔地家的棉花。吐尔地气愤不过，找乡约评理。乡约是麦麦提敏的儿女亲家，不顾事实，完全偏向自己的亲戚。吐尔地准备向吐鲁番县长告状，麦麦提敏和乡约得知后，在半路把吐尔地抓走，罪名是与抓他的人打架。明明是吐尔地受了伤，他们反而诬陷是吐尔地打伤了别人。为了防止吐尔地的媳妇阿依古丽继续告状，把她骗到麦麦提敏家，说吐尔地打人的事情很严重，只要她拾10天棉花，就可以抵吐尔地打人的赔偿。如此这般，两口子都陷入地主的圈套，家里只有老太太带着三个孩子，整日担惊受怕。毛泽民听完事情的经过，气愤难平，责成陪同调研的吐鲁番县长处理此事。经过进一步了解，查清事实，惩罚了地主麦麦提敏和乡约，赔偿了吐尔地的损失。

毛泽民到喀什调研，遇到了几乎相同的问题。耕地被地主和官员们大量占有，税赋严重不公，导致农民不愿种棉，生活更加贫困。

调研结束后，他协同有关部门，责成吐鲁番和喀什有条件的县恢复棉作试验场，台藏村的吐尔地回到棉作试验场指导农民种植棉花。为了支持农民生产，当年安排全疆发放农业贷款40万元，另外借给农民棉花和粮食籽种3万石。

毛泽民是一位经济管理的奇才。青少年时期在韶山村务农持家，孝敬父母，后来随大哥毛泽东走上革命道路，从学校的庶务做起，曾任安源煤矿工人俱乐部消费合作社总经理。到上海后担任中央出版部兼发行部经理，在十里洋场化名杨老板，把共产党的刊物发行到全国各大城市，远到中国香港和巴黎。在江西瑞金白手起家，任中华苏维埃共和国国家银行行长，成为红色金融家，中央苏区的"大管家"。到达延安后，担任国民经济部部长。因为长期超负荷的工作劳累，身患严重的胃病和肺病，1937年底，他因病情严重无法坚持工作，党中央安排他去苏联治疗，途经新疆时，因为中苏边境突发鼠疫，交通中断，被迫滞留迪化。

盛世才得知他的真实身份后，一边安排当地的苏联医生给他治疗，一边力邀他担任财政厅副厅长（代厅长）。当时，盛世才与中共的统一战线处于蜜月期，新疆是全国抗日的大后方，做好新疆工作，对支援全国的抗日十分重要。毛泽民从大局出发，经中共中央批准，留在新疆工作。他认为新疆地域辽阔、资源丰富，造成经济困难的主要原因是管理混乱。经过财政货币政策的改革，很快稳定了局面。

毛泽民对土地有特殊深厚的感情，以带病之躯，奔赴天山南北，广泛调研，发现土地和税收管理存在很大的弊病，从而引发了更多的社会问题。

盛世才升任新疆临时边防督办后，为了增加税收收入，在原有包税制的基础上，又增加了提成制度。各地把税收定额包给地主巴依，由他们负责收税，然后向政府上缴税款。县长、税务局局长等官员按照完成的收入可以得到一定比例的提成。可这种制度造成官员层层盘剥，地主巴依乘机搜刮农牧民，鱼肉乡里，实收比规定高出几倍的税款，沉重的负担全部压在农牧民身上。负责包税的富人，除了上缴部分之外，全部据为己有，政府的财政收入也受到严重影响。毛泽民看到了其中的弊病，想到了解决问题的办法，很快安排实施。

1939年，毛泽民针对土地和税收不公的问题，首先整顿税务。

他请求中央从延安选调一批从事经济工作的党员干部到新疆工作，同时创建了新疆财政专修学校，学员毕业后，大部分分配到各区、县税务局工作。到南北疆各地任职的中共党员，加上这批税务干部，使各级政府的工作作风有了很大改变，赢得各族群众的支持。

1939年6月，中共党员林基路赴库车任县长。百姓纷纷前来告状，很多冤案起因于税收。他发现，除了工商农牧业税种之外，还有很多苛捐杂税，有"娶嫁税""丧葬税""人头税"，农民卖自产的瓜果和农副产品，还得交"开园税""所得税"等。他与担任库车税务局副局长的中共党员蒋连穆密切配合，对全县的税务情况做了摸底调查，将能取消的杂税全部取消。经过清理，原有的20多种捐税削减为7种。

紧接着，停止全县的包税办法，由政府派专人收税，履行规范的缴纳手续。所收税金一律交存银行，税务局不得动用。严格规定，每天收多少，就往银行交多少，并及时据实向省财政厅发电报告，杜绝漏洞。

1940 年 7 月，毛泽民向全疆各区县税务局签发了验契查田的通知。

林基路经过请示省财政厅同意，成立了库车县政府验契查田委员会，组织一批青年干部下到农村牧区，采取自报公议、实地丈量的方法，逐户清查。用半年时间，查清了全县农牧户实际拥有的土地，查出了地主巴依的隐瞒漏报数。农牧民按照实际占有的土地纳税，负担减轻了，多占用土地的富人按实际交税，政府总的税收却增加了。

库车县的财税工作，成效显著，成为全疆的典范，得到毛泽民的肯定、财政厅通报表扬，其他各县都纷纷效仿，影响很大。

喀什地区历年征收田赋，依照的是旧册上的土地亩数，实际的土地亩数与旧册上的差距很大。富人的实有土地高出旧册几倍甚至几十倍，因此少交很多田赋。一些土地富有者用讹诈手段转嫁田赋，于是富户少纳粮棉，贫户纳重税的不公平现象普遍存在。按照省财政厅的统一要求，各区、县政府与税务局配合验契查田，重新核实土地面积。凡与原地契不相符合者，皆以核实结果为准。按上、中、下三等估定土地等级，通过重新丈量土地，确定地权。

经过核查，发现南疆各县自耕农民拥有的土地很少。占有大片土地的地主不纳粮，不应差，一切责任都落在贫苦农民身上。核实田亩，就是为了消除不合理现象。全疆田产登记完毕，印发营业执照后，在田赋方面，即按实有数征收田赋。当时的农村，一般以实物纳税，棉纺织品是重要的纳税物资，也是生活必需品。

税收整顿和营业执照的发放，促进了农牧业的发展。毛泽民适时对棉花种植给予政策上的支持。例如当年的农业贷款增加到250万余元，免息给阿克苏、喀什、和田等地区的农民提供优良棉种30吨，还有部分资金用于改良棉种，扑灭病虫害，推广新式农具和农机。财政厅拨付专款从苏联购买了各种农机用具2万多件，免费发放给农民。

好的政策措施，很快见到实效。1940年，新疆棉花产量创历史纪录，达到2800万斤。亩产籽棉由往年30—40斤，提高到80—90多斤，棉花质量也有了明显的提高。

毛泽民举纲又治本，他在农牧业丰收和财经工作走上正轨之后，提出了新疆三年（1939—1941）建设计划。发行公债，筹集资金，集中投资了独山子石化、公路建设等一批重点项目建设。棉纺织业的发展也纳入计划之中。

1940年，政府筹建女工实业工厂。开始时，计划筹办纺织、造纸、食品、玻璃及其他日用品共五种工业。发起募集股份，筹集资金。第一期计划筹集股金为新币400万元，到年底，实际募集到的股款348万元。利用这笔资金，着手购买机器设备。

政局稳定是经济发展的前提。由于苏德战争爆发、抗日战争处于相持阶段，加之蒋介石集团的极力拉拢，盛世才内心膨胀，有了政治投机的新动向，不断制造各种事端，与中国共产党的统一战线发生动摇，筹建中的女工实业工厂受到直接影响。

1942年初，女工实业工厂手工部在迪化城东南的火神庙成立，招收迪化和周边地区的妇女进行培训。抗日战争到了最艰难的时期，仍有一些实业救国的杰出人士，颇有建树。与张謇齐名的穆藕初出身于棉花行学徒，34岁留学美国，攻读植棉、纺织和企业管理。硕士毕业后回国创业，创办了植棉试验场，德大、厚生、恒大、豫丰等几家著名纱厂，被称为"棉业大王"。发明了七七纺棉机，让国人勿忘七七事变。女工实业工厂的筹建，主要与重庆的穆藕初合作，第一批购进七七纺棉机3台、织布木机4台、织布铁机1台、80头纺纱机1台，用于培训和示范性生产。

1942年9月17日，以陈潭秋、毛泽民为代表的中国共产党人，遭到盛世才的软禁，盛世才与中国共产党的统一战线破裂，之后与苏联决裂，新疆随之开始了新的动荡。

1943年2月，女工实业工厂在迪化召开第一次股东会议，决定先办新丰纱厂，将购买机器的320万元汇往重庆穆藕初的豫丰纱厂。1944年6月起，豫丰纱厂将8批设备陆续发运。由于战事愈发紧迫，运输困难，部分机器和配件滞留途中，甚至遭遇丢失或损坏的厄运。再后来，物价飞涨，币值暴跌，原来筹集的款项已经不能支付预定项目所需的资金。事情一拖再拖，1948年1月，政府宣告新丰纱厂停办。那一时期的棉纺织发展规划，虽然有很多人为之付出，终因时局混乱，化成惨淡的泡影。

从晚清到民国，社会动荡，灾难深重。新疆的棉花种植和棉纺织业几经兴衰，最终陷入凋敝。然而，棉花种植还是在局势颠簸中基本完成了陆地棉的品种替代。

棉花的柔软绵长，就像中国人的秉性，在漫长的苦难中积蓄力量，顽强奋起。近百年积贫积弱，苍凉的土地，期盼一个稳定的生长期早日到来，衣被天下，能让中国人过上温暖而体面的生活。

新疆棉花将有怎样的未来，又会有怎样的表现呢？

# 第五章　北纬之北

一

"和平了，改编了，再不打仗了！"

这是团政委史骥讲的话。新来的政委，讲话最能安抚人心，还使人振奋。他说中国几十年乱纷纷的战争结束了，全新的生活就在眼前。马志国第一次听到这样的讲话，感觉黑锅底一样压在头顶的乌云消散了，心里真是轻松。

五年前的春天，马志国在老家甘肃跟着父亲种棉花，被抓了壮丁。有一次，他打仗负了伤，在卫生队治疗，伤好后留在团卫生队的勤杂班。后来部队到了新疆，他当上了勤杂班的班长。

1949年9月25日，驻守新疆的国民党军队和平起义。他所在的部队，改编为中国人民解放军第二十二兵团第九军二十五师七十四团。他随大部队驻扎在迪化的老满城，参加了一个半月的集中学习，听史政委讲国家的未来、军队的使命。具体到新疆，有辽阔的土地，部队要开荒大生产，多产粮食，多种棉花，解决自我供给，为满足全国人民的吃饭和穿衣需求做贡献。马志国听政委和教员们讲课，一次次热血沸腾，摩拳擦掌，浑身的力量有往外冲腾的感觉，厚厚的冬装都裹不住。这一年的冬天特别冷，他却格外兴奋。

1950年2月16日，农历除夕，马志国和全班战士一起包饺子，吃年夜饭。大年初一欢度春节，部队大联欢，拉歌演节目，鼓声雷动，歌声震天，气氛非常热烈。大年初二，他得到通知准备出发，初三早晨，勤杂班加入先头部队，坐着敞篷汽车，冒着纷纷大雪向西开去。天黑后又走了一阵，到了克拉玛依附近的小拐，下车扎营。他们的任务是为大部队垦荒做准备。零下30多摄氏度的严寒，阻挡不住人们的干劲。他们打来柴火，烧化冻土，向下挖坑，挖到一米多不到两米深，底部平铲出3平方米，一边留出一个平台做炕，用现砍的木头架在坑顶做梁，打来芦苇扎成把，一把一把在梁上铺成顶，上面覆土就是一间房，一边挖出一个斜向进出的通道，这样的房子叫地窝子，一排一排，成为部队特殊的营房。

半个月之后，大部队开来了。第九军二十五师、二十六师各团各营先头部队，在寒冷时节建起了格局类似的地窝子，在玛纳斯河两岸的荒原上安营扎寨。

玛纳斯河是天山北坡流量最大的河流，流域面积3.1万多平方公里。流出天山峡谷后，在准噶尔盆地南部的荒原上，自东南向西北弯曲流去。在下游玛纳斯老县境的边上拐了一个弯，40多公里后又拐一个弯，再流20多公里，还拐了一个弯，依次叫小拐、中拐和大拐。弯曲的河流，从出山口到尾闾湖，冲积出大片土地，形成广阔的绿洲。叫拐的是三个最大的弯，角度拐得大，河水流速减得快，淤积留下比其他地方更多的水分和营养，这样的土地更适宜生长。新疆地广人稀，亿万年来，人类在玛纳斯河流域开垦的土地只是较少的一部分，多数土地处于荒原状态。这里降水不多，夏季日照时间长，阳光强烈，把水分充足的土地，炙烤得"吱吱"冒气，成为待开垦的人间福地。

三个拐弯中，小拐的土地最肥沃，很早就发展成为一个镇，镇上留有老沙湾的县衙遗址。周边的荒野上生长着沙地植物，胡杨、梭梭、红柳……挤挨成茂密的丛林，里面是动物的乐园——曾经是新疆虎、熊、豹、狼、野猪、马鹿、野驴、黄羊、狐狸等很多动物生活的家园。河水丰沛的肥美之地，荒芜不等于荒废，只是等待一个时机的到来。战争终于结束了，偌大的国家，几亿人民缺吃少穿，需要大量的粮食和棉花。玛纳斯河两岸驻扎了大批拓荒者，都是生龙活虎的年轻人，粗野雄壮地开垦这片处女地，要把它变成良田。二十五师的师部，包括几支部队的3000多名官兵进驻小拐。

3月的北疆，春意开始萌动，冰封的土地尚未化冻，却挡不住大军开荒的热潮。集体的力量是强大的，年轻的官兵们，几十人一队，几个人一组，砍枯树，烧杂草，挖冻土，大搞垦荒比赛。二十五师独立营战斗力强悍，每人每天平均开荒3—5亩，成为全军的标杆。马志国的勤杂班不甘落后，他们的任务是为大部队做保障服务，但也在距离营地不远的地方，把一片芦苇丛生的沙包地，当作开荒的战场。

他和全班战士割掉地面的芦苇，深挖土里的苇根，把沙包推平，开挖引水渠，一大块耕地粗具规模。有一天下午，通信员来通知马志国，说史骧政委请他去团部。政委直接通知要见一名班长，马志国有些意外，放下手里的活计，小跑着赶去。勤杂班离团部不远，马志国来到政委办公兼住宿的地窝子。史政委和他握手后请他坐下，问他老家是不是甘肃的，有没有种过棉花。马志国说是的，他老家一直种棉花，他被抓壮丁时15岁，跟父母种过棉花，可是不在行。政委指着靠在桌子腿上的一个布袋子，让他看里面是什么东西。马志国打开袋子，伸手抓了一把，惊奇地发现，是棉花籽。史政委告诉马志国，他延安时期的老部队是三五九旅，现在改编为中国人民解放军第一野战军二军五师，驻扎在南疆的阿克苏，这袋棉花籽是他托那里的老战友搞来的，想在小拐试种。政委说："我在全团选能种棉花的人，听说你的家乡种棉花，所以找你来核实情况。既然种过棉花，这个任务就交给你们班，这里有这么多的土地，如果试种成功，大面积推广种植后，可是大功一桩呀！"马志国听完，挠着头不敢表态，想了想说："这里天气冷，能种吗？"史政委说："咱们尊重科学，要承认这里的气候环境不一定能种成棉花，又要从实践出发，只有种了才知道到底行不行。你们大胆去种，功夫下到了，种不成也没关系。"马志国站起来立正敬礼："报告政委，保证完成任务！"

把半袋子棉花籽拿回勤杂班，马志国感到责任重大。政委把宝贵的棉花籽交到自己手里，虽然说是试种，却也是很郑重地安排给勤杂班，寄予了很大的希望。如果种不好，辜负了政委的信任该怎么办呀？

快到4月了，河里的冰融化得很快，又下了一场大雪，天气转暖了。棉花的生长条件要求无霜期长、温度高，能不能种好，马志国心里没有一点儿把握。

他把全班战士集中起来，传达了政委安排试种棉花的经过，动员大家振奋精神，坚决完成这项光荣任务。全班战士立即行动起来，把棉花籽倒在炕上，一粒一粒挑选，瘪的、差的挑出去，好的拿到地窝子外面，摊到太阳下面晒。在开出来的沙包地中，选了地势较高但能浇上水的一块，大概有三亩。把这块地反复平整，收集了几担烧荒的草木灰，挑来大粪，施足底肥，单等天气

119

暖和了播种。

等待的时间，马志国带了两名战士，到附近的村子里走访群众，请教种棉花的事。走了几个村子，拜见了一些上年纪的人。人们告诉他，这里冬季时间长达半年，基本种不了棉花。天山北坡的乌苏、沙湾、玛纳斯、呼图壁、昌吉等几个县一条线分布，居民有来自河南的、陕西的、山西的、甘肃的，有湘军的后裔，也有天津杨柳青随左宗棠的湘军做买卖"赶大营"来的。有人从老家带来棉花籽，在房前屋后靠近住家的地方（地气比野地里暖一些），零星种上几行百十棵，人老几辈子了，要么棉花不结棉桃，结上了棉桃还青着呢，霜又白花花地下了一片，剥下的棉桃只能捻个灯芯。若遇上落霜迟的年份，棉桃能开得好一些，有开了的和半开的，把棉絮撕出来，絮絮棉衣和棉裤。

马志国听了老乡们的话，心凉了一半，转而又想，这一带曾种过棉花，只是没有种好，也许是方法不对呢？回到班里，那时兴开"诸葛亮会"，大家集体讨论，讲了很多方法，最后一致表态：既然老百姓种过，也有成熟的年份，全班共同努力，一定要争取成功。

棉花生长期长，这里无霜期短，棉桃不容易成熟，这是一个最大的难题。早种几天，就能多长几天，成熟的可能性会大一些。他们把棉籽晒了五六天，看种子外面的短绒全部干透了，揉搓一番，让棉籽粒粒分离，只等天气热起来。

到了4月中旬，白天晒得人冒汗，晚上也不冷了，挖开土用手试温，不再冰冷，他们决定播种。种子在土里埋多深，没有经验，于是在平整好的三亩地上，由西向东，每隔半步挖一行沟，顺沟撒种子。种子落在沟里，有深有浅，深浅结合，确保会有一定的出苗率。他们给这种方法起了一个名字叫"满天星播种法"。

种子撒下去，用耱子把沟耱平，每天去看一遍，只等着棉花出苗。天气好三天，差两天，忽冷忽热，他们的心一直悬着。天冷的时候，恨不得把被子拿去盖在地上保温。好在有过降温，没有出现落霜降雪的严重倒春寒。天气一天热过一天，等了七八天，细细的土壤里拱出一个个小伞似的嫩芽，棉花开始出苗了。大家激动地奔走相告。两三天的时间，两片子叶展开了，小苗长到了半指高。

小拐诞生了第一块棉花地。消息传遍全团，驻扎小拐的其他部队也知道了，大家在劳动之余跑来观看。史骥政委来了几次，他看到棉花出苗好，非常高兴，觉得每一行里的苗太多太乱，与勤杂班的战士们一起间苗。因为是第一块棉田，大家很珍惜，不忍心拔掉太多的棉苗。长到20来天，棉苗一拃高，整块棉田绿茸茸的，看起来很是喜人。马志国带着战士们引水浇地，精心呵护，恨不得晚上不睡觉，守在棉花地边上。万万没有料到，他们种成功棉花这件事成了新疆棉花种植史上的一个标志性事件。

小拐有了棉花地，消息传到师部、军部，传到兵团司令员的耳朵里。司令员给二十五师政委打电话，让他向种出棉花的战士表示祝贺和慰问，告诉他，七八月要来小拐看这块棉花地。

到了7月，天气热得像火烤。马志国和战友们担心棉苗被晒坏，看到地皮干了就浇一次水，宁可人晒得脱皮，也不让棉苗打蔫。棉花懂人心，得到精心呵护后，生长很快，大大的叶片下开出繁星似的花朵。

8月初，司令员来到小拐检查农业生产，心里惦记着那块棉花地，顾不上吃饭，不听汇报，让七十四团政委史骥带路去看棉花。来到棉田，看到棉株长势旺盛，叶片宽大，枝叶间开着乳白、粉红、紫红色的花，有的花凋落，结出小小的棉铃，显得生机勃勃。司令员与勤杂班的战士一一握手，由班长马志国一起陪同，兴致勃勃地从棉田的这头走到那头，从左边走到右边，拨开枝叶，数每株棉花有几条果枝，开了几朵花，坐了几个铃。其中有一株棉花结了12个铃，几个大的有核桃那么大。捏了捏，手感饱满结实，他高兴地笑着说："看这个情形，成熟不会有太大的问题。"转头问马志国："你觉得怎么样？有信心吗？"马志国回答，听老乡说，"花见花，四十八"，棉花从开花到成熟要48天，照这个说法，肯定能成熟一部分。司令员更高兴了，说："你知道这句话，就算半个行家。"棉花从开花坐铃到吐絮需要48天，以往的落霜日在9月下旬，距离现在还有一个多月，如果不出现意外天气，生长时间应该是够的。霜前长成的铃桃，霜后吐絮也是不错的。

司令员仔细观看后，没有尽兴。他拉起马志国沾满泥土的手，仔细询问种植的经过，不放过每一个细节，还特意询问了播种用的什么方法。马志国看一眼自己泥乎乎的手，不好意思地挣脱，搓了搓手，汇报说，全班战士都缺少种棉花的经验，播种用的是开沟撒播的方法。司令员说，撒播不科学，浪费种子，还不便于管理，所以现在每一行的植株太密；明年播种时，可以像种玉米一样点播，但种子入土的深度要掌握合适。他建议，后期要专门派人向农业专家和中原植棉区的老农请教，得到好的经验和办法再向他们传授。

司令员参观之后，马志国和勤杂班的战士们受到鼓舞，对棉田的管理更用心，及时浇水拔草，掐尖打顶。老天好像感动了，这一年秋季，没有提前落霜，好天气一直持续到9月下旬。小拐的第一块棉花地没有让人失望，三亩地收获的100多公斤籽棉，在勤杂班的地窝子里，堆得满满当当。

后来，有不少文字资料对第一块棉花地有记载。这块棉花地的消息传播很广，以致"第一块"的名声很大。这一年在小拐还有另外一块棉花地，事实上，驻扎在玛纳斯河流域的部队，一共在三个地方种出了棉花。

部队在老满城集中学习期间，二十二兵团司令员和兵团首长们专门就即将开始的军垦开会研究，认为首要的目标是解决部队的自我供给，必须在短时间内让全体官兵有饭吃、有衣穿，在此基础上，为全国人民的吃饭穿衣和工农业发展多做贡献。从玛纳斯河流域原有的种植情况看，开荒造田，种植小麦、玉米，甚至水稻都没有问题。然而，棉花能不能种成功呢？会议就这个问题，做了很长时间的讨论。昌吉、呼图壁、玛纳斯这些县，过去种过棉花，但没有达到人们希望的产量。要鼓励部队官兵，群策群力，各显其能，大胆试种，希望能有奇迹出现。从二军调来任七十四团政委的史骥是山西省襄汾县人，家乡是传统植棉区，他对这个提议特别赞成，表态说七十四团要带头试种。然而，试种棉花，存在着两个难题：一是气候不一定适合，二是没有棉花籽。会议结束后，各级首长逐级向全体官兵传达，动员大家想办法多搞棉花籽。战争结束，百废待兴，纺织业急需原材料，棉花生产受到国家最高层的关注，新疆的部队把种棉花作为一个重要的生产目标。可是集中学习后，部队直接开赴选定的开荒驻地，很少有人离队，也就无从搞棉花籽。只有个别人得到回原籍的机会，其中就有两个人从各自的家乡搞到棉籽，带回到新疆。

二十五师七十六团有一位勤杂班班长，叫彭振忠，湖北人，家乡是中国重要的植棉区。彭振忠得到短暂的探亲机会，回家看望父母，临走时带了一包棉花籽。回到部队，他在开荒后也平整了一块沙土地，施足肥料试种棉花。他们班用的是点播法，用坎土曼挖一个坑，撒几粒棉花籽。把种子播下去，把土地耱平，也是天天盼出苗。同样等了七八天，棉苗开始出土，生长顺利，开了花，结了很多铃桃。不同的是花期过后，凋落的铃桃特别多，留下的太少。他们没有掐尖打顶，棉株一直长，到了秋天下霜时，还是鸽子蛋一样小小的青桃，咧嘴吐絮的特别少。近两亩地，只收了10多公斤籽棉。品质也不怎么好。

二十五师七十八团有一位副连长徐德臣，回河南老家探亲，回来时也带了一包棉花籽。他在老家特意请教了种植棉花的方法，播种前先将棉花籽喷湿，用麻袋盖严闷种，等种子发芽后点播下去。他们选择了一块开垦过的半熟地，过去是老羊圈，土质疏松肥力旺，每亩播种两千多株。出土后，棉苗健壮，长势很好。到了6月下旬，如期开花，特别稠密。遗憾的是，徐德臣在老家只请教了播种方法，后期管理没有搞清楚，也不懂得打顶整枝。地力肥，浇水又勤，棉株一个劲地疯长，全部长到一米多高，远远看去，一派旺盛景象。走近看，每株结有几十个棉桃，最多的有上百个。到了秋天落霜时，青桃满枝，很少有成熟吐絮的，算下来，收获籽棉也只有10多公斤。

这一年的秋天，小拐开荒的部队成绩显著。为了表彰先进，二十五师向九军提出建一座大礼堂的请示，得到批准。战士们请苏联专家设计，自己烧砖，到中拐和大拐打苇子，用三个月时间建成新疆军区生产建设兵团的第一座大礼堂，高9米，跨度14米，面积1250平方米。介绍马志国班种出棉花事迹的资料陈列在里面，这便是后来把他的那块土地说成是第一块棉花地的重要依据。

世界植棉史曾经有一个划分：北纬44度以北不易种棉，棉花生长期一般在150—200天。天山北坡的玛纳斯河流域处于北纬44—46度之间，无霜期146—156天，被认为是棉花种植的气候极限区。

1950年，那里有三块地种出棉花，如果不是管理经验不足，都可以得到较好的收成。二十二兵团的首长们对这个情况高度重视，专门做了分析，作出以下几个判断：第一，这是一个奇迹，但不是无迹可寻的，过去老百姓种棉不成功，一方面受传统观念禁锢，没有投入太多，另一方面这里气候变化大，每年的冷暖情况不稳定，发生自然灾害时老百姓难以承受损失，事实证明，北纬44度以北不易种棉的说法不是绝对正确的；第二，日照时间长，夏季温度高，光热条件与同纬度的其他地区不同，可以继续试种；第三，去年冬天特别冷，今年夏天特别热，马志国地块的棉花成熟比例高，既得益于人的努力，也是因为这一年的天气好，有一定的偶然性，只有经过多年试种，才能找到可以遵循的规律；第四，三块地结果不同，有方法问题，也有棉花品种的问题，今后试种，要选适合的棉种，也要总结管理方法。

首长们基于以上判断，做出决策：坚定信心，在各团各营扩大试种面积，争取用两三年的实践，探索出一套种植经验，实现大面积种植并且丰产。

第二年、第三年，二十五师和二十六师都扩大了棉花试种面积，收成有好有差，最好的每亩收获籽棉接近50公斤。这样的结果证明，首长们的判断是正确的，但没有达到预期的目标。

棉花种植比其他农作物复杂，要付出更多的劳动。春季的冰冻大风、秋季的早霜，使人们的辛苦付出得不到相应的回报，长期下去，人们就会失去继续种植的动力。北纬44度以北不易种棉的传统定论被打破，成功的喜悦过后，很多人心里又忐忑起来，产生了一系列新的疑问：

这里与别处的气候到底有什么不同？

为什么棉花不能稳定成熟？

这里适合种怎样的品种？

在种植技术上有哪些窍门没有掌握？

种出好棉花到底有多少奥秘呢？

这些问题如果得不到合理的解释，就会影响下一步的行动。怎么办呢？

二十二兵团的首长们多次研究，认为三年试种的成绩必须得到肯定，实现棉花种植的区域性成功，还需要更多的努力，用五年实践达到目标也是历史性的重大胜利。现在需要的是坚定信心，在总结经验得失的基础上继续扩大试种面积。多做试验，是找到丰产突破口的唯一途径。

那么，玛纳斯河流域大面积种植棉花的局面，到底是怎样打开的呢？

二

1952年秋天，二十二兵团司令部的驻地石河子，来了一位重要客人。首长们热情接待，希望他能对棉花种植提出好的建议，为此安排他在玛纳斯河流域考察了十几天，向他提供了当时掌握的气候、土壤、水源、光热等资料。此人性格直爽，爱喝酒，讲话不拐弯，大嗓门，容易着急。他做了一番研究之后，直接去见兵团司令员，拍着胸脯保证，这里一定能种出好棉花。他主动提出要帮助二十二兵团实现大面积种植，并且要达到丰产的目标。司令员和兵团首长们听到此话自然高兴，不管他有没有能力，就凭这个态度，也要热烈欢迎。假如他真能给种植棉花带来帮助，一定会全力支持。不过，此人第一次来到这片原野，转了一圈，就敢说出这样的话，凭据是什么？久经沙场的首长没有否定他，也没有太肯定他。既定目标没有改变，就要大胆试错，无论此人能起多大的作用，首长们都会予以支持。

那么，此人真的能帮助二十二兵团实现棉花大面积种植丰产吗？是不是说大话呢？

他到底是谁？

那时，中国与苏联建立了友好同盟关系，中国人称苏联"老大哥"。"老大哥"为了帮助中国发展，同意向中国输送急需的工业生产技术、新式农机具和先进的管理方法，派出一万余名技术顾问和专家支援中国；也从中国引进果树、茶树、蚕桑等特色农作物以及种植加工技术。一万多人中，有一位名叫彼·伊·迪托夫，被派到刚刚成立的新疆八一农学院（现新疆农业大学前身）担任首席农业专家。

他是乌兹别克人，苏联卫国战争时期的一名中尉，战后从事农业技术工作。当时，苏联的一些农业技术居世界领先地位，能够熟练掌握技术的专业人员，到了中国，就是技术权威。老大哥迪托夫爱喝酒，脾气大，说一不二。他并不是专门研究棉花的，但乌兹别克斯坦是苏联的主要植棉区，棉花种植是他熟知的一个强项。中国当时的棉花种植水平与世界先进地区相比有很大的差距，缺少专业技术人员，这也成了他在中国成就一番事业的大好机会。

20世纪50年代，中国的棉花自给率不足40%，年人均棉布消费量两米左右，急需大量棉花。迪托夫经过调查研究讲出的一番道理，揭示了玛纳斯河流域能种植棉花的奥秘。

这里的纬度高于传统的植棉区，但有两个特殊优势：其一，日照时间长于同纬度地区，有效积温高；其二，地理环境特殊，毗邻古尔班通古特沙漠，昼夜温差大，有利于农作物积聚养分。原来沙漠也有好的一面。沙漠南缘有一条河流，就像脾气暴躁的男人遇到温柔体贴的女人，两相结合，爱得炽热，便可以儿女成群。

这一番道理，中国拥有地理气候知识的人也知道，但部队当时缺少专业人才，众人第一次听说，有恍然大悟的感觉。可是，首长们转念一想，又有些不得其解。这里的天然条件，就算没有此人的揭秘，本来就存在，为什么试种棉花的收成总是不理想呢？知道了这番道理，棉花就能按人的愿望生长了吗？这是问题的关键所在。

迪托夫恰恰能回答这个关键问题。他的权威不仅在于能讲出一番道理，还拥有中国当时缺乏的资源和技术。他拥有的关键资源，是能从苏联引进的早熟的棉花品种，以及苏联早就应用成熟的棉花种植技术和经验。

上级领导对迪托夫的意见坚决支持，同意他暂时不管或者少管新疆八一农学院的工作，常驻石河子，在二十五师和二十六师做棉花种植的技术指导。这样的决定，给了他足够大的施展舞台。对他也是莫大的支持与激励。凭他的资历，在苏联能做一个优秀工作者；来到中国，则能独当一面，成为举足轻重的权威专家。这是一个难得的人生机遇。于是他说话更果断，有时甚至表现出超出常规的冲动。

部队行动迅捷，只要统一认识，就能立即付诸实施。

1952年10月中旬，二十二兵团在石河子召开棉花生产会议，确定1953年是棉花丰产年。轮到坐在主席台上的迪托夫讲话时，他开口就说，能保证亩产籽棉200公斤，前提是必须按照他的要求严格管理，保证每亩施用厩肥3000公斤。

此话一出，如同一块石头砸中了马蜂窝，会场响起了"嗡嗡嗡"的议论声。与会者议论纷纷：从亩产籽棉不足50公斤到200公斤，产量翻两番，吹大牛吧！会场上的议论声"嗡嗡"不息，坐在主席台上的兵团司令员和其他首长，不免也心里打鼓。他们相信专家，可一下就要达到200公斤，会不会是信口开河？官兵们出大力、流大汗没问题，每亩要用3000公斤厩肥，却是一个巨大的困难，去哪里搞厩肥呢？

军人出身的迪托夫见大家不相信他的话，一下子面红耳赤，提出要立军令状。司令员和其他首长们交换眼神，既然苏联专家在大会上叫板，那就立军令状。只要方法可行，再大的困难，部队想一切办法解决。迪托夫现场起草军令状，当即签字，司令员表态，既然立下军令状，一切按照迪托夫专家的要求执行，等到秋后见分晓。

这一份军令状，对迪托夫和整个部队都是空前的振动，也是空前的激励。一支整齐划一、善于攻坚克难的部队，在巨大的挑战面前往往能凝聚超凡的力量，把看似不可能的事情变为现实。这才是迪托夫在中国得以成功的坚强后盾。

就迪托夫而言，开始时并没有感受到这支穿着土气的中国军垦部队有多大的能耐。同样是军人出身的他，一时冲动，初来乍到立了军令状，自己也不敢怠慢。棉花会议结束后，他提出要举办为期7天的棉花种植技术培训班。兵团首长全力支持，培训班即刻开办，除了参加会议的干部，还增加了一线涌现出来的生产技术能手。

如此一来，1953年的棉花种植大战，在1952年深秋提前打响了。二十五师、二十六师确定植棉两万亩。玛纳斯河流域的棉花种植，有了一个规模宏大的正式开场。

在培训班上，迪托夫针对施用基肥、平整地块、精选种子、浸种闷种、药剂拌种、带肥下种、间苗定苗、开沟培垄、追施肥料、沟畦灌溉、整枝打顶、采摘收花等一系列问题，提出了技术操作的具体规范，并做了仔细讲解。各种专业术语和操作办法满堂灌，文化程度不高的部队干部遭到知识风暴的"袭击"，搞得头昏脑涨，疲惫不堪。然而，军令如山，有司令员亲自督战，没有人叫苦叫难。

棉花种植技术培训班结束后，参加培训的人员回到部队，即刻选择地块。二十二兵团参谋长陶晋初陪同迪托夫逐团逐营实地检查，如同大战开始前检查阵地的准备情况，甚是紧张。地块选定后，深翻冬灌。收秋的高强度劳动刚刚停下，战士们没有休息，又要深翻土地。那时候缺少机械，全靠人力，初冬的寒冷加上苦与累，艰苦的付出无以言表。即使有些安排不太合理，造成更多的劳动付出，兵团首长也全力配合迪托夫的安排。

迪托夫在各团各营的地里奔走，发现问题，三句话听着不顺耳，就会怒发冲冠。遇到这样的情况，陶晋初参谋长坚决维护专家的权威，对不服气的团长、营长们，毫不留情给一张黑脸。

1953年，二十二兵团采用了从苏联引进的C3175棉花品种，成熟期为130天左右。为了保证棉花的充分生长，迪托夫要求早播，在预测霜期结束的前一周播种，春霜过后棉苗正好出土。施好基肥，播完种，又要准备中耕施用的追肥。北疆春季的倒春寒伴随大风，并不会因为人们的辛苦付出而减弱，该来的时候照样来，对早播的棉花地毫不留情，来了一场突袭扫荡。部分棉苗受到损伤，好在及时补种挽回，没有造成大的损失。这一年，两万亩棉花实现了早播密播，早间苗，早定苗，每亩保苗6000—7000株。迪托夫对浇水也做出严格要求，必须是轻浇、勤浇、细水沟灌，不是简单地多浇。人们对待棉花像竭尽温柔的保姆，竭力创造生长发育的优良条件。

6月，棉花生长进入花蕾期，第一条开花坐铃的果枝出现后，迪托夫要求给棉苗整枝：人工去除底部不开花结桃的枝条，不让空枝消耗营养，保证结铃的果枝充分生长，同时起到通风透光的作用。为了让人们好理解，这被形象地比喻成是给棉花"脱裤腿"。大面积整枝开始时，连队来了一批新参军的女战士。一位连长召集大家开会，安排第二天的棉花"脱裤腿"任务，强调每个人到了棉花地，必须把"裤腿"脱得干干净净的，还要求有经验的男战士现场教女战士。年轻姑娘们听到这样的安排受不了，抹着眼泪去找指导员告状，说现在新社会了，咋还兴欺负人，开大会公开耍流氓。这是一个笑话，但能说明一点，即迪托夫的所有要求，在部队都得到了很好的贯彻。

人累瘦了，棉苗长壮了。因为地力好，每株棉花保留棉铃10个左右，立秋后再次浇水，水分充足，长势一派旺盛。

军人出身的迪托夫很适应部队的生活节奏，到团、营检查指导，与官兵们同吃同住同劳动，说话办事直来直去。陶晋初参谋长一般都会陪同他，遇到矛盾，现场化解。有一次，他们到二十六师七十七团检查工作。老八路出身的团长未按要求执行，迪托夫当场发脾气。陶晋初维护专家的权威，批评了这位团长。夜宿团部，迪托夫喝了几杯酒，又与这位团长握手言和。陶晋初私下对这位团长讲，按迪托夫的要求做，为的是实现棉花丰产，不要因为专家的脾气，丢失了自己的目标。

兵团首长们深知领导带头的重要性，同时也为了对迪托夫表示尊重，尽管年龄大，工作忙，还是经常与基层官兵一起听迪托夫讲课。迪托夫遇到干部战士一时听不懂他的意思，就用俄语嘲弄，甚至爆粗口。因为首长们经常来听课，没有在意迪托夫的态度，其他官兵也不好表示不满。一些文化程度低的营长、连长们受首长们的影响，不找任何借口，自觉学习，接受新知识的速度很快。迪托夫面对首长们，暴脾气也有所收敛。相处一段时间后，他不得不佩服中国军人的素质，放低了姿态，把陶晋初参谋长与几位首长当作最好的中国朋友。

迪托夫虽然性格粗暴，但对待技术问题很认真，经常一头扎进棉田，对干部战士做细节指导。班长、排长们普遍吃苦耐劳，用心学习，成为技术能手。迪托夫的各种要求，得以应用到生产环节，两万亩棉花按照统一模式耕种和收获。

这一年秋天，二十二兵团的棉花获得丰收，平均亩产籽棉201公斤，两万亩棉花总产籽棉402万公斤。空前的大喜讯，传遍天山南北。准噶尔盆地棉花大丰收的景象被拍成电影在全国播放，引起党中央、国务院的高度重视，也引来全国同行的关注。

迪托夫实现了自己立下的军令状，而且每亩籽棉还超产一公斤，一时声名大噪。他在新疆工作了七个年头，1958年的春天，完成援助中国的任务后准备回国，临别时与中国朋友们难舍难分。他对这片成就了人生辉煌的土地恋恋不舍，与一大批给予他无条件支持的中国人有了深厚的感情。为了再多看几眼这片土地，他没有坐飞机，选择了乘汽车离境。从乌鲁木齐出发，经过昌吉、石河子、奎屯……一路与自己留下足迹的棉田挥手告别。到了伊犁，从霍尔果斯口岸出境。陶晋初参谋长一直送他到边境，与他深情拥抱后，目送他走上界桥。

迪托夫走了。在他身后的中国，成长起来一大批技术成熟的植棉能手，不断地创造新的奇迹。

# 三

1953年，玛纳斯河流域棉花丰收的喜讯里，还有一个惊人的消息：二十五师七十三团一个排的53.6亩棉田，平均亩产籽棉386.5公斤，其中的一块1.61亩棉田亩产达674.5公斤，创下了全国棉花丰产的新纪录，一时成为举国关注的焦点。

创造这一纪录的关键人物是谁？他有怎样非同一般的本领呢？

这个问题的答案根本不是秘密，棉田的主人很快为大众所知。创造全国新纪录的种植单位是七十三团二连三排，关键人物是排长刘学佛。

此人是什么来历？这个问题引起人们更多的兴趣。真实情况很快公之于世：他只是部队一位很普通的基层干部，但是他的学习态度和执着努力让人心生敬佩。

刘学佛与马志国的经历相似。1929年，他出生于河西走廊的甘肃省临泽县，家境贫穷，人丁孤单，备受欺凌。1945年冬天被抓壮丁，运到新疆迪化的老满城当兵。和平起义后，所在部队改编为二十二兵团九军二十五师七十三团，他是一营二连的战士。

1950年1月，冬天的寒冷阻挡不住刘学佛心中的热情。团里要派先遣小组勘察地形，确定开荒垦区，他主动申请参加。先遣小组 22 日出发，顶风冒雪，一路步行勘察。因为过于严寒，勘察与行进的速度很慢。

2月15日，农历除夕，大部队还在迪化欢度春节，他们却已经抵达玛纳斯河中游的下野地炮台镇，搭起临时帐篷。镇上集市全无，夜幕初降，很是冷清。炮台镇位居准噶尔盆地西南底部，距现在的乌鲁木齐市213公里，距石河子市78公里，始建于清代，曾有绿营兵驻扎屯垦，修了老炮台，因此得名。1950年，全镇只有9户居民。炊事员敲了两户老乡家的门，买来几斤羊肉、一些萝卜和土豆，炖了一锅杂烩菜，加上自带的干粮，就是大家的年夜饭。过了大年初一，先遣小组割芦苇，挖地窝子，为全团人员抵达垦区做准备。时间紧迫，到了3月下旬，他们刚刚准备好，大部队就进驻炮台。刘学佛由战士提任二连二排四班班长。

1950年，马志国班在小拐种棉花成功，刘学佛带领全班参与修建太平渠，当年开荒试种水稻获得好收成，他被评为二十二兵团"二等劳模"。第二年，他继续攻关水稻种植技术，单产实现大幅度提高。冬天时，北疆发生的乌斯满叛乱仍未平息，刘学佛参加剿匪，担任侦察员，在追击敌人的战斗中机智勇敢，荣立甲级战功。剿匪结束后，四班在1952年种水稻中再创佳绩，他本人荣立二十二兵团一等功。

秋收结束后，刘学佛到石河子参加劳模大会，接着参加了二十二兵团棉花生产动员大会。作为技术尖子，又成为迪托夫棉花种植技术培训班的学员。经过十多天的学习，他迷上了种棉花。

苏联有一位植棉能手叫依曼诺娃，她的生产组在90亩地里，创造了平均亩产籽棉753.5公斤高产纪录。中国也有植棉高手，山西省翼城县农民吴春安，1952年突破亩产籽棉"过千斤"大关，创造了亩产510.5公斤的全国新纪录。

苏联专家迪托夫在培训班上列举了这些事迹，他说自己考察了玛纳斯河流域的地理和气候情况，在这片肥沃的土地上，只要按照他的科学种植方法，实现平均亩产籽棉200公斤肯定没有问题，创造全国新纪录，也不是不可能。刘学佛受到鼓舞，决心投身棉花种植事业。

作为北方没有水稻种植经验的人，能成为水稻种植高手，说明刘学佛是一个爱动脑筋、善于学习和掌握新技术的人。参加棉花种植技术培训班，对他的触动很大。他种植水稻获得成功，很有自豪感，但是，国家更需要棉花。做国家更需要的工作，是当时很多人的第一选择。兵团首长们鼓励大家种好棉花，他暗下决心，要以依曼诺娃和吴春安为榜样，努力创造中国棉花种植的新纪录。

刘学佛种水稻的成绩和认真学习的态度，引起了迪托夫注意，培训期间与他多次交流。培训结束回到炮台，刘学佛立即选择棉田，深耕冬灌。迪托夫由陶晋初参谋长陪同来炮台检查，到了刘学佛班准备的植棉地块，看过后大声称赞，说这就是他讲课时要求做到的标准。迪托夫对刘学佛格外关注，刘学佛也主动向这位苏联专家请教，两人结成了默认的"师徒关系"。刘学佛认定一条原则：在自己没有完全掌握技术要领的情况下，必须严格遵从专家的指导。

1953年初，刘学佛提任三排排长。他在种植管理的每一个环节，都按照迪托夫的要求去做。关于棉花的种植密度，迪托夫要求密植，每亩6000—7000株，有人心存异议。多数干部战士来自农村，一些人有过种植棉花的经历，知道家乡植棉的常识和谚语，比如"此枝不碰彼枝""棉花地里能卧牛""不稠不稀，两千六七"等，于是认为迪托夫的要求不合理，在执行上打了折扣，每亩超过3000株，但远没有达到6000株的要求。刘学佛在三排的地里全部密植6000—7000株，个别战士有抵触情绪，刘学佛坚定地说，这是科学，必须听从专家的安排。

人们过去浇水，都是大水漫灌。迪托夫要求细水沟灌、轻浇、勤浇，就像人吃饭要细嚼慢咽。这样做费时费力，有些人图省事，还想搞大水漫灌，还为自己辩护，说水多些一定不会错。刘学佛严格执行迪托夫的要求，认定搞大水漫灌实际上是一种偷懒行为。迪托夫看到刘学佛诚心诚意的学习态度，特意来到炮台，教他判断土壤是否缺水的办法：用坎土曼挖土10厘米，从里面抓一把土，捏住抛下，如果完全散了，说明缺水；如果是颗粒状，说明含水量不够；如果是土团子，说明含水量足够。

如何达到最好的施肥效果，迪托夫也教给他一套方法：棉花叶萎缩缺氮肥，秆儿不健壮缺钾肥，棉铃长不好或者脱铃缺磷肥。

刘学佛得到迪托夫的悉心指教，加上自己的勤奋钻研，所在排的棉花长势特别好。但毕竟是第一年种棉花，他心里还是没有足够的自信。

8月初，他们排的棉田里，棉苗秆壮叶宽，比其他地里的高出一大截，看起来像"疯"长。刘学佛有些担心，请教团里的技术员，技术员也觉得不太正常。全排战士都慌了，这可怎么办？

焦急之时，迪托夫来了。

他迈着大步，走向刘学佛排的棉田，还没有走到地边，就高兴地大笑起来。到地里看过之后，非常肯定地说："你们的棉花长得很好，没有任何问题。"他不仅没有说这是"疯"长，还要求再浇一次水，以保证棉桃后期营养充足。他一改大大咧咧的风格，把刘学佛拉到一边，避开人，装作神秘地说："刘排长，你快要出名了，请做好思想准备。"刘学佛很疑惑，不明白他说的是什么意思。迪托夫不解释，要求他浇好最后一次水，只等秋后采摘收获……

迪托夫要求再浇一次水，不是只针对刘学佛，而是对所有人说的。他一走，又有人提出异议，过去没有听说立秋后还要浇水，已经到了8月下旬，再浇水恐怕只长苗，结不好桃。刘学佛心里也暗暗打鼓，但还是服从了迪托夫的安排，又浇了一次水。

到了采摘的时候，他没有想到，所有人也都没有想到，三排的地里棉桃最多最好。更令全兵团也没有想到的是，这一年，他竟然真的创造了籽棉亩产的全国最高纪录。棉花采收完毕，得到这个结果，刘学佛长舒一口气，感觉和做梦一样，有些不相信这个事实。

刘学佛出名了，他成了全国先进生产者，多了一项任务——经常接待来自各方的参观者。尽管如此，他还是觉得自己只是一个种棉花的新手，担心一不小心就会出岔子。

成熟的经验要有一个积累的过程，刘学佛的担心完全符合常理。没有料到，越担心越会出事。第二年，三排种的棉花差一点儿成为一则笑话。

1954年，三排种了80亩棉花。到了出苗的时候，泥土板结，棉苗憋在土里出不来，大家着急，没有好的办法，只好用手抠开泥土放苗。30多个人顶着大太阳抠上一整天，手指出血了，也没有抠出多少。这显然不是一个好办法，哪怕全排战士的手指头抠伤了，也不能解决问题。刘学佛想，照这样下去，大部分棉苗会被闷死。这可怎么办？名气大了，压力更大，棉花一旦种不好，影响的可不只是三排和他本人。刘学佛思考再三，决定用

"之字耙"松土。他刚把自己的想法说出来，就有不少人反对。反对者说，现在已经出了一些苗，这一耙还不把长出来的棉苗给耙断了？刘学佛说，现在耙地会损伤一些苗，经过计算，最多不超过5%。如果不把多数苗解放出来，损失会更大。于是，三排把80亩正在出苗的地耙了一遍。

耙过没有几天，团部组织观摩学习，各营、各连的人来到三排的棉田，却看到地里的棉苗又细又黄。人们看着摇起头，观摩结束后，说什么的都有。有一种说法占了上风，说三排去年运气好，才获得创纪录的丰收。战士们听到各种风言风语，特别不服气，可是今年的情况确实不好。他们着急了，吵吵着问排长该怎么办。刘学佛心里也很急。他冷静下来，叮嘱自己，心急解决不了问题，作为排长，关键时刻绝不能泄气。

他奔去请教团部的技术员，还想请教专家迪托夫（受当时通信条件的限制，一时联系不上）。时间不等人，出了问题只能靠自己解决。他分析棉苗长不好，有缺水、缺氮肥、土壤板结、地温低等几个原因。针对问题，研究对策，办法想出来了。追施含氮量大、热量高的腐熟马粪，追肥后紧跟着浇一次水，再进行一次中耕。

几天之后，棉苗神奇地变绿了。之前摇头的人再次来到三排的棉花地，有些不相信自己的眼睛，说刘学佛会变戏法。这一年，三排的棉花再获丰收，虽然没有达到去年的最高水平，也排在二十二兵团的前列。经过曲折后的成功，意义更大，证明了玛纳斯河流域的棉花种植，在实现从无到有的突破后，即使遭遇自然灾害和特殊的困难，也能获得丰产。经过五年的实践，这里的棉花产量站上了稳定的丰产平台，打开了北疆地区农业生产的新局面。

刘学佛被评为全国先进生产者，到北京出席全国先进生产者代表会议，受到党和国家最高领导人的接见。他在国家最隆重的场面上披红戴花，被农业部派赴河南、湖北、安徽、山东、江苏等传统植棉省的国营农场，宣传介绍自己的植棉经验。

三排的战士个个成为棉花种植技术的攻关模范，经常三三两两蹲在棉田里讨论问题。他们一批又一批作为技术骨干被调去别的单位。三排的棉田是人才培养的一方宝地，新来的战士一批又一批成为新的植棉能手。

1957年，刘学佛升任二连副连长，在新开垦的1000多亩生荒地上种棉花，依然获得丰收，他本人荣获"新疆军区生产建设兵团特等劳模"称号，冬天调任下野地试验站站长。

刘学佛是垦区攻克农业技术的代表之一，各团各营都有像他一样的先进人物，起到了直观有效的示范作用。玛纳斯河流域的屯垦军人们，掀起学习先进农业技术的高潮。兵团的种植技术向周边的农村扩散，准噶尔盆地南部、天山北坡各县的农民也学着种棉花，新疆在南疆和东疆两大传统植棉区之外，形成了新的北疆植棉区。

春潮遍野催花红，先进人物起到了引领作用。为了促进南疆地区的棉花生产，1958年初，刘学佛被调到阿克苏的农一师沙井子垦区。他在南疆成功种植推广了棉花新品种，为农一师棉花种植迈上新台阶奠定了基础，被树为兵团的12面红旗之一。

# 四

新时代感召有作为的年轻人奔赴远方，追求理想。

1950年4月7日傍晚，一位身材瘦削的年轻人坐着牛车来到塔克拉玛干沙漠北缘的沙井子。四年前，他怀着学业报国的志向，考入浙江大学农艺专业，在隆隆炮声中结束了大四的上学期。下学期开学后，整个时代都变了。饱受战争摧残的国家，在满目疮痍中焕发出新的活力。

作为那个时代凤毛麟角的大学毕业生，到处都是他的用武之地。毕业后去哪里，干什么工作，他拥有充分的选择权。然而，在他的心目中，去哪里不重要，待遇是否优渥也不重要，到最需要的地方去，为祖国建功立业，才是最好的选择。恰在此时，他接到去新疆参加农业大开发的召唤，毫不犹豫报了名。

1949年12月，他领到毕业证，回到长沙的家，做前往新疆的准备。春节与家人的团圆，也是远行前的告别，元宵节的第二天，他在父母亲的不舍中踏上远程。从长沙坐火车，到兰州改坐汽车，到了吐鲁番，等了两天，坐上去南疆的班车，四天的时间，到达阿克苏。从南方初春的柳绿花红，走到北方大地的一片枯黄，他没有叹气。临行前知道这是一场远行，可是没有想到，真是好远呀！

到了阿克苏，去往目的地，还有60多公里。没有汽车，没有马车，有一辆从沙井子来阿克苏拉物资的牛车，负责顺路接他过去。

吃过早饭，赶车人帮他灌了一壶水，装了六个大馒头。路上的溏土能淹小半个车轮，碾出的尘雾笼罩的车身，像一团移动的白雾。遇到有车辆或牛马驴经过，激起的尘土一阵浪涌，好久落不下去。一路上因给牛喂草饮水停了三次，赶了11个小时才到目的地。好在新疆的白天特别长，晚上8时多，沙土地上还洒着夕阳的余晖。

他顶着一身尘土下了车，活动一下坐麻了的腿脚，吮了吮裂了几道血口子的嘴唇，满嘴的土腥味和血咸味混在一起，吐了好几口，还是满嘴牙碜的泥土。他抬手揉了揉眼睛，眼眶和睫毛上都是土，反而把眼睛糊上了。眨巴好一阵才睁开眼，他问赶车人他住哪里。他的湖南口音一出，好像触碰了大地的哪个敏感点，"呼"的一股大风，卷着沙土迎面而来，扫得他踉跄后退，连声咳嗽。赶车人赶忙用身体为他挡风，等风过去了，扛起他的行李，说"就在前面"。他环顾四周，没有房子呀！不好再问，跟在后面，走了没有几步，看见地上一道向下的斜坑，走进去，这就是他的办公室兼卧室。刚进去时，光线太暗，他看不见，适应一会儿之后，才看清里面的布局。赶车人告诉他，这种特殊的房子叫地窝子。

出发之前，他做好了吃苦流汗的心理准备，走了一个月零七天，到了最后的目的地，一颗心滚落在地窝子的泥土里。没有太多的失望，但嘴里的腥咸味让他难受。就这样，他接受了走出校门的第一个任务：中国人民解放军第一野战军一兵团二军五师十四团沙井子农业试验场负责人。

这个年轻人叫陈顺理，1923年生于湖南长沙，1946年考入浙江大学，毕业后告别了锦绣江南，意气风发来到新疆。长途奔波的劳累，使他顾不得情绪波动，吃饱肚子，一头倒在地窝子的炕上沉沉睡去。第二天，陈顺理第一次沐浴在这片沙土地的晨光里。团长来看他，给他介绍刚刚加入的这支部队。十四团的前身是八路军三五九旅七一八团，长征路上的绝对主力，抗日战场的杀敌尖刀，南泥湾开荒、保卫延安，干部战士个个身经百战、九死一生。去年，也就是1949年的冬天，这支部队进驻沙井子，在寒冬里开荒造田。进驻后的第一个春天刚刚到来，大片新开垦的土地迎来播种。在他们驻扎的这个地方，传说很早以前，有商人路过时极度饥渴，掘井找水，只挖出了一些流沙，因此有了"沙井子"这个地名。团长说，部队要在这片沙海边的荒原上，开垦出万顷良田，种出金色的稻麦、白色的棉田，把"沙井子"变成"金银川"。

听完团长的介绍，陈顺理青春的热血滚烫起来。环顾这片荒芜的土地，平坦辽阔，他感觉自己是一棵青苗正在往下扎根。从此，沙井子多了一个头戴大草帽、背着大水壶、举止文雅的年轻人。大部队平整土地，建成水渠，陈顺理在规划的试验场种植水稻、小麦，还有几十亩陆地棉，在种植中研究土壤特性、品种适应性、丰产性、特异性等一系列课题，同时给大田生产做技术指导。到底是农艺专业的大学生，生产中的水肥配比、病虫害防治等常见问题，在他手里就能轻易解决，沙井子垦区连续三年获得较好的收成。军垦战士们看到这个大学生和大家一样能吃苦，一下农田就是好几个小时，回到办公室，衣裤湿得能拧出水。夏季的戈壁滩上太阳烤人，他从不睡午觉，夜里的灯光会亮到很晚。

1953年初，农业部给沙井子农业试验场寄来一斤苏联产的长绒棉"来德福阿金"种子，要求试种。陈顺理收到这些珍贵的种子，就像沙海里要长出白金一样，心情激动，又感到责任重大。

长绒棉原产于美国东南沿海及附近岛屿，称为海岛棉，因纤维细长，人们习惯叫它长绒棉。与陆地棉相比，其棉铃较小，单铃籽棉重3克左右，衣分30%—35%，纤维长33—45毫米，细度细，强力好，用于纺织高档棉织品，商业价值高。野生海岛棉是多年生小乔木，栽培海岛棉多为一年生亚灌木，植株高大，生育期长，成熟晚，对土壤和大气湿度敏感度强，分布在阳光强烈、降雨量少的灌溉棉区。由于生长条件要求高，主要种植区只有埃及、美国、苏丹、苏联、秘鲁等国家和地区。

中国从 20 世纪初开始引进长绒棉,最早在海南岛试种,后来在云南开远棉场试种。过了一些年,在全国选取气候适宜的多个省多点引入一年生长期的长绒棉试种。因为生态环境不适合,虫害严重,其他地区都没有形成规模化的种植,只有新疆吐鲁番的气候适合长绒棉生长。吐鲁番地区土地资源有限,葡萄、哈密瓜等传统经济作物种植多、产值高,占用了大部分耕地,长绒棉的种植面积不多,产量不足,国内纺织需要的长绒棉主要依靠进口。农业部把长绒棉种子寄到沙井子,意味着想在吐鲁番之外开辟新的长绒棉种植区。如果沙井子试种成功,整个塔里木盆地气候条件相近的地区都能种植,前景广阔,意义不言而喻。这样一副担子,落到了走出校门刚三年的陈顺理肩上,分量着实不轻。不过,农业部知道试种的难度,只把种子寄来,没有提出硬性目标,成功与失败取决于客观和主观的诸多因素,没有要求他必须成功。

然而,陈顺理不是这样想的。他身处塔里木盆地,负责一个试验场,热切地想为国家建功立业。手拿这份珍贵的种子,他反复掂量。长绒棉生长一般要求无霜期达 200 天左右,新疆的吐鲁番盆地和塔里木盆地日照时间长,阳光充足,积温高,昼夜温差大,雨量稀少,气候干燥,属于典型的绿洲灌溉农业,无霜期 200—220 天,加上盆地的增温效应。陈顺理认为,得天独厚的生态条件能够满足长绒棉的生长。横向比较,每年 4—10 月,阿克苏地区的平均气温,与埃及和苏联的乌兹别克长绒棉种植区基本接近。植棉界人士过去认为塔里木盆地的土壤、水文条件不适合种植长绒棉。陈顺理通过比较分析,坚信可以种植长绒棉,只要付出足够的努力,一定能打破"南疆种不出长绒棉"的魔咒。

一斤长绒棉种子,在陈顺理居住兼办公的地窝子里静静地吸收着他的气息。天气转暖后，他把种子拿到室外晾晒，像对待一个待产的婴儿，让他们提前适应沙井子的阳光、空气和泥土。陈顺理把这一斤种子一粒一粒挑选出来，提前闷种、杀菌；对选定的土地春灌、深翻，施足底肥，耱平耙细。4月11日，阳光高照，他挖开10厘米泥土，伸手抓一把，感觉有了微微的暖意。地温可以了。陈顺理和两位战士用砍土曼挖出3—4厘米的浅沟，点种，25厘米等距播下，每穴两粒。一斤棉籽经挑拣之后，不足5000粒，宽行种了两亩地。播种完毕，他一个人坐在地边，静静地凝望，似乎在问每一粒种子待在泥土里有什么感受。尚未结婚的陈顺理对那些种子产生了特别的柔情，犹如一位倾心护子的父亲，以至于后来被誉为"中国长绒棉之父"。

第一年播种，出苗基本正常，陈顺理对田间管理格外用心。遗憾的是，这种从苏联直接引进的种子，还不能完全适应沙井子的地理环境，等到秋天，试种基本成功，收获了20多公斤籽棉，产量不理想，纤维质量也达不到国外长绒棉的标准。虽然试种不成功，但由此开始了世界上北纬地区最北的长绒棉种植历史。陈顺理根据这一年的实践，撰写了探讨南疆长绒棉种植发展的第一篇论文。

1954年春天，新一年的播种开始，陈顺理反复梳理前一年的做法，总结经验，克服不足，满怀希望，把从收获棉籽中挑选出的合格种子播进地里，每天观察研究，全部心思扑在这些棉花上。播种、施肥、浇水、中耕、整枝、打顶，又一年秋天到了，棉桃吐絮，远远望去，白花花一派喜人景象。从9月下旬开始，陈顺理亲手采棉，一茬一茬地分别存放，等到最后采拾完毕，洁白的长绒棉堆成一座小山。算下来，籽棉平均亩产98公斤。长绒棉比陆地棉单桃轻2克左右，单论产量，这已是不错的水平。

相比国外长绒棉种植区的亩产水平，算得上是丰收了。纤维内在质量检测的多项指标基本达标，在上海的棉纺厂试纺，受到好评。这一喜讯振奋人心，阿克苏垦区的人们对种植长绒棉有了信心。然而，基本达标不等于达到理想数值，陈顺理对这个结果不满意。经过两年实践，他有了一个大胆的想法，既然是农业试验场，能不能培育中国自己的长绒棉品种呢？

这的确是一个大胆的想法。棉花有一个特性，每一朵花都是雌雄同体，在开花的同时自行授粉，遗传变异特别困难。由于这一特性，培育新品种成为一个复杂而漫长的过程。陈顺理凭借扎实的学业知识和实践锻炼，给自己提出新的目标：培育出完全适应塔里木盆地土壤和气候条件的长绒棉优良品种。

1955年，沙井子农业试验场引进了苏联的另一个长绒棉品种"2依3"。陈顺理从棉苗整枝就开始选择优良植株，用红线绳做记号，观察记录每一个生长期的表现特征，逐渐优胜劣汰。

到了9月，棉桃开始吐絮，没有被淘汰、依然绑有红绳的棉株，成为留种目标。

有一天，他在做新一轮优选观察时，意外发现了一棵"天然杂交变异株"。陈顺理头脑中划过一道闪电，这是真的吗？他抓住这株棉花，仔细观看，确认无疑。这株棉花与其他的不同，主干粗壮，侧枝较短，之前怎么就没有发现呢？他有些不相信自己的眼睛。转而想，几万株棉花，就算整天待在地里，也不可能辨认出每一株啊。这一棵变异株，如同大地的恩赐，出现在陈顺理的眼前。他像接生了一个大宝贝，从上到下，把每一根枝条、每一个棉桃都看了个遍。绑了两道红绳做标记，又看了半天，直到天色变暗，才走出棉田，回到地窝子。10月初，天气转凉，秋色渐浓，陈顺理才把这棵变异株整株拔起拿回地窝子，又放了几天，看够了，才把11个棉桃摘下来，放入一只盒子。

11个变异棉桃，收获棉籽500余粒，成为陈顺理培育杂交新品种的种源。由此起步，他开始了艰难的育种和系统选优。试种、选育、提纯，年复一年，枯燥孤独的研究，总是不能如愿。心凉了，靠自己加热，绝对不能失去信心。那是从无到有的突破，特别难，不像现在种源丰富，能在选优的前提下进一步升级。种子的成功才能有种植的成功，陈顺理在枯燥和孤独中，担负着国家的希望，那是一种无形动力，也是巨大的压力。他在沙井子生活了几年，本来就瘦，还晒得特别黑，一个又瘦又黑的身躯，坚硬地挺立着，成为一个孤勇者。他没有觉得多么苦，而是从内心感激国家的支持。

那些年，沙井子又从苏联引进了20余个长绒棉品种，作为择优推广和育种的材料。经过4年的持续选优，1959年，陈顺理培育出了适合当地种植的长绒棉新品种，将其命名为"胜利1号"。

中国自行培育的第一个长绒棉品种诞生了。可是，这个取名为"胜利"的种子，种出的长绒棉还不能标志着完全胜利。"胜利1号"的早熟性优于苏联品种，但纤维长度和强度不达标，还不能大面积推广种植。

一个棉花新品种从选育到成熟推广，一般需要10年，陈顺理用4年的时间，实现了零的突破，怎么说也是一项重大成就。可是不能形成规模推广种植，他像看着身体有残疾的孩子，既爱又痛，心凉了好一阵，振作精神，从头再来。

1967年，经过8年的杂交选育，陈顺理培育出早熟丰产的新品种"军海1号"，经过测试，"军海1号"达到优质长绒棉的所有指标。"军海"代表了这个新棉种的出身，"军"字代表着由军队转变而来的新疆军区生产建设兵团，"海"代表棉属为海岛棉。"军海1号"是中国长绒棉育种的重大突破，早熟，高产，纤维的品质可以与享誉世界的埃及长绒棉媲美。新品种在塔里木盆地得以推广，团场和当地农村的棉农争相种植。1968年，种植面积达30多万亩。直到20世纪80年代，这一直是塔里木盆地长绒棉的主栽品种。

吐鲁番因为产业结构调整，不再种植长绒棉之后，南疆成为我国唯一的长绒棉产区。陈顺理在培育新品种的同时，培养出一大批植棉技术骨干人才。

鉴于他在长绒棉育种方面的开创性贡献和突出成就，兵团给予他"中国长绒棉之父"的崇高荣誉。

## 五

当马志国在小拐提着半袋子棉花籽，陈顺理第一脚踏上沙井子的时候，新疆的第一家现代化棉纺织厂也处于筹划中。

1950年2月，有关部门决定在迪化市近郊的水磨沟建设棉纺厂，名称暂定为迪化棉纺织厂。

建设现代化的工厂，绝非像开荒造田、"有决心能吃苦"那么简单，需要大量的技术人员，还需要一位经验丰富的专业人才掌舵。

1950年，中国的工业基础非常薄弱，门类稀少，七成以上集中在东部沿海地区，区域布局严重失衡。全国到处缺人才，从哪里找到这样的一位人选呢？

远处大西北的新疆，只能求助于纺织工业部。可是，新疆的生活条件与东部沿海地区相比太艰苦，即使找到这样的人，他愿意来吗？

1951年1月，刘钟奇到北京参加全国纺织工业的一个重要会议，其间一位副部长找他谈话，讲盛产棉花的新疆没有一枚现代化纱锭、一台现代化织布机，人们穿衣主要靠手工土布，还有高价进口的"洋布"，现在准备建一家现代化棉纺织厂，急需一位有技术、能管理的关键人才去主持建设。刘钟奇明白这是领导在征求自己的意见。他虽然年近50岁，健康状况不佳，稍加考虑后还是答应了。

刘钟奇从小怀有报国心。他1902年出生于河北省迁安县，14岁考入天津工业学堂，毕业后在天津北洋纱厂做练习生，后到裕元纱厂担任技术员、技师、主任工程师。1935年东渡日本，在东京工业大学纺织系攻读研究生。七七事变后回国，他辗转多地，研究纺织机，在两家纱厂当过厂长，也担任过国民政府的重要职务，投身纺织事业，在战乱中竭尽所能推动纺织行业发展，积累了丰富的专业技术和管理经验。1949年初，他主动与中国共产党取得联系，由重庆经上海，取道香港到达北京，接受中国共产党的委派，到上海市军管会担任轻工业处顾问，在上海市军管会轻工业处改名为华东纺织管理局后任计划处副处长，是国内顶尖的纺织专家。

北京会议结束回到上海，刘钟奇很快收到新疆有关部门的邀请信。妻子儿女考虑到他年龄大了，健康状况欠佳，不想让他离开上海。刘钟奇说服家庭成员，举家从大上海迁往新疆。

1951年9月，新疆省人民政府财政经济委员会批准成立棉纺厂筹备委员会，定名为七一棉纺织厂，刘钟奇为主任，负责主持工厂的勘测、设计、设备购置工作。他协调华东纺织管理局，组织312名技术人员，用借调的方式分批支持新疆。在山东招收了第一批生产工人，共546名，委托青岛各纺织厂代为培训。

建厂的过程十分艰难。第一期投资2100万元，缺少资金来源，驻疆部队官兵每人每天节约菜金9.9分，一年为人民币91.2元，合计2900万元，其中的1480万元用于棉纺织厂建设。当时，部队的伙食标准是每人每天仅粮食一斤多，菜金2角，硬是从牙缝里省出了一大笔资金。

新疆军区工程团承担工程建设，共1700余名官兵，只有20名技术不太熟练的木工，4名铁工，6名水泥工。战士们开展劳动竞赛，工具少不够用，锯木板人歇锯不歇，每个小组日锯120多块。打砖坯大王一天完成1600块。在建设过程中，有12位战士献出了生命，长眠于天山脚下。

那是个上下一心、激情澎湃的年代，人人以追求个人利益为耻。工程团用时13个月，建成厂房和宿舍10.79万平方米。刘钟奇组织技术人员，将所有的设备安装调试到位。

1952年7月1日上午10时，新疆七一棉纺织厂开工仪式隆重举行。电闸合上，机器开启。第一捧皮棉倒入清花机，标志着新疆有史以来第一座现代化棉纺织厂诞生了。少先队员的献词有这样一句话："新疆人从此将会告别夏天穿皮袄的历史。"

新建的新疆七一棉纺织厂拥有棉纺纱锭3.17万锭，布机1224台，年产白厂丝67吨，棉丝织品92万米。

"围绕纺织厂，建设纺织城。"工厂周围陆续建起学校、医院、市场和娱乐场所，以厂区为中心，形成了新疆最大的"纺织城"。

刘钟奇担任新疆七一棉纺织厂首任厂长。他发起成立新疆纺织工程学会，兼任理事长，成立新疆纺织科研所，兼任所长。他在七一棉纺织厂举办了纺织技术训练班，培训各民族纺织技术人才2000余人，倡导开办了新疆纺织工业学校，为新疆纺织工业培养出急需的技术骨干力量。

1960年起，刘钟奇先后任新疆维吾尔自治区纺织工业管理局局长和轻工业厅副厅长，主管纺织业，主持制定了新疆纺织工业发展规划，实现了在原料产地建厂的工业布局。他协调国家纺织工业局，将东部城市的14家纺织企业迁往新疆。

陈顺理在沙井子埋头研究长绒棉，不出几年，这里真的变成了"金银川"。

1954年，新疆军区生产建设兵团建立，沙井子垦区为农一师一团。刘学佛从石河子调来沙井子，与陈顺理见面握手，农一师的棉花种植水平得到了很大的提高，建一家棉纺织厂成为必需。

1960年，上海市汇新、汇建、汇成、汇群四家织布厂的161名职工，连同家属600余人迁入阿克苏，建成农一师沙井子胜利棉纺织厂，后改名为阿克苏大光毛纺织厂，当年生产21支和32支棉纱314吨，棉布259.22万米。

位于玛纳斯河流域的二十五师和二十六师，改为兵团农七师和农八师，1955年种植棉花8.2万亩，创造了全国大面积棉花丰产的纪录，大量的棉花寻求工业消化。

1958年，天津市的四家棉杂生产合作社职工300多人迁往石河子，建设新疆八一棉纺织厂。1960年8月1日，纺出了第一批纱，9月织出第一批布。工程全部完工后，拥有纱锭50752锭，布机1008台，当年生产棉纱3943.78吨，棉布1634.19万米。三期建设完成后，成为一家棉纺织印染针织联合企业。

那些年，上海弘伦织染厂迁往新疆，建成乌鲁木齐天山织染厂；上海同德盛色织厂迁往库尔勒，建成农二师纺织厂，后改名为新疆库尔勒湖光纺织针织厂；北京大兴棉纺厂迁往奎屯，建成奎屯纺织厂……

　　1949 年以前，棉花种植主要在吐鲁番和南疆部分地区。20世纪 50 年代，初步形成了南疆、北疆、东疆三大棉区，10 多年的时间，改变了新疆延续千年的棉花种植格局，将世界陆地棉的种植区域分布，从北纬 44 度以南扩展到北纬 47 度。开创了新的长绒棉种植区，从 1949 年的种植面积 5.4 万亩，皮棉产量 0.51 万吨，增加到 1965 年的种植面积 23.85 万亩，皮棉产量 7.7 万吨，皮棉产量增长了近 15 倍。不过，那时的新疆棉花占全国总产量的比例为 3.67%，种植面积不大，产量地位一般。

　　民国时期，新疆建成的棉纺厂在战争中毁坏殆尽。1949 年，全疆有棉纺织手工小工厂 10 多家，年产值 8.3 万元人民币。1950年之后，有了充足的棉花原料，新疆的棉纺工业在短期内达到惊人的产量。到 1965 年，全疆建成棉纺织企业 13 家，拥有纱锭20.2 万锭，布机 5942 台，年印染生产能力 7560 万米；针织企业 6家，年产成衣 200 万件；纺织工业总产值 1.92 亿元，占全疆工业总产值的近 14%。

　　新疆纺织工业的创始人之一刘钟奇，1966 年 6 月不幸逝世，令人扼腕叹息。新疆的棉花和棉纺织产品满足当地需求之后，开始销往全国各地，实现了历史新突破。

　　然而，当时的生产仍处于以人工劳动为主的较低水平，抗风沙、抗霜寒冷冻、抗病虫害的能力有限。之后，蛹化成蝶，新疆成为全国最大棉区的华丽蜕变，是一个怎样艰难曲折的过程呢？

# 第六章　白色地衣与小黑龙

一

"哎——肉孜兄弟，你在给棉花地盖被子吗？比吹一口气还薄的塑料布，盖上能顶什么用呢？哈哈哈……"

"哎——麦麦提逊老哥，我的棉花地在穿漂亮的衣服，不是你说的盖被子。这样薄薄的、亮亮的衣服嘛，挡不住太阳像好朋友的感情一样的热气照进去，能挡住土里往外跑的湿气，当然也能挡掉有些人说的风凉话。哈哈哈……"

这是和田地区于田县喀尔克乡拜什托格拉克村一块棉花地边发生的对话，时间是1983年4月6日。

这一天，太阳热烘烘的，天空飘着细密的尘雾，在春季爱起沙尘的和田，算是一个好天气。肉孜·杜拉贝和他媳妇阿衣古丽给自家的5亩棉花地播种、铺地膜，乡里的农业技术员和肉孜的两个弟弟来帮忙。地头有几卷60厘米宽的白色地膜，打开一卷，把地膜在地头铺开，铲土埋实，肉孜推着打开的地膜卷，顺着种下去的棉花行铺过去。阿衣古丽跟在后面，和技术员一起用手把着地膜铺开的边，让肉孜别铺偏了。两个弟弟各站一边，把地膜

152

铺平后，用铁锹铲土压膜边。一个人走路不会是一条直线，两只手用劲也不是完全一样。阿衣古丽只要看见地膜打褶了，就喊着让肉孜把地膜卷放平，拉紧，紧贴着地面滚动。为了把地膜铺好，几个人都弯着腰，第一趟铺过去，没有觉得累。第二趟铺过去，腰有些困了。第三趟铺过去，腰间像别了一根硬木头，骨头弯着不能伸直。热烘烘的阳光照下来，像蒸笼一样，几个人的衣服里面淌起了水，额头上的汗一滴一滴掉下去，砸在土里，都能起泡。终于铺完了，肉孜一屁股坐在地边上，嘴里嘟囔说："一个男人站得腰直直的，扛100公斤重的东西用的是劲，把腰弯下的时候，用的是骨头，劲使不出去，腰又困又痛，太累了。"

休息几分钟，几个人交换角色，有铺的，有把方向的，有铲土压边的，一趟一趟接着铺。技术员检查没有把地膜用土压严实的地方，风一吹扇动进来，他铲一铁锹土压上去，不能让铺好的地膜被大风刮飞了。一条一条薄薄长长的白色地膜，铺在播了种的棉花地里，远远看去，这块地真的像穿了薄薄亮亮的白色衣服。肉孜的比喻太形象了。路过的人们看着新鲜，不断地向这几个人提问。肉孜在大太阳下干得浑身大汗，听到那些小鸟一样或者石头一样飞过来的话，有些不耐烦，于是机智幽默地有问有答，说着，笑着，一定程度缓解了腰痛。铺地膜劳动最辛苦的是腰痛，一边劳动，一边风趣地调侃，连播带铺，三天的时间全部干完了。

几天前，和田地区的另一个县，墨玉县乌尔其乡铁热克博斯坦村的阿卜杜拉·阿克木也在棉花地里铺地膜，同样引来一些好奇的问话和调侃。他同样幽默地告诉人们，在给棉花地穿保暖保湿的白色漂亮薄衣服。维吾尔族擅长拟人化的语言，两个不同地方的人，同样把新出现的地膜说成白色地衣，是巧合也是顺理成章的事。无人提示，也没有事先的沟通，在很多人的嘴里，新出现的地膜被叫成了白色地衣。

这一年春天，新疆维吾尔自治区农业厅在和田召开全疆地膜植棉经验交流现场会，向植棉户宣传使用地膜的好处：增加地温，保湿保暖，抗风寒，压盐碱，防杂草，让棉花生长充分，产量可以增加一半以上。肉孜和阿衣古丽两口子都是初中毕业，喜欢学习新事物，参加了乡政府组织的地膜实用技术免费学习班。政府为了鼓励农民用地膜，还给一部分资金补贴，有技术人员做现场指导，教人们如何操作。这一年，和田地区各县都有一批植棉户自愿报名试用地膜，于田县的肉孜·杜拉贝和墨玉县的阿卜杜拉·阿克木是其中的两户。

每一次新事物的出现，总会引起人们的议论。这一次，人们看到从未见过的地膜。和田是新疆最早种植棉花的地方，早在古代的于阗王国时期就种棉花，试验过各种种棉花的方法。一年一年地种，一代一代地试验，两千多年过去了，总是一段时间种得好，一段时间又种不好，但基本的做法并没有太多改变。直到30多年前，棉花种子由过去的非洲棉换成了新引进的陆地棉，还推广了施肥、整地、选种、播种、田间管理的先进技术，每亩籽棉产量从30—40公斤，提高到100多公斤。之后的这些年，产量没有大的增加。

几十年前开始用的新方法，又成了习惯用的老方法，人们习惯于接受每亩百十来公斤的产量。有些偷懒的人，又开始在浇地时大水漫灌，田间管理丢掉了好几个环节。

20世纪60年代用上了种箱，里面放一个转盘，留有出口，棉种放进去，根据马、驴或人拉着行走的速度确定转速，通过摇晃撒落下去，调整密度，所播种子的数量比撒播有所减少，不过，掌握不好还是会有大量的浪费。用的种子多，出苗后需要间苗和定苗，既费种子，又增加人力。农民种植棉花，比其他的作物复杂，付出劳动多。按照技术人员的讲解，使用地膜种植，会有新的管理要求，还要再增加一些劳动。

产量能不能增加，是秋天才能知道的事情，多出来的劳动，现在就要做。有的人只顾眼前利益，不愿意提前付出增加的劳动。人穿衣服很容易，也不会觉得累。给地穿衣服，就凭两只手，地那么大，这样穿，那样穿，太累太麻烦。毕竟是第一次用地膜，有多少人就有多少个想法，有人积极，有人观望，有人反对。这是正常的。

这一年，和田地区种棉花的人，除了于田县的肉孜和墨玉县的阿卜杜拉，还有很大一批人自愿试用这个新方法，也有一些人等着看他们试用的结果。

第一年试用地膜，采用了先播种后覆膜和先覆膜后播种两种方式，肉孜选择先播种后覆膜，阿卜杜拉选择先铺膜后播种。于是阿卜杜拉铺膜早几天，肉孜铺膜晚几天。

肉孜和阿卜杜拉作为试点户，虽然在不同的县，但按照技术人员的要求，在铺膜之前，对棉田做了相同的准备。和田地区一般都是沙土地，他们两家的地土层较厚，深翻冬灌之后，做了平整。铺膜之前，浇了一次春水，撒了一层腐熟的牛羊厩肥，每亩撒了15公斤尿素，动犁翻耕。耕过的地里，把根茬和杂物捡干净，把土坷垃碎成粉末，耙平耱细，平坦、疏松、土碎、埂直、地面干净，耕种层的土壤上虚下实，底墒足，表墒好，达到了技术要求。一切就绪，准备播种。

他们整理土地的时候，种子已经做了处理：摊在太阳下面晒三天；温水浸泡后，湿堆一夜，拌六六六粉杀菌；加上腐熟的牛羊粪、过磷酸钙、草木灰和腐殖酸铵等一些肥料，黏团搓成颗粒，这是一种种子包衣的土办法。

4月4日，肉孜和阿衣古丽牵着自家的毛驴，架上木制播种机，开大排种口，按照深度3厘米，株距15厘米，每穴3—4粒棉种，用两天的时间播完种，每亩用量6公斤多一点，比前一年每亩节约了2公斤，又用三天铺了地膜。

肉孜一家铺完膜的第三天，等着种子发芽的时候，阿卜杜拉用一个铁制的鸭嘴器，在铺好的膜上，也按15厘米的株距，打出一个个直径4厘米的孔洞，破膜播种。播完种，在孔洞上覆土压膜，不能让风吹进去。

无论是先播种后覆膜，还是先覆膜后播种，种植棉花，都要不停地向土地弯腰。

种子播下去，出苗大概要到第七天之后。他们在这些天不是等着就行了，而是每天都要到棉花地里看一遍，看薄薄的白色地衣，棉花地穿着是不是合适，会不会被风掀起。世上的事情，总是那么巧，怕什么，偏偏就来什么。第五天的时候，刮起了大风。和田人对沙尘天早就习惯了，有人开玩笑说，空气里的沙尘是和田人肺里的药，一天不吸就不适应，咳嗽吐出的痰都没有分量。

新疆的三大盆地气象特殊，高山与盆地的落差，加上大沙漠的干燥与冷热交替，形成很大的气旋，导致每年都有的大风一旦刮起，横扫千里，树断屋塌，地里的嫩苗无法抵抗。一场风埋掉一个村子，毁掉几千上万亩田地，不是什么新鲜事。吐鲁番的大风刮翻过行驶的火车，这是人们都知道的。和田在塔里木盆地南部、青藏高原的脚下，很多故城埋在风沙之下。一场大风来了，肉孜、阿卜杜拉和其他所有铺了地膜的人家全部出动，迎着风暴跑到地里护地膜，发现一个地方被刮起，赶紧铲土埋压。与风沙战斗，这里的人不怯场。和田的棉花种植有很早的历史，提高产量很困难，主要原因之一是地理气候环境不好。人们心里不服气，就是要坚持，怎么都不愿意放弃努力。这一年的大风，好像看到了种棉人满怀希望的样子，留了一些情面，盘旋大半天之后，收住了坏脾气，走掉了。肉孜家地里由于阿衣古丽铺膜时盯得紧，压土严实，地膜被刮破了一些，第二天补上去，没有造成太多的损失。

因为地膜的保温作用，到了第七天，薄薄的地膜下面，有棉芽顶着两片子叶冒了出来。这时，没有用地膜露天播种的人家，种子才刚刚入土。地温达到11—12摄氏度，肉孜家的棉花早几天出苗，还避过春季终霜的冻害。三天之后，肉孜和阿衣古丽高兴地看见膜下面的小苗，10个地方有七八个出来了，大部分棉苗的子叶从嫩黄变成了绿色。技术人员也来地里看了，他们说要准备放苗了。地膜下面的小苗怎样放，有一套规矩。放绿苗不放黄苗，放大苗不放小苗，阴天全天放，晴天早晚放，避免中午放（怕苗被太阳晒坏），大风降温的天气要停止放。技术人员要求人们在时机合适时，分几次放苗。放早了，黄苗经不起风吹日晒；放晚了，阳光透过地膜形成的高温会烫伤棉苗，或者棉苗被地膜压弯。

从第十天开始，肉孜和阿衣古丽在膜上打孔放苗。他们用了与阿卜杜拉一样的铁制鸭嘴器，在苗顶的膜上打出4厘米的出苗孔。放完一遍用了两天，回头看时，棉苗出全了，之前的小苗长绿了，于是第二次放苗。棉苗出孔后，再弯一次腰，用土把出苗的洞口封埋上，防止土壤中的水分散失，也防止大风吹进洞口把地膜揭起来。两遍放苗，一次封口，他们又向土地弯了三遍腰。

阿卜杜拉家的棉田，因为是先覆膜后播种，棉花出苗后，不需要放苗，就能适应地表的环境，棉苗比较健壮。但是，打洞点播时用了较多的人工，播种的深浅和播后盖土的量掌握不完全一致，所以出苗不太整齐。

肉孜和阿衣古丽放苗的时候，看到有缺苗就从别处移栽补齐。没有用地膜的时候，要先间苗再定苗，一般在子叶期第一次间苗，长出两片真叶时第二次间苗，间苗之后，等长到三片真叶时定苗。今年用了地膜，不再单独间苗，等长出2—3片真叶时，间苗定苗一次完成，每亩留苗7000多株。定苗之后，浇一次水，水干后做一次松土锄草的中耕。这一年的浇水与往年不同，过去是沟灌或畦灌，这一年改为细流浸润灌，浇水伴施肥，棉株长得矮壮敦实。一年下来，浇了5次水，中耕5次，追肥3次。

7月，到了盛花期，棉株长势旺盛，一天会长2厘米，这时要控制生长。两口子忙着整枝打杈，"脱裤腿"，去支芽，打油条，打老叶，掐边心，摘顶尖，做这么多的事情实在来不及。技术人员教他们只打整株的顶心和掐枝条的边心。

整枝完成后，还有一件事情要做。此时，地膜覆盖没有了增温效果，两口子一行一行揭掉地膜，把棉花地穿了四个月的"衣服"全部脱掉，方便施肥和中耕培土。

到了采摘期，因为棉花生长充分，棉桃饱满，棉絮又白又长，他们一遍一遍在地里拾花，又弯了几遍腰。每弯一遍都会痛，收获多，等级高，卖钱多，就算腰痛也是值得的。

这一年，肉孜家的棉花亩产籽棉166公斤，阿卜杜拉家的亩产164公斤，两家亩产都增加了60多公斤。肉孜和阿衣古丽算了一笔账，这一年种棉花，他们向土地弯了十几遍腰。肉孜想，要是少弯腰，甚至不弯腰，还能得到好收成，那该多好呀！

从古到今，种棉拾花总要不停地弯腰，过去农民给地主弯腰，给当官的弯腰，种出来的棉花要交租，要纳税，大部分不属于自己。到了他们这一代，过去十几年种棉花，是集体劳动，地是生产队的，种出来的棉花归集体，自己只管干活，不需要多操心。

国家实行改革开放，把土地承包给个人。肉孜和阿衣古丽在自己家的地里种棉花。每做一个工序要弯一轮腰，铺一次地膜，打一遍孔，要弯几千次腰，种五亩地，一年要弯多少次腰？几万次，十几万次？到底多少次，他们没有算，也无法计算。这一年，他们再苦再累也高兴。肉孜说，给自己家的土地多弯腰，能多收很多棉花，为什么不愿意呢？

没有用地膜的种棉户，看到肉孜家的、阿卜杜拉家的和其他所有用地膜人家的收成多了那么多，又有一批人家准备用地膜。秋天开始做准备，预定下一年要用的地膜。政府不给补贴了，自己花钱也愿意。就像赶时尚，心里愿意了，再看那白色地衣，薄薄的，亮亮的，怎么看怎么漂亮。当然，世界上总有一些固执的人，还在坚持老办法，这些人要用更长的时间，才会改变老主意。

和田地区种植棉花的历史有两千多年，种植技术发展缓慢。地膜的使用像一场没有风沙的清凉的风，带着一时不好理解的魔力。同样一亩地，一用地膜就能增产一半还多。有人说这是一次历史性的变革，因为增收效果明显，推广的速度特别快。

有人不理解，问技术人员，这样的好东西、好技术，过去为什么没有呢？这就引出了一个新问题，新疆是怎样引进地膜的？

普遍推广又起于何时何地呢?

<br>

## 二

<br>

有一个小女孩,在石河子炮台镇最早的地窝子里长大。小时候看爸爸和叔叔们开荒,秋天去棉花地里捡棉花。30年之后,她成为大学教授,回到炮台镇的农田里,搞新疆植棉的第一次技术革命。这不是传奇,也不是巧合,而是一种赓续传承。

她是谁?有着怎样的人生故事呢?

这个女孩叫李蒙春,父亲籍贯江西,是一位转战南北的军人。她1941年生于内蒙古,随部队到了新疆。1950年,他们成为炮台镇的第一批新居民,军垦团场就是她的家乡。

在那个白手起家、开荒造田的火热年代,八九岁的女孩子已经是一个小大人。上学之外,她要帮助父母照顾几个妹妹,到新开垦的农田里干一些力所能及的活。秋天捡棉花,是孩子们放假后必须做的一件事。刘学佛在炮台镇创下全国棉花亩产新纪录,这件事尽人皆知,她就是这个团场的孩子,特别自豪。当然,她也经历了棉花种植的辛苦和每年都会发生的自然灾害。北疆的春天来得晚,升温慢,刚刚播种的棉田,突遭大风;刚刚出苗,遇上倒春寒带来的冰冻,天气好转后,要补种添苗;夏天遇到下冰雹,天晴后一株一株去扶倒伏的棉苗;秋天早霜降临,经历七灾八难的棉铃要么开成霜后花,要么还是青桃。产量丰一年,歉一年,亩产籽棉平均达到200多公斤之后,再难有新的提升。团场有军队作风,最大的特点是不向自然灾害低头。环境造就人生,李蒙春的青春脉搏里,就是涌动着这样的血液。

1960年，李蒙春高中毕业参加高考，学校动员她报师范，父亲希望她学医，她选择了学农。考入成立不久的兵团农学院（现石河子大学的前身之一）农学专业，学业优秀，毕业后留校任教。作为第一批科班出身又没有离开团场生产的大学生，在20世纪六七十年代的特殊时期，虽然有10多年的时间离开农学院，从事了别的工作，却没有割断对棉花种植的关注与思考。

1978年，她回到农学院棉花研究室工作，第二年被派到江苏农学院进修一年，主攻棉花基因研究和育苗移栽。玛纳斯河流域的棉花种植，在20世纪50年代迈上一个台阶后发展缓慢，种植水平较低。李蒙春到了中国当时棉花种植水平最高的地方，向一线专家学习。她已经是两个孩子的母亲，身高1.55米，瘦小精干，却像一只浓缩的高级音箱，讲话声音洪亮，学习劲头惊人，不断冒出一些大胆的想法。她认为育苗移栽不适宜新疆干旱环境下的大面积种植，霜冻和盐碱是压制新疆农业丰产的"硬壳"，必须寻求破解之法。改革开放打破了思想禁锢的壳，中国迸发出了地壳开裂、熔岩喷薄似的活力。石河子有兵团农学院、农八师农科所和良种繁育场等几家与生产团场紧密相连的研究和实验机构，积聚起了冲击"硬壳"的力量，实现棉花丰产成为一个新的重要目标。

那么，撬动"硬壳"的支点在哪里？如果找到支点，又从哪里撬开第一条缝隙呢？

李蒙春从江苏进修回来，成为搬动撬杠的主要成员之一，研究的主攻内容是如何实现棉花丰产。科研没有捷径可走，要找对方向，还要有足够的耐心和韧劲。她和研究团队的成员们反复讨论，没有更好的办法，只有从棉花的植物习性、玛纳斯河流域的气候环境这两个方面的细微特征去研究，从中寻求破解的方法。

棉花原本是热带和亚热带地区的多年生喜热小乔木，经过长期的驯化培育，逐渐向温带的干旱地区引种，成为一年生亚木本作物。生长环境发生了改变，但是，它的基本习性没有消除，那就是在水、肥、光、热适宜的条件下，可以无限生长、开花和结桃。人类想得到更多更好的棉花，可以不断培育，激发它最好的生长潜能；也可以通过人为干预，限制它的生长。棉花可催发，也可抑制，这也是它的植物特性。李蒙春和同事们讨论，依照其生长特性，在新疆独特的气候条件下，能不能通过人为干预，让棉花的生长与自然能量的变化规律实现完全吻合呢？

这是一个大胆的设想，研究者经过长期的思考，灵感爆发，突然想到这个思路，一经提出，就让人怦然心动。

可是，这也未免太异想天开了吧？

俗话说：人算不如天算。这个"算"可以理解为"预测"。人对天的预测都难，怎么可以做到控制，让天遂人愿呢？即使有一根孙悟空的如意金箍棒，也不见得能够做到。然而，科学发展的很多重大成果，正是源起于某个灵光乍现的假设。既然有了设想，即使不能实现，也不妨做一番探索。

李蒙春和同事们翻开日历算时间，找出气象与水文资料，梳理一番，对照分析，竟然发现日常没有太在意的点。在玛纳斯河流域的棉花种植区，热量最集中的时间是6月、7月、8月的92天，这92天，太阳的辐射量占全年的三分之一以上，平均气温25—28摄氏度；这个季节，雪水融化补给河流，用于灌溉的水源稳定；光、热、水三种资源同为高峰，同步合拍。这是一个归纳，算不上新的发现，却让研究者们兴奋激动，研究者们就此展开新的想象，提出了进一步假设。

假如在这92天之内，棉花能完成从现蕾、开花、坐铃、成桃的全过程，充分吸收光热资源，还能在秋霜之前吐絮开花，产量和品质不就能得到充分的保证了吗？

思考一步一步深入，推理一步一步递进，答案一点一点浮现。在这92天里，浇水施肥的优化可以做到，可是夏天的大太阳就在天上，棉花能吸收多少光和热，完全是自然现象，难道还能人工干预吗？这似乎又是一个无解的难题。

理论推演得不到答案，只有到棉花地里去观察，难题才有可能得到破解。李蒙春和同事们到炮台镇一二一团的棉田里观察光照和热量在每一天每一时刻的变化情况，做了详细的记录。

7月的第一周，早晨的日出时间是6时31分15秒，晚上的日落时间是21时55分29秒。这一周的太阳太毒了，每天一早一晚之外的时间，田野里不会有人。可是，在一二一团的棉花地里，有几个人整天顶着大太阳，人们不知道他们在忙活些什么。这几个人就是李蒙春和几位男同事。她和男人们穿着一样的衣服，皮肤黢黑，根本看不出女人的模样。几个人进到棉花地里，观察记录阳光照进棉田的角度和阴影，每一时刻做一次变化比较，记录下来，以此计算热量的聚焦和变化。阳光热烈，大地水分蒸发，中午时分，气温超过40摄氏度。整个田野里，除了他们几人，哪里还有什么活物？连树上的蝉鸣都偃旗息鼓。普通人都在家里避暑，家禽家畜躲在阴凉下不肯挪动一步。李蒙春他们几个人头戴草帽，身穿防晒伤的长衣长裤，在棉花地里经受着炼狱般的炙烤和蒸腾，头晕眼花，衣服全湿。连续观察一周，几个人全都中暑病倒了。不过，他们的付出得到了回报，心里很高兴。

当时，种植的棉花高度在1米左右，观察发现，这样的高度，由于枝叶的遮挡，即便是最热的天气，在光照最强的时间，阳光也不能从上到下全部照透。怎样才能让阳光把棉株照透呢？他们现场试验，用剪刀把棉苗剪矮，让高度一点一点往下降。降到高度60厘米时，光照达到了最理想的效果。

观察与实验得出一个结论，让棉苗矮化。植株变矮，枝叶的阴影减少，整株棉花可以最大程度地吸收光热能量。在同样面积的空间里，植株矮化后，可以适当增加株数，让更多的棉苗同时吸收光与热，热量资源得到充分利用，不仅弥补了变矮减少的铃数，植株增加，还提高了单位面积的总棉铃数。

如此一来，他们找到了一个目标：控制棉花植株的高度和株型，使之形成高光效的群体结构，从而实现早熟、丰产和优质。这个目标被概括为"植株矮化"。

"矮"的目标出来了，如何实现不是太难的问题：可以提早掐心打顶，喷施矮壮素，还有一种在国外已经使用成熟的化学药剂"缩节胺"，可以抑制植株的生长。几种措施配合使用，可以把棉苗控制到想要的高度，达到理想的效果。

"矮"的同时，伴随了一个"密"字。矮化之后，增加多少植株最合理呢？有了目标，就能攻克，研究者们经过测算和试验，得出了想要的数据：种植密度可以增加到每亩8000—9000株，最大的密度允许达到15000株。

下一个问题，如何科学安排播种时间，让棉苗的生长与每年春天的末霜打好时间差，扬长避短，既能躲过倒春寒带来的霜冻，又能提早完成营养生长，让棉花生殖生长的时间恰好对应到6月、7月、8月，与光、热、水的高能季节同步。

这个问题，向研究人员提出了一个"早"字。三个字结合在一起，形成了"矮、密、早"的技术思路。可是早除草、早定苗、早施肥，通过合理安排都能实现，最关键的"早"——早播种如何实现呢？这个"早"不能解决，整套技术思路就有先天性缺陷，实际效果会大打折扣。

按照已有的经验，在春天，地面5厘米深的土壤，在温度连续三天达到12摄氏度时可以播种。北疆的春天土壤升温慢，气候不稳定，每年都有一定的变数，风寒、霜寒都对播种不利。

早播种的问题如何解决呢？总不能在棉田下面架火烧吧。

这时，石河子与全国科研一线密切联系的触角发挥了作用。一种新的物资，给这个千古难题提供了解决方案，它就是地膜。

新疆人从未见过的地膜怎么会突然出现，来自哪里呢？

追溯历史，地膜诞生于20世纪50年代，日本人最早把地膜应用到农业生产。薄薄的一层地膜，一经出现，人们就发现了它的强大功能，可以在很大程度上改变农作物的生长环境，延长生长时间，改变农业的种植模式。有了地膜的保护，一些原本在高寒地区不能种植，即使种植也效益不高的作物，可以实现良好生长。

1978年，时任农业部副部长朱荣访问日本，参观当地的农业种植，看到了地膜在农业中的应用，产生了革命性效果。访问结束回国时，他从日本带回了第一卷地膜，由此开始了地膜覆盖技术在中国的推广。日本友人石本正一，在推广应用中发挥了重要作用。

1925年，石本正一生于中国大连，17岁回到日本，成为农学博士。因为与中国的渊源和感情，他长期为中国推广地膜覆盖，无偿提供设施、地膜和技术，投入大量资金，派专业人员来中国指导，推广的范围覆盖到30个省（自治区、直辖市）。1982年，中国的地膜农业种植面积超过日本，成为世界第一。他在宁夏主持的北方"黄土沙漠综合节水灌溉技术研究开发项目"，对新疆绿洲农业的地膜应用和节水灌溉具有直接的启发作用。

1980年，农业部给了新疆第一批地膜，这批地膜被送到了石河子。正在研究早播种的研究人员，得到地膜和相应的使用技术，不亚于在光线昏暗的地窝子开了一扇全景窗，心里顿时亮堂起来。第一次试用选在炮台镇的一二一团，在这个棉花种植最好的团场，选出理想的地块，试验地膜覆盖棉花种植技术。这在新疆是第一次，当年实际播种面积为76亩。

这一年，从开春到秋后，李蒙春瘦小的身影，经常出现在留有她青春岁月的炮台镇。她穿着和农工一样的衣服，背一个大水壶，提一个兜子，里面装有馒头咸菜。一位大学女教授，外表看起来与普通农工没有什么区别，不同的是手拿一个笔记本，不时在上面写写画画。她将地膜对土壤温度的作用和影响棉花生长发育的情况，记在本子上，总结出地膜促进棉花增产的依据，将其归纳为四个方面：

第一，提高了土壤的温度。第一次覆膜播种，时间从以往的4月15日前后，提前到4月8日。播种的那天，阳光灿烂，地边上柳树发芽，杏树开花，一切都是好兆头。好天气加上好景色，李蒙春心里格外高兴。她从那一天开始，实际测得从播种到出苗，地温提高了3—5摄氏度。播种后的第七天，膜内出苗，两片子叶出土就肥嘟嘟的，比露地种植壮实。棉苗10天出齐，又过了一天，基本上由黄变绿。放苗完成后，第一阶段得出喜人的结论：地膜植棉实现了一次性全苗和壮苗。

霜前播种，霜后出苗和放苗，一层薄薄的地膜帮助人们实现了早播种。让棉籽在地膜的保护下，早发芽，早出苗，如同一个完美的侧身，躲过了春霜的冻害。

李蒙春继续测量记录，地温从出苗到现蕾这个时期，合计增加了108摄氏度，使棉花的生长速度加快，生育进程提早了18天。现蕾时间早，延长了有效结铃的时间，热量吸收大为增加。

第二，保墒提墒，稳定了土壤中的水分。实际测量得出，距离地表5—20厘米的土壤含水量，相比露地植棉，出苗期高出4%，现蕾期高出5%，初花期高出5%。70厘米以下的土壤，水分含量低于露地棉田，说明覆膜之后，土壤深层的水分上移，起到了提墒的作用。还有一个成效是，覆膜之后，土壤中的水分变化幅度小，基本保持稳定，有利于棉花根系的吸收，促进了生长发育。

第三，改善了土壤的理化性质。覆膜保护土壤减少风蚀和水蚀，土壤不板结，状态疏松，有利于棉花根系的发育。

第四，优化了土壤的养分。覆膜之后，地温升高，水分适宜，通气良好，这样的环境，有利于土壤中微生物的活动，提高了有效养分的含量。

棉花的地上部分和地下部分是一个整体。除了上述四个方面的作用，李蒙春还发现，地温提高后，棉花根系的生理活性得到强化，传导到地上部分，可以加速地上部分的生长发育。就像一个人，脚暖了，全身舒坦，活动能力就会增强。这个热效应与棉花的喜温特性相吻合，从而可以挖掘出种质遗传的增产潜力。地温提高，产生了对气温的补偿效应，这便是地膜使棉花增产的能量机制。

一项新技术产生了，如果想得到快速推广，必须让植棉人看到实实在在的效果。这一年，一二一团的76亩地膜棉花试验田，平均亩产籽棉450公斤。棉花的铃数增加，单铃加重，纤维长度增加1毫米左右，纤维强度明显提高。产量增加，质量提高，实际效果远远超出了李蒙春等人的预期。

这样的试验成果，完善了"矮、密、早"的技术模式，在其之上增加了一个"膜"字，成为"矮、密、早、膜"。经过科学评估，这被新疆植棉界定性为棉花种植史上的第一次技术革命。

1981年，地膜植棉从玛纳斯河流域向西扩展到奎屯河流域，农垦团场的种植面积达到2万亩，籽棉亩产平均超过260公斤，具备了向全疆推广的价值。

1982年，地膜植棉扩大到农垦团场中所有的植棉区，自治区农业厅在全疆选择了24个植棉点试验种植，均获明显增产。

1983年，农业厅在和田召开地膜植棉现场经验交流会，正式向全疆大面积推广。连续三年记录数据表明，71个地膜植棉点的实际增长值超过以往任何生产技术的改变，证明"矮、密、早、膜"种植模式，确实是一项革命性的技术进步。

数据保留在农业部门的档案中：地膜植棉使北疆平均增产61.8%，南疆平均增产44%，东疆平均增产12.4%，盐碱地平均增产69.5%。棉花品级平均提高0.5级，单纤维强力提高0.2克，成熟度系数提高0.1—0.2，霜前花增加了15%—20%。经过三年的时间，新疆棉花的产量和品质，发生了一次惊人飞跃。

于田县第一次种植地膜棉花的肉孜和阿衣古丽，为棉花多弯了很多次腰。他们揉搓着困痛的腰部，心里默默想着，怎样才能少弯几次腰时，并不知道，已经有人解决了这个问题，制造出了代替人工铺地膜的机器，只是还没有普及到于田县。

1982年，在北疆的奎屯农七师一三〇团机械厂，有一位叫陈学庚的天才发明家，用一些简单的工具和设备，制造出了新疆的第一代铺膜播种机。用这台机器联合作业，覆膜，在膜上穴播，多道程序可以一次完成。用这种机器，一次能铺三条地膜，覆盖12行。作业一天，顶300个人干活。省人工、省种子、省地膜，标准整齐，避免了人工操作出现的不规范。

陈学庚的发明产生了连锁反应。此后三年，阿克苏的兵团农一师、喀什的兵团农三师、石河子的兵团农八师，加上奎屯他本人所在的兵团农七师，有10多个团场先后研制出12种型号的联合铺膜播种机。播种机分为地膜下条播和地膜上穴播两种模式，能一次性完成整地、铺膜、打孔、播种、覆土的多功能机械作业。

联合铺膜播种机发明之前，只能依靠人工，一人一天铺不了半亩地。这种机器由拖拉机牵引，一天轻轻松松铺膜播种一百多亩。

这又是一项革命性的好技术。联合铺膜播种机操作简便，价格不高，解放劳动力，提高了生产效率，几年之内在南北疆大面积普及，为全疆推广"矮、密、早、膜"种植技术模式铺平了道路。

1960—1970年，新疆的棉花种植面积徘徊在199.5万至270万亩之间。土地不平整，大水漫灌，化肥用量少，主栽品种是从苏联引进的生长期偏长类型。霜后花多，品质不高。种植密度为每亩4000—5000株，籽棉平均亩产在80—120公斤之间，占全国总产量不足3%。

"矮、密、早、膜"种植技术模式推广之后，种植规模和产量同时跃上新台阶。1985年，全疆种植面积380.25万亩，是1980年的139.9%，占全国种植面积的4.93%；皮棉总产量18.78

万吨，是 1980 年的 237.12％，占全国总产量的 4.54％。同一时期，全国的棉花产量也在快速增加。

1982 年，中国实现了棉花的产供需平衡，结束了长期缺棉的历史；1983 年自给有余；1984 年由棉花进口国转变为出口国。

地膜植棉技术试验成功后，李蒙春的研究并没有停止。她把两个上小学的孩子放在家里，自己经常去炮台镇的种植连队蹲点。连续跟踪三年，她取得了大量的第一手资料，她的研究成果"地膜植棉新技术大面积推广应用"获新疆兵团科技进步特等奖。她承担的国家科技攻关项目"棉花大面积高产综合配套技术研究开发与示范"，经过五年攻关，同时获得新疆维吾尔自治区科技进步奖一等奖和新疆兵团科技进步奖一等奖。她与其他科研人员共同合作，在"矮、密、早、膜"种植技术模式的基础上，继续创新，形成并完善了"宽膜、高密度、优质、高产高效"综合配套植棉技术。地膜的宽度普遍由 60 厘米增加到 145 厘米，最宽达到 160 厘米。地膜上穴播取代了地膜下条播，免除了放苗等一些劳动工序，效率实现新的提高。

20 世纪 90 年代初，覆膜机更新换代，关键技术节点一一突破，新疆的地膜植棉应用技术趋于完善。奎屯的兵团农七师试验宽膜植棉技术，好的地块长度超过 1000 米，超宽膜覆盖，籽棉平均亩产 330 多公斤，比第一代地膜植棉增产 30％。阿克苏的农一师，超宽膜高密度植棉，种植密度每亩 11000—13000 株。石河子的农八师，李蒙春研究团队在"矮、密、早、膜"种植技术模式的基础上，研究以早发、早熟为目标的全过程化学调控技术保障，塑造"矮个体、匀群体"的群体结构。

新技术推动新疆棉花再上新台阶。1995 年，全疆种植面积达

1114.35万亩，皮棉总产量93.5万吨，占全国的比重分别上升到13.7%和19.61%。籽棉平均亩产达到170—230公斤的中产水平，呈继续上升的趋势。

20世纪90年代后期，宽膜植棉种植密度增加到每亩1.5万至1.8万株。根据新疆的气候特点，7月10日打顶结束，确保顶部棉铃充分成熟，霜前花率继续增加。及时打顶，将单株棉花的果枝数控制在7—8台，每亩果枝数11万至14万台，每台果枝一个棉桃，每亩籽棉的理论产量达到470公斤以上。

1999年，全疆高密度矮化宽膜覆盖植棉面积838.5万亩，占种植总面积的98.7%。籽棉平均亩产240公斤，居全国各省（自治区、直辖市）之首。

这样的进步，让新疆人自豪，也应当感到满足。然而，一些研究者与植棉人还在思考，还有什么办法让产量和品质再上一个台阶呢？

籽棉亩产240公斤是平均数，拉一条中间线会看到，高产田的亩产达到400公斤以上，低产田还在100公斤左右徘徊。大量低产田的存在，与土壤、水分等自然条件有关，与种植者的技术水平和劳动付出关系更大。假如改变物质条件，是否能让技能不高的劳动者也可以获得较高的产量呢？换言之，能否通过创造高技术的条件支撑，让普通的劳动者"变速增效"？就像泥土路变成柏油路，汽车行驶速度快，拖拉机的速度也能提高。

这个设想固然好，可是落脚点又在哪里呢？

# 三

　　如果把山系比作大地的骨骼，河流比作大地的血脉，有人就想，能不能让河流像人的血脉，在动脉输出、静脉回流的过程中，通过毛细血管，把每一滴水直接输入每一株棉苗的根部，以最恰当的量润泽棉花的根须，最节约最有效地实现能量转换，还能避免从地面流淌的水蒸发和渗漏。既实现了丰产，又能节约大量的水，让毛细血管延长，扩大棉花的种植面积，还能像血液回流一样，保持良好的生态循环。

　　这样充满理想的神奇想象，是来自浪漫的诗人，还是来自棉花从业人呢？回答这个问题，不用绕什么弯子，当然是研究棉花种植的人。在新疆这样辽阔多彩又有极端气候的环境下，很多人具有理想和浪漫的基因，种棉花的人有诗意的浪漫不足为奇，可是，他们是基于怎样的条件提出这样的设想？怎样才能付诸现实？难道会研发出一种精准的灌溉技术模式吗？

　　且看这样的灵感来自哪里？怎样形成一种技术思路呢？

　　喀喇昆仑山里流出来的喀拉喀什河，时窄时宽，时急时缓。宽缓处散成一绺绺发辫似的细流，靠近岸边的一绺，像一条小河靠岸分流，顺着自然落差，流到3公里之外的一个村子里，分解成几条小渠，弯弯曲曲，从每家每户门前流过，浇了菜地，浇了杏树，又转出去浇了一大片棉花地。这是墨玉县一个叫普基亚的村子。仔细观察后发现，这条小河原本不是河，是一条人工引水渠，开于岸边，让分出来的一绺河水自流成溪去完成浇灌。这是一条巧妙的老水渠，什么时间修的，村里没有人能说上来，都说小的时候就是这个样子。村子在一个台地下面，台地上面有一座"普基亚城堡"，据说有一千多年的历史。有人猜想，这条水渠可能是古堡里曾经居住的人在一千多年前建的。喀拉喀什河一路流淌，一路分解，与玉龙喀什河汇合成为和田河，作为塔里木河的支流水系，大部分的水被一个个村镇、一块块田地分解走了。加上阳光蒸发，只有少部分河水在夏天的洪水季节才能流入塔里木河。

火洲吐鲁番的一条条坎儿井，长几公里、十几公里、几十公里。每一道坎儿井，从天山脚下的含水层，通过暗渠把水引到一个红色山谷或一片红土平原的村庄，供人畜饮用，浇灌棉花、小麦、瓜果和蔬菜。

喀拉喀什河边的水渠和吐鲁番的坎儿井，都是古老的灌溉工程。水量有大有小，但只能像动脉和静脉一样流淌，没有分解为延伸到皮肤和神经末梢的毛细血管。这些工程的浇灌，使大地的皮肤，有的地方得到漫灌，更多的地方"闻"不到水的湿气。

新疆的绿洲农业全靠灌溉，土地辽阔，给人以开垦不完的错觉，导致水资源严重短缺，而且时空分配不均。春旱、夏洪、秋减、冬枯。为了解决农业种植和生活用水，世世代代，人们修起大大小小的水坝、纵横阡陌的水渠，一个地方用水多了，造成别的地方没有水用，甚至严重到水系失衡，河水断流。用水的矛盾总是没有好的解决方案。棉花生产需要大量的水，过去用漫灌、沟灌。地膜使用后，在同样光、热、水资源的条件下，产量跃上了新台阶。光和热的能量得到充分的吸收和转换，浇水则隔着地膜，棉花根系吸收了一部分，还有一大部分流来又流走，高温蒸发，循环渗漏，消耗量大，利用效率不高。

如何提高水的利用率，让每一滴水直接作用到棉花的根部，而不是在流动过程中被大量蒸发和渗漏呢？解决这个问题，似乎是不切实际的幻想。人能使出怎样的魔法，让高山冰川融化的雪水流到绿洲后，实现定量分配，多少滴分配给棉花，多少滴分配给其他作物，多少滴用于人畜生活，多少滴留着，以保持生态平衡？这样的设想，可以画成一幅幅科幻式的图画，但怎么才能变成现实呢？

然而，人们就是在这样的异想天开中产生了灵感，有人敢想敢干，一往无前地投入试验。而且，这种试验从地膜试用的初期就开始了。他们从古今中外寻找依据，迫切希望把想象的蓝图付诸实践，寻找着各种变为现实的可能性。

最早试验的地方不是别处，还是石河子农八师的棉花种植团场。这里聚集了一大批激情澎湃又善于创新的农业科技人才，有清华大学毕业的水利专家、棉花种植机械的发明家、作物栽培的学术带头人、棉花种植研究的专业团队，还有经验丰富的团场种植者。他们身居中国最西北的绿洲小城，目光却如新疆炽热的阳光，热切地接收着全世界农业技术的最新信息，不断提出大胆超前的设想。

这一次的设想，聚焦于棉花的膜下滴灌技术。试验实践的地方，还是选择在炮台镇的一二一团。那里的农工长着平常又不平凡的手，擅长试验新技术，一次又一次创造奇迹。

棉花种植膜下滴灌，就是让水通过预置于地膜下面的管道，精准地滴在棉花的根部。这样的技术如果实现，不仅是一个种植奇迹，还是节水技术的革命性进步，能够改变干旱绿洲地区的用水生态。如此诱人的目标，那些聪明又肯奉献的研究者怎么会不去追求呢？

随着农业种植面积的扩大，新疆水资源的有限性与棉花产量提高之间的矛盾日渐突出。于是，在地膜植棉技术推广之时，科研人员和水利部门的节水专家们开始寻求创新之路。石河子滴灌技术超前，可以站在全国的第一梯队。滴灌是全世界最先进的节水技术，刚刚在部分国家投入使用，就进入了石河子研究者的视野中。

19世纪60年代，世界上最早的滴灌技术产生于德国。20世纪二三十年代，苏联、法国、美国开始研究规模化应用。第二次世界大战结束后，塑料工业有了新的发展，可以制造出廉价、可弯曲、能打孔、易连接的塑料管。20世纪50年代末，以色列突破了滴灌系统的关键技术，研究制造出一种长流道滴头，可以直接滴灌到作物的根部土壤，到20世纪60年代发展为重要的灌溉方式，主要用于设施农业。20世纪70年代以来，滴灌技术在部分国家快速发展。

1974年，石河子的科技人员研究了墨西哥的滴灌技术。1980年，地膜棉花种植试验刚刚开始，农八师水利局会同石河子农学院和新疆农垦科学院，共同筹集资金，从以色列购买灌溉材料，在一二一团搞滴灌试验，而后扩大到一四三团。

传统的浇灌方式，无论河水还是井水，从水源引入渠道，分流到每一块田地，开闸放水，浇水人看着水情，等一块地里浇透了，关闭闸口，引入下一块。现代设施农业，比如蔬菜大棚的滴灌，改变了直接引水浇灌的方式，但距离较短，容易实现。搞棉花种植的大田滴灌，河水或井水经过净化处理后，要用水泵输入埋入地下的管道，通过主干管流到田地，用分干管覆盖一定面积的地块，再用支管和毛管一次次分流，最后滴入棉花根部的土壤。

具体到每一个环节，如水源的净化，可以在渠首采用砂石加过滤网，也可以建沉沙池，经过净化后用水泵输入主干管。主干管采用直径较大的PVC塑料管，埋至耕犁不会触及的深度。分干管和支管采用直径较小的塑料管，与主干管连接，引入浇灌的地块。地埋支管横向穿过棉田，每隔一段距离，开口连接竖管，安装阀门与地面支管连接附管，附管按照棉花的行距，开出小口，用三通连接毛管。毛管是一条条滴灌带，事先铺设于地膜内，再通过滴头将水滴出渗入棉花根部的土壤。这样一套迷宫式的滴灌系统，从水泵抽水到送入支管，都要用地下输送的模式完成。所有管道的制作、管道之间的连接，存在着很多的技术难点。至于从支管到附管、毛管、滴头部分的材料、配件与连接方式，技术难度则更大。人们把滴灌比作人体的血液系统，但不能同比例放大，而是要制成像血液系统一样精密的输送模式。

试验始于1980年，持续到1987年。超前试验，最大的拦路虎是国内没有成套器件的生产，所有的关键材料依靠进口。管件不配套，安装连接存在瑕疵，管网漏水，滴头堵塞，这些技术节点无法突破。还有一个更大的问题，因为国内不能生产，采用进口材料造价太高，后续资金短缺。种种问题得不到解决，试验只得中断。七年的时间，取得了一定的成效，但没有转化为应用于大田的实际成果。失败了吗？非也！

试验中断是遗憾的，但不等于失败，这只是成功路上的一个阶段性环节。中断不等于终止，经过试验，研究者看到了滴灌技术在绿洲农业中的应用前景。他们停下来，将试验资料暂时保存，留作再次启动的伏笔，犹如蛰伏在起跑线上的勇士，只等条件具备，就会再次起跑，聚积起足够的力量，冲锋式加速前进。

时间到了20世纪90年代，世界滴灌技术开始规模化应用于大田作物，石河子的研究者关注到了这个变化。1994年，清华大学水利系毕业的顾烈烽担任兵团水利局局长。1965年来到新疆，近30年的时间里，他主持修建了大量的水库和水利工程。在长期的实践中，他清晰地认识到，规模化的绿洲农业必须解决生产、生态与节水的关系，于是，他一直专注于节水灌溉的研究，自然也关注到了世界滴灌技术的新进展，决定支持石河子农八师再次启动大田应用的试验研究。

1996年，兵团水利局拨付专项资金予以支持，农八师水利局会同新疆农垦科学院农业机械研究所、石河子大学（1996年由几所学院合并成立）等单位，依然引进以色列的滴灌技术和材料，将滴灌与地膜覆盖相结合，探索膜下滴灌技术。

试验仍然在一二一团进行。有了之前的经验，研究人员出于谨慎，选择了一块弃耕的次生盐渍化土地，面积25.05亩。开春铺设好滴灌系统，经过一年的精心管理，没有出现纰漏，这一次的滴水浇灌比较顺利，各项技术环节应用成功。到了秋天，实现亩产籽棉240公斤，产量达到了预期的目标。

这次试验成功，是国内棉花种植的第一次，滴灌带与滴头置于膜下滴灌，实现了综合配套技术的关键性突破。可是20多亩的面积能代表大田应用的成功吗？新疆的棉田，动辄几百上千亩，这样小块的棉田，不需要长距离引水，也没有相应的压力考验，只是一个有局限性的成功事例。

1997年，农八师扩大了试验面积，选择了3个团场，面积增加后，依然实现了预定的目标，验证了大田棉花膜下滴灌技术的成功。可是有了这样的结果，技术依然无法实现大面积的应用，还有一个巨大的拦路虎是，从以色列进口的滴灌器材，平均每亩费用高达2500元，昂贵的成本根本不具备大田推广的经济价值。

这又该如何解决呢？

期盼多年的滴灌技术试验成功，目标当然是大面积使用，创造更大的价值。水利部门和种植农场都想投入，人们站在改变灌溉历史的盛宴门口，却不能进入，怎样才能迈过脚下的羁绊呢？

此时，问题的关键集中于材料器材的规模化低成本制造，出路只有一条，就是国产化，最好是新疆的本土企业能规模化生产滴灌材料。农业的问题倒推成为工业问题，哪家企业可以承担？如何解决？需要多长时间才能实现呢？

不得不说，兵团创造奇迹的能力非同一般。农场的人能在土地里创造奇迹，工厂的生产者也能在厂房里创造奇迹。早在1958年，石河子造纸厂成立化工分厂，到了20世纪90年代，化工分厂发展成为兵团最大的化工企业，拥有成熟的PVC塑料管材生产能力。还有一家石河子塑料总厂，也具备了国内塑料行业的一流生产水平。1996年，两家企业合并组建了新疆天业（集团）股份有限公司（简称"天业公司"），这是兵团最早的上市公司之一。兵团的工业企业有一个先天的优势，就是与农业团场的产品应用紧密衔接。天业公司的产品主要面向农垦团场，这是他们的天然优势。棉花生产需要大批量的滴灌器材，研究制造的任务落到了天业公司头上。

新疆生产建设兵团安排专项经费，支持天业公司引进了以色列的成套滴灌生产设备，吸收、改造和创新。天业公司把节水灌溉材料的研究生产，作为产业布局的主攻方向，集中技术力量，成立专项团队进行攻关。经过两年的技术消化和自主创新，1998年完成了滴灌器材生产设备的国产化，生产出了自己的滴灌材料。开发制造出可回收滴灌带，自动反冲洗新型过滤器，过滤功能与滴头改进相结合，生产出长时间滴水不会堵塞的大流量补偿式滴头，大幅降低了生产成本。研制出先进的废旧滴灌带回收设备，减少农田污染，还可以返厂再利用。拥有自主知识产权的"天业膜下滴灌棉花节水器材"应用于棉花的大田灌溉，系统建设的成本由进口的每亩2500元，下降到每亩240元。

天业公司建成了成熟的滴灌器材生产线，还可以根据市场需要，重复扩建，扩大产量。有了可靠的器材支撑，推进大田应用就有了底气。兵团科技局、水利局、农业局三部门联合，安排石河子大学、新疆农垦科学院、石河子农八师水利局、阿克苏农一师沙井子试验站等多家单位分工协作，在南北疆多个棉花种植区分步试验，测算技术指标，设计出可复制的布局模式。

按照水源不同，确定了大田滴灌系统的两种布局。在渠水灌溉区，根据地形条件和地块形状分区布置，将压力接近的地块分在同一个系统，以经济高效为前提，一个系统的滴灌面积为1000亩，最多不超过1500亩。在井水灌溉区，管网以单口井的灌溉面积作为一个系统，有效面积一般不超过3000亩。

建设滴灌系统，要提前确定水源位置，对沉淀池、泵站、首部工程总体布局；合理布置主干管线，按照干管、支管、毛管三级或主干管、分干管、支管、毛管四级布置。分干管布置在条田中央，支管垂直于种植方向，与分干管呈鱼骨式布置，毛管垂直于支管，与棉花种植方向一致。

这种新型的灌溉方法，在覆膜播种的同时，将滴灌带铺设于距播种行很近的、便于供水的位置，土壤水分不足时，灌溉系统通过可控管道向滴灌带加压供水。水流逐级进入干管、支管、膜下灌溉带，滴灌带上安装灌水器（滴头），有控制地向棉花根部的土壤滴水。

滴灌带是供水的最末级管道，它的布置对供水质量起着关键作用。科技人员就毛管铺设模式对棉花产量、水分生产率、肥料利用率三个方面的影响，做了大量的测试，得出结论。确定了"2管4行"棉花滴灌模式：每条滴灌带负责左右2行棉花的供水效果最好，能保证供水的均匀性，便于小水量、高频率自动化控制。这种铺设于地膜下面、直径3厘米的黑色塑料软管，就像柔软的毛细血管，浸润作物的根系集中区。

种棉花的人把滴灌系统叫作"小黑龙"，它无声无息地滋养棉花的生长。

滴灌和地膜这两大技术有机结合，节水、增产、高效，提高了地膜的增温保墒效应和光能利用率，实现了最大限度的高效节水，提高了水分和养分利用效率。

滴水灌溉只能滴水吗？施肥怎么办？这类问题当然由灌溉系统一并解决。作为局部灌溉的现代节水技术，除了滴水，还可以把肥料溶于水中，按照作物不同生育期的需要，缓慢、均匀、定量地送到根系发育区，使土壤保持最优的含水状态。

这样的设计，是滴灌应用的理想目标。在实际应用中，如何才能做到及时、充足地为棉花提供水分和养分，还要做进一步研究，做到滴水灌溉和滴灌施肥配合应用，测算出通过滴灌实现棉花高产的机理和相关的综合效益。

那么，这些研究呈现出怎样的状态，测算出了哪些成果性的数据呢？

# 四

回到玛纳斯河流域1950年种出第一块棉花地的小拐镇，当初的二十二兵团九军二十五师七十四团，改建为新疆生产建设兵团农八师一三六团。1998年，第一次试用天业公司生产的滴灌器材，应用膜下滴灌模式，试种棉花180亩，产量提高到亩产籽棉360多公斤。1999年扩大到2000亩，2000年建成万亩滴灌示范区。三年三个台阶，高产田亩产籽棉超过400公斤。小拐的一三六团和炮台的一二一团是优秀团场的代表。新疆生产建设兵团仍然保持着军人作风，试验滴灌新技术，如同行军打仗，一年一个纵深，向前推进。

新疆农垦科学院和石河子大学的研究者，联合团场实验站的技术人员，在南疆北疆的棉田里，就像为树木诊断的啄木鸟、为病人把脉的老中医，在种植生长季整天待在棉田里，测量采集到了大量的实际数据。

水分是棉花生长最基本的生态条件。充足的水分让棉株细胞维持一定的紧张度，保持固有的姿态。叶片挺拔，气孔张开，充分接受光照，进行气体交换，完成光合作用下的生理活动。水分不足，叶片则会萎蔫，气孔关闭，光合作用和其他生理活动不能正常进行。那么，整个棉花生长期，需要用水多少？每一个生长阶段分别要滴多少次？每次滴多少？间隔多长时间？一系列的数据，只能依靠观察和测量才能获得。

技术问题需要详细的技术分解。第一个问题是，棉田里通常灌溉的水是如何消耗的？研究人员通过观察得出，漫灌或沟灌进入棉田的水，消耗于四个方面：渠道和棉田的蒸发、植株蒸腾用于生长、径流过程的损失、土壤深层的渗漏。膜下滴灌条件下，灌溉系统封闭控制，一般不会有径流损失和深层渗漏，水分通过蒸发途径的损失量也很小。蒸腾作用是消耗的主要途径，这就实现了大量节约用水的目标。

蒸腾作用如何体现呢？实测数据显示，膜下滴灌在棉花出现蕾期之前和吐絮期以后的两个阶段耗水量低，蒸腾耗水的高峰是花铃期。花铃期成为滴水管理的关键时期。

研究人员整天蹲在田里，观察记录在滴灌模式下，棉花根系不同阶段的吸水深度。测量数据为：幼苗期吸水深度20—30厘米，现蕾期吸水深度40厘米，开花结铃期吸水深度60厘米，吐絮期吸水深度40—60厘米。经过三年的研究，综合考虑，将计划湿润层的深度确定在60厘米，并以此为依据，确定滴水次数、滴水日期和滴水定额。

膜下滴灌要求浅灌、勤灌，苗期、蕾期较少，花铃期滴水密集。滴水定额每次为25—60毫米，蕾期滴水周期9—10天，花铃期滴水周期为6—8天，盛铃期以后滴水周期9—11天。全生育期的灌溉定额，冬前未灌溉的"干播湿出"棉田为400—485毫米，滴水次数9—12次；有冬前灌溉的棉田，灌溉定额为380—440毫米，滴水次数8—12次。这些数据给棉花种植户提供了操作依据，数据成了生产力的一部分。

棉花膜下滴灌水肥一体化，也是科学施肥的革命性技术创新，用肥料的低投入获得高产出，维持、提高土壤肥力，保护土壤资源不受破坏，持续保证农产品的产量和品质。实验数据为种植者确定出"四个结合"的施肥原则：有机肥与化肥相结合，大量元素与微量元素相结合，基肥与追肥相结合，以产定肥和因地施肥相结合。

在这些原则指导下，进行养分的精准管理。从时间的维度出发，应当实现养分供应和棉花养分需求相一致；从空间的维度出发，应当做到肥料变量投入和农田肥力高低相协调。

膜下滴灌水肥一体化技术，将作物所需的肥料溶解于灌溉水，通过管道系统输送到滴灌带上的滴头，根据棉花的需肥特点，定时定量均匀地滴在棉花根系的周围，使土壤保持适宜的水分和养分浓度，实现了肥料利用效率的提高。

石河子大学作物栽培学研究团队通过监测获得了数据：在普通灌溉条件下，肥料施用后，棉花植株只能吸收少量，大部分随浇灌水流失。滴灌施肥，氮肥利用率70%—80%，磷肥利用率50%，钾肥利用率达80%，总体节约肥料30%—50%。可以改善土壤微环境，降低次生盐渍化和地下水资源污染发生概率。

科学实验和大面积试种，从生态与生产两个方面，证明了膜下滴灌水肥一体化技术的应用前景。20世纪90年代中后期，新疆开始了以农田机井、高压泵房、滴灌农田系统设施为主的节水灌溉水利工程建设，加快取代传统灌溉方式。然而，这项技术的应用，对于普通的劳动者存在很大的难度。

文化程度低与技术要求高成为新的矛盾，这又是一个普遍性的大难题。人们的技能水平和劳动习惯在短期内能够改变吗？能做到当然好，事实上，这样的社会性状态，想要快速改变，往往是欲速则不达，甚至会适得其反。

怎么办？如何才能让全疆不同地域、不同文化程度的各族种植户会用、爱用、用出效果呢？

## 五

授人以鱼与授人以渔，一字之差，却有天壤之别。

膜下滴灌水肥一体化技术非常好，只要能够普遍推广，棉花种植就会站上一个更高的台阶。可是老百姓不会用，怎么办？用不好，又该怎么办？人们不是不想学，而是学不好，学得慢，要么慢慢来，要么把繁杂技术简单化，授人以渔，让人们像使用简单的工具一样能够掌握并简单操作。

这是一个新的目标，解决的办法有两个：一方面，让滴灌设施固态化，不用普通劳动者投入建设；另一方面，发明制造更好的机械设备，直接提供低成本的专业化服务。围绕两个方面，有关部门采用了两种模式。一是解决设施固态化的问题，加快从水源到棉田的管道系统建设。农垦团场和农场式种植大户，由法人主体投资；中小种植户的棉田由各级政府投资，在土地整理的同时，集中施工完成。二是地下输水系统建成后，剩下的难点是滴灌带和滴头的铺设安装，每年都要重复施工，人工铺设有难度，还需要很大的工作量。这又列出了聚焦点：能否制造新的机械设备？

陈学庚，最早制造出联合铺膜播种机的天才发明家，此时已经担任新疆农垦科学院农业机械研究所所长。面对新的生产需求，他再次发挥了天才发明家的神奇作用。

1947年，陈学庚出生于江苏省泰兴市，1964年来到新疆，1968年毕业于奎屯农校，分配到农七师一三〇团机械厂。这个来自南方的中专生善于钻研，对机械制造有着特殊的领悟能力，自己制作了很多工具设备，先后担任技术员、副厂长、厂长、团机务科科长、总工程师、农机中心主任。1980年，在地膜推广的关键时刻，他发明了宽幅地膜覆盖播种机，之后研制出棉花铺膜播种机系列产品，为新疆棉花产量的第一次飞跃提供了农机装备的支撑。

1999年，陈学庚带领团队，对滴灌带铺设技术、种孔防错位技术、排种电子监控技术、膜上打孔精量穴播技术进行同步研究，用四年时间在全国首次研制出棉花气吸式铺管铺膜精量播种机。这种机械的神奇之处令人惊叹，一次作业完成9道工序。拖拉机牵引，从棉田开过去，机械的各个部件就像几十双手同时翻飞，各司其事又能协调配合，比人的几十双手更精准、更高效。人们观看它的工作，只能用"神奇"二字表达敬佩。9道工序分别是棉田的畦面整形、开膜沟、铺设滴灌带、铺地膜、给膜边覆土、在地膜上打孔、精量播种、挖起土覆盖种孔、进行镇压，成为新疆棉花产量实现第二次飞跃的农机支撑。

陈学庚团队的新型播种机，在兵团种植棉花的团场先行推广。2004年，阿克苏的农一师第一批买了8台，做示范操作。很多人在地里看到这种一次完成9道工序的实际操作，很是惊讶，但有少数人不相信播种的效果。精量播种可以控制到一穴播一粒种子，有的团场担心它的准确性，怕出现漏空，保证不了全苗，选择一穴播双粒。

师部要求每个团场试播800亩。没有想到等到出苗的时候，播单粒的地里是全苗，找不到一个空穴。播双粒的自然也是全苗，但需要人工拔掉多余的一株，增加了劳动量。农时不等人，适逢"五一"假期，播单粒的团场农工正常休息，播双粒的只能在地里加班间苗，两相对比，不言自明。

北疆的沙湾县有父子两人，出现了同样的分歧。儿子要播单粒，父亲坚持播双粒，担心出苗不全。父子为此吵了一架，儿子拗不过父亲，播了双粒。出苗后，看到播单粒的人家不用间苗，他家的人却要蹲在地里拔苗定苗。时间不等人，自家的人干不过来，儿子埋怨完父亲，只好花钱雇人干。

持怀疑态度播双粒的人，第二年全部改为播单粒。

气吸式铺管铺膜精量播种机确实好用，两年就实现了大批量推广。拖拉机后面配套的机具既复杂又简单。复杂是因为工作条件多样，一个区域不同于另外一个区域，同一个区域里一块条田和另一块条田不一样，机具要适应所有的土壤条件，所以构造复杂。农机的使用者是农民，要求机具价格低，操作方法简单。功能复杂多样、操作简单、还不容易出现故障的农机，农民用起来才顺心顺手。陈学庚恰恰能研制出这样的机械——功能全，质量高，还好用。他在简陋的工厂环境下，获得专利20多项，转化率超过95%，这其中有什么奥秘吗？他有机械设计制造的天赋，能吃苦，肯钻研，但这些不是奥秘的全部。还有一个奥秘是，他以农业生产的实际需要为目标，研发与使用相结合。每一项专利，都是机器做出来之后，先拿到田野里试用，成功后再申报专利。由于贡献突出，他1991年起享受国务院政府特殊津贴，1992年调到新疆农垦科学院，1996年担任新疆农垦科学院农业机械研究所所长，2013年当选中国工程院院士。

气吸式铺管铺膜精量播种机为膜下滴灌技术的应用提供了装备保障。低成本的滴灌器材、与之配套的农业机械、价格低效果好的水溶肥料，这三大问题的解决，使得滴灌棉花有更好的经济效益。1996年试播25.05亩，到2006年推广到559.5万亩，籽棉平均每亩360公斤以上，比1997年提高37%以上。2006年，兵团的棉花种植面积达732万亩，平均单产籽棉400公斤，超过澳大利亚，达到世界先进水平。

20世纪90年代之前，中国棉花的主栽区是黄河流域和长江流域。进入21世纪，新疆棉花由于机械化铺膜播种，面积大幅度增加，产量每年创新高。2006年，全疆棉花产量328.8万吨，占全国总产量的比重超过40%，跃升为我国最重要的植棉基地。

沧海桑田，万物变迁，谁能想到，过去不产棉花的玛纳斯河流域，自从1953年大面积获得丰收，成了引领棉花种植新技术的发端之地。

于田县的肉孜和阿衣古丽、墨玉县的阿卜杜拉都把滴灌叫作小黑龙，钻在白色地衣的下面，本事大得人都看不见。

膜下滴灌水肥一体化技术体系被称为棉花种植的第二次技术革命。它推动了新疆棉花种植面积的增加和产量的提高。

人们又要追求更高的目标，新目标带来新的矛盾，并出现新的难关。这些新难关是怎样出现的，又是怎样一个一个被攻克的呢？

# 第七章　白银王国与拾花大军

## 一

2022年夏天，69岁的安长寿回忆当年种棉花的情形说："一株棉花从种到收，要向它'磕'30多个头。"

湛蓝的天空白云飘逸，给人带来好心情，人看白云，不会觉得它有辛劳的付出。20世纪90年代初，新疆生产建设兵团的棉花种植区，大片棉田如白云聚集，产量一年一年创新高。非种棉区的人，看见他们的棉花丰收，带来白花花的"真金白银"，心生羡慕。政府抓住有利时机，在宜棉地区推广。人们真的开始种棉时，才知道要付出多少辛勤的劳动，有时感觉比抓天上的白云还困难。

当时，安长寿任玛纳斯县乐土驿镇副镇长，说起最初种棉花的事，即便辛苦，也觉得苦尽甘来，所有的付出完全值得。

"矮、密、早、膜"种植技术模式，在生产建设兵团植棉区大面积普及，丰产效益明显。每到秋天拾棉季，遍布南疆、北疆、东疆的棉田成了白银世界，只要采拾回来，就是软绵绵、喜洋洋的财富。河西的石河子农八师、奎屯的农七师，还有北边的

188

五家渠农六师新湖总场，共同守着玛纳斯河生活，都是棉花种植区，一望无边的白银世界，每年还在继续扩大。河东玛纳斯县的人，同饮一河水，依然种植传统的农作物。隔河相望，两边的人常来常往，有亲戚，有同乡，吃饭穿衣，生活习俗相互影响，产生趋同反应。西边的棉花像白云，引起东边人对勤劳致富的强烈愿望。是呀，人心思变，总是想比昨天过得更美好。

"玛纳斯"一词来自蒙古语，意思为"巡逻者"，玛纳斯河沿岸有巡逻的士兵，得名玛纳斯河，也成了县名，寓意"英雄"。玛纳斯县清代称绥来县，交通便利，水源充沛，良田万顷，是天山北坡传统的粮仓，种植小麦、玉米、水稻、谷子、油菜、甜菜等作物。民间有言："金奇台银绥来"，讲的是奇台县和绥来县的富裕，百姓生活殷实，有一股子自豪感。

军垦部队当初驻扎开荒的时候，玛纳斯县的很多人没有想到，处于相同的区域，传统耕种的好地都种不好棉花，生产建设兵团人却能把荒原变成稳产高产的优质棉田。

20世纪80年代，土地承包到户，渴望致富的人们，眼看相邻的农场棉花收入一年比一年多，心里不再是相信不相信的问题，就算种一株棉花要"磕"几十个头，也想在自家的地里种植，以获得更多的收入。

玛纳斯县的人这样想，处于天山北坡的昌吉、呼图壁、沙湾、乌苏、精河、博乐等同纬度一条线上的人，自然条件相近，也想种收益更高的棉花。于是，新疆的棉花种植就像天上飘动的白云，四处扩散。

然而，兵团农场的"矮、密、早、膜"种植技术模式，不经过专门的学习，依靠简单模仿，是无法掌握的。人们有种棉花的念头，却没有可行的办法。大部分农户等待观望，少部分行动起来。如果任凭自然交流，普及棉花种植的速度不会太快，种植水平也会参差不齐。这样的情形，不利于农村经济的发展。

一个社会性的发展趋势，怎样才能快速破局，合理高效地达到人们想要的目标呢？

很多人的希望，聚积成为突破性的原始能量，但是让能量爆发出来，需要引导和催化。农民希望种棉致富，但缺少技术支持，这样的问题，靠一家一户解决不了。政府主导，政策鼓励，有组织有计划地推广，恰恰是中国的体制优势。

经过30多年的实践总结，新疆维吾尔自治区政府看到棉花种植的广阔前景，经过研究论证，提出了"一黑一白"发展战略。"黑"指石油和煤炭，"白"是棉花种植和纺织服装产业。

针对"白"，定出从国民经济发展"八五"规划，到"十三五"规划，连续六个"五年规划"，时间从20世纪90年代初算起，跨度为30年。具体规划为："八五"打基础、"九五"做大、"十五"做优、"十一五"做强、"十二五"做精、"十三五"做稳，把新疆建成中国最大的优质商品棉生产基地。围绕目标，制定了综合配套措施，比如价格上的鼓励性保护、土地开发、水资源分配、良种和农机购买补助等。

政策助推，使得遍地的棉田如白云附地，在时代的风潮中四散扩展，势不可当地向宜棉地区覆盖。安长寿所在的玛纳斯县乐土驿镇只是一个小点，被扩散的白云淹没其中。

安家祖上1782年从河南来到玛纳斯（当时称绥来）县乐土驿镇，到他是第七代。当初，在上庄子村得到的30垧公配土地，1949年之前，扩大到了近3000亩。200多年间，他们一直种小麦、玉米、甜菜、胡麻等作物，没有种过棉花。他生于1954年，22岁任村里的生产队长，1990年任副镇长。1985年起，玛纳斯县的北五岔、六户地等几个乡镇先行推广棉花种植，有了自治区"一黑一白"发展战略的推动，1990年扩大到全县各个乡镇，要求每个生产队第一年种200—300亩。每家每户种多少，政府不作安排，由农户自行决定，不过，只要种了，政府就给予一定的农资补助。安长寿当了副镇长，依然是农村户口，在村里有地，作为干部，带头种了20亩。村里的农户很踊跃，上庄子村当年种植面积超过了300亩。

第一次种棉花，村里人感到新鲜、高兴，希望有一个好收成。当时，精量播种技术还没有全面推开，他们采用几年前于田县肉孜家一样的模式，先条播后覆膜，为了保证全苗率，每亩播下种子7—8公斤，用的是70厘米宽度的窄地膜。4月20日前后播种，出苗顺利。地膜覆盖下的棉苗，密匝匝排成一行，很是喜人。两三天的时间，小苗由黄变绿，要人工放苗。用硬器扎破地膜，把棉苗放出来。细细的芽柱，顶着两片肥厚的子叶，头大身子细。人们第一次干这个活，两手配合不熟练，不小心就会把苗掰断。天气热得快，大太阳烤着，放苗要尽快完成，不然，捂在膜下的小苗会被烫死。为了抢时间，每家男女老少全体出动，人手不够，把亲戚叫来帮忙。破开地膜，一株株扒拉小苗，腰弯得很深，不一会儿就痛得受不了。有人拿垫子，有人拿小板凳，垫在屁股下面，一点点儿挪动，坐一阵儿，蹲一阵儿，跪一阵儿。

县里的领导到地里检查种植情况。人们见了领导就诉苦，说："你看看，你看看，老的小的都滚成了土蛋蛋，还把很多苗苗给掰断了。"

好在条播撒下的种子多，苗稠，过几天定苗，还要把多余的拔掉，这时断掉一些不要紧，不会造成缺苗。

这一年，从新疆农业大学毕业的女大学生苏桂华，分配到玛纳斯县包家店镇担任农业技术员，正赶上推广棉花种植。她每天早晨骑自行车出门，一个一个村子赶着跑，在棉花地里组织技术观摩现场会，晒得和村里的妇女一样黑。放苗定苗，又累又繁杂，农民向她提问，她也刚刚实践，现学现卖。中耕锄草，施肥浇水，这一年种棉花劳动量特别大。

肉孜是向棉花弯腰，安长寿则说自己是向棉花"磕头"。

到了秋天，棉花收成不错，从头一茬铃桃吐絮，人们一遍一遍到地里拾花，白绒绒的棉花，抓在手里软软的，太阳暴晒加弯腰，熬人又辛劳。全部拾完交到轧花厂，平均亩产籽棉超过100公斤，品级大多达到三级。算一算账，相比往年种粮食，每亩收入增加了几十元。多数人觉得吃苦多点儿也划算，少数人想打退堂鼓。

冬闲时节，苏桂华和其他技术人员，组织农民学习"矮、密、早、膜"种植技术，讲述兵团使用精量铺膜复合播种机的实际效果，以及棉花种植技术的新趋势。只要掌握了新技术，操作得当，产量至少能增加一倍，劳动强度也会降低。

收入增加是最好的引导。通过技术学习，人们看到100多公斤的籽棉亩产，与隔河相望的石河子兵团农场差距甚大。只要采用新技术，就有大幅度增产的可能。

第二年继续种棉花，有人主动去农场找熟人、亲戚或老乡请教，两边的人相互交流，都是种地的，传授经验不吝惜，总结教训不保留，有的还到现场指导。活干完了，好酒好菜招待一番，有来有往，双方走动得更勤。农场使用的新机器，也带到了玛纳斯县的棉田里。如此一来，也就两三年的时间，棉花种植在玛纳斯全县推开，产量接近农八师的水平。

1985年，玛纳斯全县种植棉花2万多亩。1990年开始，每年增加4万多亩，1994年达到24.5万亩，籽棉平均亩产180多公斤。产量每年创新高，一年一年向石河子的水平靠近：1998年，推广145厘米的宽幅地膜，一膜四行，籽棉平均亩产达到300多公斤；2000年推广滴灌技术，使用天业公司生产的小黑龙滴灌材料。第一年试用地埋式渗灌，管子在下面把水往上喷，试验不成功。滴灌技术三年试用成熟，种植技术再上一个新台阶。同时学习了新的整地技术，拆除地埂，节约土地，精量播种，使用气吸式联合精量播种机，9道工序一次完成。气吸式联合精量播种机利用空气把种子吸到转盘上，再播到土里，一穴一粒，每亩使用的种子量降到1.8公斤，免除了放苗、定苗这些复杂的工序，劳动强度大为减轻。水肥一体化技术，提高了肥料的利用率。

2000年，玛纳斯县种植棉花40万亩，皮棉总产量突破100万担，成为北疆的产棉大县。全县农民的人均纯收入连续九年位居全疆各县之首，其中70%的收入来自棉花。种植、收购、加工、纺纱、织布，棉花产业链成为全县的支柱。

县供销社向农民免费发放拾花用的布兜、布袋、拾花人头戴的白帽，防止头发丝、化纤丝、麻棕丝等非棉纤维的"三丝"混入棉花。每吨"三丝"含量只有1克，低于全国每吨4克的平均水平。棉花的绒长、强度等综合指标达到优质水平，与享誉世界的美棉、澳棉基本相当，受到海外客商的青睐。供销社自办的隆兴棉纺厂使用20万担皮棉，另外80万担出口海外。客户称赞"玛纳斯的棉花是放心棉"。

与此同时，昌吉、呼图壁、沙湾、乌苏、精河、博乐等北疆县市，与玛纳斯县一样推广棉花种植。昌吉的农六师、奎屯的农七师、博乐的农五师对周边农村的棉花种植同样起到了带动作用。农民主动，政府支持，棉花成了这些县市的主要种植作物和经济支柱。

2000年前后，叫响了一个新名词——"种棉大户"。团场的连队和地方乡镇的各村各队，出了很多种棉能手。有魄力的人家，在自己家的承包地之外，向村或乡集体增加土地承包面积，开荒造田扩大土地，通过银行贷款投资种棉花。十几二十亩的是小户，三五十亩的是平常户，百八十亩的是中等户，三五百亩的是大户，个别大户种到上千亩。东起昌吉、五家渠，西到精河、博乐，南起天山脚下，北到沙漠边缘，原来占主要地位的农作物，退居其次，有的农作物品种成了小片的零星点缀。棉花地集中连片，构成了辽阔的北疆棉区。

地上的棉花天上的云，在北疆继续扩展，南疆又是怎样的情形呢？

二

1978年初春的一天，重庆市铜梁区14岁的少年徐远江离家出走了，家里人竟然没有在意。怎么回事？他去哪儿了呢？

徐家8个孩子，两年前徐父去世，家中只有母亲和未成年的孩子们。最小的儿子不见了，刚开始并没有引起母亲和哥哥姐姐们的惊慌。14岁的男孩是小大人，外出谋生，三两天不回家不是什么大事儿。何况每个人都在苦熬日子，对身边发生的事情反应有些漠然。那个年代，没有通信设备，人要出去，顾不上给家人打招呼，会找人带个话，没有带话也不要紧，过几天回家就是了。小儿子突然不见，刚开始的几天，家里人没有在意，五六天不见回来，这才四处打听，没有任何消息。这才着急起来，到哪里去找呢？

母亲急，哥哥姐姐们也急。急也没有用，除了等待，能有什么更好的办法呢？他们压根儿没有料到，小弟的出走会与新疆的棉花发生联系。

一家人在焦急中等了一个多月，收到一封远方的来信，这才知道徐远江到了新疆的和田。人有了着落，母亲的心并没有落在肚子里：他在新疆干什么呢？如何生存？什么时候才能平安回家？

那时候，新疆就是遥远的代名词，何况是和田，她生怕这辈子见不到小儿子了。

徐远江为什么会去新疆呢？

原来，三年前，他听说有一个表姐在新疆，那里有饭吃，不饿肚子，就动了前去投靠谋生活的念头。他给村里割青草积肥换钱，一筐几分钱，三年攒了12元。感觉有本钱了，就想去新疆，去了能干什么，他根本没有想，当然也不可能想到，此去新疆，一双从小割青草的手会种棉花。

村外公路上常有拉货的卡车经过，他那天提前等在路边，瞅准机会爬上一辆，偷偷到了成都。溜进火车站，扒上了去新疆的火车。上了火车，挤在车厢里听着"叮叮咣咣"的行进声，茫然不知要去新疆的什么地方。他只知道表姐在新疆，不知道具体地址。这可怎么办？

孤胆少年，不知道就先不想，等到了新疆再说。他哪里知道，新疆那么大，没有地址怎样才能找到一人？

他当时面临的问题不是找表姐，而是避开列车员的查票。身

195

材瘦小是他的优势，他瞄准一排座位下面与地板之间的空隙，见列车员过来，"刺溜"一下钻进去，身体蜷缩，外面什么也看不见。等列车员过去再爬出来。他发现这是一个好地方，夜里睡觉躺得平平的，特别好。认准了这个地方，钻进钻出，竟然钻出了一场奇遇。

座位上有一位40多岁的阿姨。第二天，有人想和他抢这个地方，两人差点儿打起来。阿姨主持公道，说有个先来后到，帮他赶走了对手。阿姨看这个瘦小机灵的男孩独自一人，问他要去哪里。徐远江说去新疆找表姐。两人一聊，口音相同，原来是铜梁同乡人。阿姨对他有了几分同情和关心，一路聊着，觉得他说话乖巧，同情中多了几分喜欢。火车"叮叮咣咣"四天三夜，到了哈密。

再往前，看着窗外的茫茫戈壁，徐远江慌了。这就是新疆呀！连草都不长，哪里还能填饱肚子？到处是戈壁荒漠，怎样才能找到表姐？找不到该怎么办呀？

经过几天的相伴，徐远江把阿姨当成了"亲人"。阿姨也替他着急，新疆这么大，只知道一个人的名字，根本没有办法找呀！她担心这个胆大机灵能吃苦的孩子，到了人生地不熟的地方会出意外。阿姨提了一个建议，如果相信阿姨，先跟她去和田，可以给他找活干。等稳定下来后再想办法找表姐。

火车过了鄯善，下一站是吐鲁番，徐远江必须做出决定。是跟着阿姨去和田，还是继续往前找表姐。将要分手时，他觉得阿姨是唯一可以依靠的人，一旦分开，举目无亲，不知道能去哪里。于是在吐鲁番跟着阿姨下了火车，转乘长途班车，颠簸几天到了和田。

阿姨的父亲是20世纪50年代进疆的军人，此时的身份是一名老干部。阿姨在一所中学当教师，因为回老家探亲，才与他相遇。徐远江离家出走，一路惊险，幸运地遇到了这位陌路恩人，跟着她一头扎到塔克拉玛干大沙漠底部的和田。阿姨让他暂住在她父亲家里，他叫阿姨的父亲"爷爷"。爷爷少小离家，年老思乡，对家乡来的小老乡满心慈爱。

　　这场奇遇对徐远江意味着什么？他的未来会发生什么故事？怎样和棉花有了联系呢？

　　那时候，重庆山区的人生活贫困，和田人的日子同样不好过。徐远江能走出家乡的大山，来到塔里木盆地南部，少年冲动中有一股子超出常人的胆量。且不说什么远大的志向，敢于走出去，便可谓具备一种冲出困境的精神。这一点得到阿姨和爷爷的认可。住了几天，爷爷帮他联系了一个建筑工地去做小工。相对他这个从小干农活的山里孩子，活不是很重，工钱有保证。他到新疆找表姐，为的是谋生活，现在有活干，有钱赚，爷爷和阿姨对他很好，就不急着找表姐了。

　　徐远江在工地干了10个月，有眼色，能吃苦，大家都喜欢他。爷爷和阿姨看在眼里，心里满意，把他当成自己家的孩子。第二年，经爷爷指点，他考上了新疆供销总社下属的阿克苏棉麻技工学校，跨越塔克拉玛干大沙漠，到了塔里木盆地的北部。上技校，有了城市户口，毕业后能分配到一份正式工作，这是人生的大跨越。远离家乡的少年、贵人的垂青、个人的努力，机缘巧合，转眼间实现了命运的转折。

　　假如说，徐远江与棉花的缘分是命中注定，考上阿克苏棉麻技工学校，便是这个缘分的成功对接。20多年后，他联系上了表姐，表姐在石河子农八师的水工团。如果一开始就找到表姐，他估计也会和棉花打交道。

他在技校学习了两年半。学校的主要课程是棉麻的收购、加工和管理知识。新疆多棉少麻,学的自然是棉花。

1981年,徐远江毕业,分配到沙雅县供销社下属的棉麻公司工作,正式接触到了棉花。沙雅县位于阿克苏地区东南、塔里木盆地北部、渭干河绿洲南端,塔里木河干流由西向东穿越全境。这里地势平坦,水源丰富,可耕土地面积大,还拥有新疆最大的胡杨林。

沙雅县很早就有棉花种植,20世纪80年代实行土地家庭承包之前,就是棉花大县,种植面积接近30万亩。徐远江在县棉麻公司工作,整天与棉花打交道。17岁的年轻人,跑乡镇,去农村,主动又勤快。棉花是全县的主要经济作物,因为有较强的技术性,种植水平参差不齐,产量有高有低。徐远江看到了种棉花的辛苦,也看到了种棉花的前景。年轻人脑子好使,有技校学习的专业知识,善于观察思考,感觉只要好好种,就能有不错的收益。

1983年,新疆实行家庭联产承包责任制,很多离村子远的土地无人承包,撂荒了。徐远江觉得可惜,也看到了其中的机遇,动起了种棉花的念头。按常理说,他年纪轻轻,有一份"吃公粮"的工作,不用怎样辛苦,就会有不错的生活。他却偏偏不这样想,好男儿志在远方,得创造自己的事业。

1985年,21岁的徐远江提出辞职。单位的领导和同事们大吃一惊,问他,好好的工作不干,辞职准备做什么?他已经做好承包土地种棉花的准备,但没有十足的把握,不好说出来,说先干个体看一看。领导挽留,劝他三思而后行。年轻人做事干脆,说辞职就真的辞了。

这一年冬天，他到塔克拉玛干沙漠边缘的塔里木乡央塔克巴什村承包撂荒的土地。这些地距乡政府三四十公里，离沙雅县城有100公里左右。不得不说年轻人有胆量，有抱负，他与央塔克巴什村谈承包合同时，村委会的人一听亩数，吓了一大跳，以为听错了。再三确认，还是有些不敢相信，这个身材瘦小的年轻人，提出那么大的数字。他要承包的地块加起来，总计9600亩，差点儿就是一万亩，这在沙雅县，在阿克苏地区，乃至在整个新疆都闻所未闻。

撂荒的土地，加上地处偏远，承包费很低，每亩每年12元，合计起来却是个大数字。11.52万元，在那个万元户尚且稀少的年代，这可是一笔巨款呀！徐远江拿出自己五年积攒的工资，加上向老乡和朋友借的钱，把承包费凑齐了。

这在当时应该是一则大新闻，因为发生在塔里木盆地的深处，不为外界所知，才没有产生爆炸性的影响。

承包费交上了，生产经营还需要一大笔钱，如何解决呢？徐远江凭借土地承包合同，向银行申请了一笔贷款，用于生产资料购买和费用支出。

一个人站在近万亩的田地里，渺小到几乎看不见。怎样才能完成耕种呢？年轻的徐远江，如何才能做到对这么多承包地的种植管理，还能产生效益？经营好这些地，显然需要大量的人力。人，从何而来？

徐远江心里早有方案。他事先找了当地打工的重庆和四川老乡，请他们找老乡，或者回老家招人，承诺每人年薪800—1000元，劳动量是人均管理土地50亩。当年一个体制内的工人，收入也不超过这个数，对农村劳动力有很大的吸引力。人找人，相互联系，招到了200多人。

这么多人来到塔克拉玛干深处的荒野上，吃饭和住宿怎么办？

人有吃苦精神，总能就地取材，解决生存和生活问题。塔里木河边到处是胡杨树，人们找枯死的老树干，在干燥的空地上围起来，木头缝隙里塞上麦草，就地和泥抹墙，树枝与麦草盖顶，建成一座座简易房，热天居住感觉不差。到了秋天，挖一些地窝子，供冬天不离开的人居住。住的问题解决了，吃饭统一安排。买来锅碗瓢盆，垒起炉灶，捡来胡杨林里的干柴火。200多人组成了一个"棉花部落"，让原本寂静的塔里木河北岸喧嚣起来。有男有女，有老有少，同操川音，但来自不同的县乡和家族，难免会有摩擦与矛盾。徐远江事先考虑到这些问题。平均每人负责50亩地的种植管理，同村同族的相互组合，不同的群体互不参与，即便发生矛盾，也是一些生活小事。徐远江把控局面，指挥生产，万亩棉苗顺利生长。

第一年种植，采用近乎原始的方法。到棉花加工厂买来棉籽，先拿开水泡，等完全泡软了，和上沙子搓掉短绒，暴晒消毒。犁地和播种没有拖拉机，用马拉犁。地犁好耙平，按照30厘米的行距拉沟，人工撒种，再拿耱子耱平，用手工制作的木夹子，架着铺地膜。人工放苗，人工定苗，人工浇水，人工除草施肥，人工打顶，最后人工采拾。沙雅县纬度较低，日照充足，无霜期长，棉花成熟充分。一年下来，亩产籽棉超过100公斤，是一个不错的收成。大量的棉花如何交售呢？

当时商品价格没有完全放开，棉花属于计划物资，各县棉麻公司都有收购任务。为了多收棉花，对外县交售的进行适当的价格上浮。徐远江心里有本账，第一是不想完全暴露实力，第二是想通过到别处交售，增加一些计划外收入。他把自己的100多万公斤籽棉分成两部分，大部分交售到沙雅县棉麻公司，小部分远道交售到不属于阿克苏地区管辖的轮台县棉麻公司。卖了多少钱呢？

第一年交售籽棉，价格为每公斤 0.6—0.7 元，毛收入 70 多万元，扣除成本，实现了六位数的盈利。这一下，没有了资金压力，来年可以大干了。

老乡们跟他种棉花赚了钱，有人继续跟着干，有人离开单干，有人拿钱回了老家。留下的空缺自有新人加进来。

塔里木河边的"棉花部落"每年都在裂变和组合。离开单干的，有人成为新的"种棉大户"，这些大户又带出了新的大户。南疆的各个宜棉县，除了徐远江，还有不少种植者从白手起家，到承包几百上千亩。不出几年，"种棉大户"在南疆成了普遍的存在。

徐远江种棉花，从原始方法到智能机械化，经历了所有的技术阶梯。第一年，棉籽用开水烫，手工揉搓脱绒；第二年，用硫酸脱绒；后来，发展到工厂化的种子加工。铺地膜，一开始用木架子人工铺，后来有了铺膜播种一体机。耕地一开始靠马拉，后来有了拖拉机。

1992 年之后，国家对农资市场逐步放开。徐远江为了交通便利，把沙雅县央塔克巴什村的地交还给村委会，将阵地转移到属于巴州管辖的轮台县，在哈尔巴克乡哈尔墩村承包土地。彼时的徐远江是名副其实的大老板，他的到来带动了轮台县棉花种植的大跨越。那一年，轮台全县种植棉花 8000 亩，仅他一家承包了 3000 亩，是全县第一大户。

1995 年，他与乡政府签订合同，增加承包撂荒地 5000 亩。1998 年，与县自然资源与国土管理局签约承包 1 万亩，后来发展到2万亩。轮台县的棉花种植面积后来发展到100多万亩，成为全县的主要作物。

徐远江引领了轮台县棉花产业的发展，自己的事业也大放光彩。2001年，成立轮台县远江农工贸有限责任公司，注册资本人民币5200万元。公司下属农场种植粮棉2万亩；轧花厂拥有两条棉花加工生产线，年加工皮棉2万余吨；远江塑料制品厂年生产滴灌带10万余米，地膜2000余吨。

徐远江还成立了新疆科源种业有限公司，与巴音郭楞蒙古自治州农业科学研究院（简称"巴州农科院"，原巴州农科所）、山东棉花研究中心进行科研合作，制种并种植繁育良种田，推广新棉种，拥有"新陆早46""新陆中22""新陆早67"三个自有棉种，年生产优质棉种2000余吨，销往全疆各地。

徐远江是南疆种植大户中的一个传奇人物，在环塔里木盆地的各个县市，类似的大户不在少数。刚起步时，承包土地几十、几百亩，后来发展到上千亩，达到万亩的大有人在。他们带动周边的农户，把棉花种成环绕盆地里大沙漠的白绒大花环。

## 三

同行山间，岔路纷乱时，有人选对了正确的那一条，走在前面，就成了引领者。

李延杰就是一个善于选择的领路人，在巴州尉犁县和库尔勒市走出了工业带农业的棉花产业发展之路。

1952年，李延杰生于江苏省沛县。1970年8月，高中毕业后回乡务农。边干边想，怎样才能走出一条有意义的人生之路呢？

三个月之后，他得到一个消息，政府动员有志青年赴新疆支援边疆建设。远离家乡亲人，对一般人而言，是不愿做出的抉择，他却略加思考就报名了。

1971年，过完春节，他背着简单的行李，一路辗转来到新疆巴州尉犁县团结乡团结村。当时的中国实行计划经济，铁板一块，农村也不允许自主经营。在那样的大环境下，个人很难有所作为。

李延杰落户团结村，观察着，思考着，除了务农，还能干点儿什么呢？

江苏省是近现代中国棉花种植与纺织最发达的地方，那里的人也擅长搞建筑。李延杰观察了一段时间，得知政策对建筑业管理相对宽松，当地又缺少搞建筑的人。他适时提出，在村集体成立一个建筑队，也可以到别处干活增加集体收入。这个建议得到村干部的同意，建筑队"拉"起来，在周边地区干得很红火。活不停，收入不断，这样干了八年，锻炼出一支相对专业的建筑队伍，积累了资金，购置了不少机械设备，具备了一定的实力。

1979年，国家允许发展社队企业。别的村队还在学习文件，能搞什么企业，还在观望酝酿中，如同婴儿正在孕育中，距离出生还有一段时间。团结村建筑队经过几年的成长，已经成为壮小伙儿。既然政策允许，建筑队便放开手脚，四处揽活。

1984年，国家提倡发展乡镇企业，尉犁县以这支建筑队为班底，成立县联合建筑公司，李延杰任副经理，负责主要的经营管理。改革开放初期，各行各业"百废待兴"，建筑业一马当先，成为最赚钱的行业。尉犁县联合建筑公司尽享改革的第一波红利，每年都有大幅度的利润增长。

有了钱，是坐享其成，还是做新的产业布局？

李延杰毫不犹豫地选择了后者。

1988 年，他拿出前期积累的资金，投资建成尉犁县第一家民营棉麻纺织厂，后改制为新疆泰昌实业有限责任公司。纺织厂当年建成纺纱 3.5 万锭。厂房建好，机器安装到位，纺出的棉纱质量上乘，销往江浙一带的织布厂，供不应求。之后，不断增加产能，规模最大时达到 13.5 万锭。纺织厂为当地创造了上千个工作岗位，培养出一大批产业工人，为后期纺织工业园的发展打下了基础。

建起纺织厂，需要源源不断的棉花供应。20 世纪 80 年代，棉花属于计划内物资，通过供销社系统流通，集体乡镇企业申请计划用棉指标，有一定的政策门槛。

没有棉花供应，纺纱何以维持呢？李延杰向有关部门提交了专项申请。为了解决纺织厂的原料问题，政府批准公司自行开垦荒地。他们在尉犁县肖塘地区开垦土地 10 万亩，建成泰昌农场。其中可种植面积 7.3 万亩，实际种植棉花 6.5 万亩，其他的土地用于植树，建成防风固沙的胡杨林。

泰昌农场建成后，李延杰又投资建成年加工皮棉 1 万吨的轧花厂，成为集农业种植、良棉繁育、皮棉加工为一体的大型专业化农场。

民营纺织厂、民营农场、民营轧花厂，都是对计划经济的突破，尤其是自建轧花厂，在供销社统一管理的棉花流通链条上撕开了一个口子，形成了自己的种植、加工、流通、生产和销售体系。在短缺经济时代，这是一条利润丰厚的产业链，不只是解决了自身的发展，还引领了社会变革，带动了当地棉花产业的快速兴起。

李延杰开垦的农场，不同于一般的种植大户，也不同于几十年前的兵团。他完全按照最新的技术标准，投入足够的资金，科学规划，建成农场的内部道路、电网和水利设施，一次性建成标准化农田。所有的条田，长700—1000米，宽120米，整齐规范，适应于机械化耕种。按照土壤条件的不同，条田划分为四个等级，实行等级管理。籽棉亩产量一级土地要求达到450公斤以上，二级土地要求达到350—400公斤，三级土地要求达到250—300公斤，四级土地要求达到200—250公斤。农场实行工厂化管理，农资与机械等各项费用全部由农场投入。种植管理实行场长领导下的代工队长负责制。农场场长管理65个代工队长，队长管理本队农工，每队管理土地1000亩。农场用工1000多人，培训后再上岗。棉花种植从种子加工到播种、中耕、田间管理、最后的采收，全部采用先进的技术，节水灌溉、机械化操作、现代化田间管理达到最先进的标准化技术水平。

泰昌农场是新疆最早的优质商品棉生产基地之一，最早得到世界棉花组织的优质认证。

尉犁县出现了这样的农场，自然引起了有关部门和农户的关注。泰昌农场将自己的种植管理模式和技术应用，提供给其他棉花种植者参观学习，给农户做出了示范，对尉犁县的棉花种植业起到了一定的带动作用。

孔雀河与塔里木河下游干流在尉犁县境内交汇，这里土地辽阔，水资源丰富，光热条件优越，有着古老的棉花种植历史。现代棉花种植技术20世纪80年代才开始推广。正因为有李延杰这样的引领者，种植技术一代一代快速更迭，不断向精细化、机械化、智能化发展，出现了一大批种植大户，尉犁县成为新疆的又一个棉花大县。2000年之后，该县棉花种植面积稳定在100万亩左右，产量和品质站在新疆最好的水平线上。陆地棉的品质与美棉、澳棉媲美，长绒棉的品质与埃及生产的不相上下。

库尔勒市与尉犁县连为一体，泰昌农场对库尔勒市的棉花种植也起到了辐射和带动的作用。如何让两地的棉花种植连片发展，提高棉花的附加值，创造更大的经济效益呢？

20世纪90年代后期，巴州设立国家级库尔勒经济技术开发区，按照库尔勒—尉犁一体化布局，原属于尉犁县的团结乡划归开发区，成立了库尔勒市西尼尔镇，重点发展纺织工业。

泰昌实业公司划入开发区，作为园区最早的综合性企业，下属棉纺厂年产8.5万锭棉纱和9000吨黏胶纱，热电厂3.1万千瓦时热电联产，农场的种植面积扩大到了7万亩，"LOULAN（楼兰）牌"纯棉纱成为农业部和新疆维吾尔自治区政府认定的"名牌产品"。

西尼尔镇因泰昌而起，人们说："西尼尔是泰昌，泰昌就是西尼尔。"这也是对李延杰的评价。他协助政府招商，帮助多家纺织企业落户开发区的西尼尔镇。常言说，同行是冤家，同业竞争是企业生存的正常生态。可是这样的情况在西尼尔镇并没有出现。每一家新纺织企业到来，李延杰尽量提供便利，新企业招工，泰昌纺织厂为他们输送技术骨干和熟练工人。他说，自己的工厂，走一部分熟练工，进一部分新工人，老人带新人，生产不受影响。新工厂则可以以老带新，加快进入生产期。他还说，把熟练工放走，让他们去新企业拿更高的工资，对个人也是好事。开发区有5家纺纱企业，拉动就业7000多人。

库尔勒经济技术开发区的西尼尔纺织城良性发展，李延杰起了很大的作用。他现在退休了，在西尼尔是受人尊敬的老爷子，自有其中的缘由。

走进泰昌纺织厂，看到的是别样的风景——一边厂房，一边菜园。厂房里机器轰响，菜园里果蔬旺盛。十几亩大的菜园里，除了整齐的菜畦，还有桃杏梨树，结满果实。

厂长王晋武是山西人，一副憨厚的形象。他是1988年建厂时的老员工，工厂委培，参加了新疆工学院（现并入新疆大学）纺织系的系统学习，从维修工、挡车工、组长、班长、主任，一路被提拔为厂长。工人们在厂房里工作，他在厂长办公室分菜，把当天摘下的几筐蔬菜，分成很多小份，让工人们下班时带回家。这个厂子的工人，一夏天不用花钱买菜，吃的都是厂里种的有机新鲜菜。树上的果子成熟了，厂里也分给大家吃。

厂房不算新，机器不是最先进的，但王厂长不用为招工发愁。除了收入有保障，工厂的生活环境也让工人们离不开。2022年，厂子有工人300人，月平均工资4500—5500元。2015年，他去喀什、和田招工，一次从于田县招来47人，从民丰、皮山、疏勒县招来260人。招工时优先照顾困难家庭，年龄18—45岁，男女不限。除了安排本厂就业，还给园区的其他企业培训新员工。让新员工在本厂工作半年后，再送他们到丽泰丝路等纺织厂工作，利用这样的模式，两年的时间，解决了整个园区新企业的用工问题。

进到厂房，从人们的脸部表情，可以看出他们轻松愉快的心理状态。

阿米娜·买买提和阿不都热合曼·阿不都是两口子，原来是和静县的农民，2013年到棉纺厂工作，2018年落户库尔勒，两人月收入合计12000元左右。村里原有的6亩地还属于他们，现在流转给种植大户，每年收入流转费6600元，两个孩子在库尔勒市上学。他们在和静县有房子，在库尔勒市买了新房，有一辆长城哈弗SUV，休息时一家人开车出去游玩。

麦麦提如孜·库尔班和凯麦尔妮莎·买买提两口子来自皮山县桑株镇艾日格勒村，居住在公司提供的夫妻房，面积40多平方米，家具齐全。两人月收入加起来10000多元，准备在库尔勒买房子，把老人和孩子从老家接过来。

阿不力克木·麦麦提托合提和阿提柯姆·麦麦提伊敏两口子是"90后"，也是皮山县人，通过朋友介绍来泰昌工作，月收入合计也有10000多元，买了一辆卡罗拉小车，下班后喜欢与朋友聚会。

库尔勒市和尉犁县的棉花种植催生了棉纺织业的兴起，纺织工业反过来带动棉花种植的发展。以纺织带动棉花种植，推动建成纺织工业园，是李延杰走出的成功模式。

他说："新疆棉花好，百姓生计就好。"

李延杰曾任三届中国乡镇企业家协会副会长、常务理事。他曾经到北京参加全国性会议，参加博鳌亚洲论坛会议，与厉以宁那样的大学者探讨经济问题，为有关部门出谋划策，是一个智囊型人物。

2000年以后，在南疆的巴州、阿克苏、喀什、和田四地州和克孜勒苏柯尔克孜自治州的阿克陶县，棉花成为主要经济作物，与农一师、农二师、农三师、农十四师，形成了集中连片的优质商品棉种植区。

南疆的棉田、北疆的棉田，分布天山南北。天山的雪峰，又将两边相连，加上东疆的吐鲁番和哈密，新疆遍布棉花，成了白银王国。

那么，大片的棉田，给人们带来的都是快乐和幸福吗？每年种植的棉花，能不能顺利采拾回家，交到轧花厂，变成收入呢？

# 四

棉花真如天上的云，不是说它的白，也不是说它的高，而是说它多得让人抓不住。抓不住，就会飘走，变成像白云一样巨大的风筝，种棉人抓着风筝的线，力量太单薄，拽不住该怎么办呀？

如果把作物比作农民的孩子，棉花是精心养育的女孩儿。在土地整理、播种、放苗、定苗、浇水、施肥、中耕、整枝、打顶、成熟吐絮后，一朵一朵采拾回家。每一道工序，都要躬身劳作，不得有一丝的不精心。为了减少劳动，人们学习各种技术，发明了各种机械，想做到既省力，又精确无误。直到最后成熟，棉铃绽放出一团洁白柔软的纤维，需要农民一朵一朵采拾回家。这看似轻柔的劳动，却成了一道很大的难题。11月大雪降临之前，如果棉花不能及时采拾入库，一年劳作就可能会在大雪中化为乌有。拾花，变成了白银王国里丰收的烦恼。

从20世纪80年代起，兵团领先、政府主导、大户带动，新疆的棉花种植面积逐年增加，产量快速增长，每到拾花季节，种植户家里男女老少全体出动，却总是人手不够，非得请非亲戚朋友的人帮忙，好吃好喝招待，还要支付工钱。种植大户们则只能花钱雇人，当地雇不到，就从非植棉区，或者与其他省份联系，组织一批人来新疆拾花。植棉区的学生，从小学三年级，到大中专院校，所有的学生每年都要放假，抢收棉花至少20天。拾花成了孩子们长大后的共同记忆。脸上晒脱皮，手指皮肤开裂几个月不好，腰困腿疼走不了路等，说起来颇有沧桑感。

徐远江在塔里木河边的近万亩棉花田，如果只凭种植的200

多人来拾花，根本来不及。每年秋天的拾花季，他提前从重庆、四川联系拾花工，定好工钱请来新疆拾花。每到9月，他的"棉花部落"会一下增加几百人，营地里炊烟袅袅，人声鼎沸。他学习农一师的植棉团场，把拖拉机的后车斗改装成了装棉花的大兜车。车厢长9.6米，宽2.5米，高3.7米，每车可装棉花13吨，最高达到16吨。拖拉机"突突突"地冒着黑烟，每天至少拉2车，到轧花厂出售。9—10月，从棉田到轧花厂的道路上，丰收的景象具化为一个个大腹便便的"大白人"。直到棉花采拾完毕，人员撤走，那片土地才会静下来，等待下一年的播种。

棉花种植面积逐年增加，兵团农场的种棉连队、农村的种棉大户，各自想办法雇人拾花，渐渐地，"拾花工"成了一个特殊的工种。到20世纪90年代后期，新疆的拾花工缺口太大，每到拾花季节，青海、甘肃、陕西、四川、重庆、河南、安徽、山东、山西等10多个省（直辖市），通过各种渠道联系，来到新疆拾花的人数，每年都有几十万人。他们9月初来，11月中旬走，就像"白银王国里的候鸟群"。

兵团的一个连队，或者农村的一个大户，从某省某县某乡雇用几十人、几百人的拾花队伍。通过熟人联系，有人牵头负责。拾花人像一群远飞的大雁，从家乡集合起飞，远行几千公里，来到新疆的某一个地方。吃住在一起，拾花在一起，时间50天左右，按照事先定好以公斤计价的拾花工钱，活干完了，一次结算，工钱装在衣袋里，沉甸甸的一叠。再次集体起飞，回到当初出发的地方，一个拾花季宣告结束。这是一个个拾花"候鸟群"理论上的飞行轨迹。

2003年，新疆棉花种植面积达到1600多万亩，再创历史新高，其中兵团种植面积700多万亩，需要拾花工40万人。由此推算，全疆需要拾花工人数超百万。如此巨量的劳动力，在短时间内集中流动，给交通运输、社会组织、安全保障等各个方面，带来了巨大的压力。如何做好拾花期人员流动的社会化服务，相关部门高度重视。兵团总结往年的经验，提早准备，变各团各连各自招工为统一行动，7月提早派人去劳动力输出人数较多的省（直辖市），与当地劳动部门对接，签订劳务输出合作协议。

2003年7月30日，"赴新疆摘棉劳务合作洽谈会"在河南省滑县召开，河南、山东、河北三省邻近40多个县市的领导和兵团的代表300余人参加会议，当日签订了7.25万人的劳务合作协议。这次洽谈会，是兵团与新疆之外省（直辖市）合作招收拾花工的开始，开启了跨省政府间劳务输入对接的新模式。从这一年起，河南、四川、甘肃、安徽等地少人多的省份，开始重视"拾花经济"。有序运送拾花大军，成了各级各地方政府的一项阶段性专项工作。与新疆方面签订劳务输出协议之后，各地以县为单位，按照协议组织赴新疆拾花的人员，提前做好出行准备，指定临时负责人，协调办理相关事务。

8月18日，河南郑州发往新疆奎屯的首列"拾花工专列"即将发车。2900名拾花工排队上车，乘坐郑州铁路局临时加开的专列直达奎屯的兵团农七师。"拾花工专列"由此也成了一个新名词，只要组织到足够的人数，由政府协调，铁路部门安排专列。从郑州、西安、成都、兰州等地直达新疆的哈密、吐鲁番、库尔勒、阿克苏、乌鲁木齐、石河子……一趟趟专列横贯陇海—兰新铁路，为农民工到新疆拾花，连接起安全稳定的运输链条。

河南省商丘火车站，是京九线与陇海线两条铁路大动脉的交汇点，从8月下旬开始，每天有几条人流排成的长龙，等待进站。每一条长龙出现时，前面就有一名火车站的工作人员，高举引导牌。引导员的身后，大部分是十八九岁到四五十岁的妇女，其中有少数青壮年男子。他们背上、肩上、手上都是大行李小包裹，在引导牌和大喇叭的指挥下，蜿蜒蠕动，前后达几百米。每一次出现的长龙，口音会有不同，但有一个共同的身份——赴新疆的拾花工。商丘是一个铁路枢纽，位于河南东部，山东、江苏、安徽等周边地区的拾花工都从这里出发。这些长龙是拾花工中的"正规军"，由各县的政府组织出发，每100人配备一名干部，或指定一名负责人。前后半个月的时间，有组织的专列发车完毕，对一些自发赴新疆的拾花工，安排"临客"让他们有序上车。这一年，商丘火车站发送拾花工总数超过15万人次。

拥挤的列车闷热如蒸笼，要走整整三天。人们就着从茶炉上打来的开水，吃着自备的蒸馍、烧饼、煮鸡蛋，年轻人偶尔泡一包方便面，谈论这次去新疆拾棉花能赚多少钱。有人说，如果能赚到1000元就知足了。有人说家里要盖新房子，最好能赚1500元，全家三口人赚到4500元，就能解决大问题。还有人说，甭管多少，只要能如数拿到手，平安回家就可以了。说这种话的人，心里有一种冒险远行的不安全感。火车过了兰州，行进在大西北的旷野里唯一通往天边的铁路线上。

专列一到火车站，一车的人便被分别带往不同地方的棉花地。除了专列，还有很多人坐"临客"、长途汽车，一批一批奔赴新疆。他们到了乌鲁木齐的火车站、长途汽车站，被举着"招募拾花工"牌子的人带往各地。拾花工到来的时节，如同大河小河的人流不断……

到了9月中旬，该来的拾花工都来了。他们散落到各地的棉田，统一戴着白帽，胸前挂着白布袋子，弯腰拾花，在新疆秋天的烈日旷野里，演绎着属于他们的故事。

农八师的一二一团，始终保持着棉花种植的先进水平，团部所在的炮台镇，俨然成为当地的中心城镇。当年开荒时的地窝子早已不在，居民区、商业场所、学校、医院、办公大楼整齐有序。一排砖混结构的平房里，住了300名来自河南的拾花工。他们睡的是上下铺架子床，选出几位厨艺好的人，专门负责做饭。这些人按照连队的棉田分布，30人一个小队，集体出工，集体收工。为了防止"三丝"混入棉花，影响品质，植棉户给拾花工配发统一的白帽、白布兜，要求穿戴齐整才能去拾花。

新疆的秋阳习惯叫作秋老虎，炎热程度不亚于伏天。此时，也是蚊虫凶猛、毒性冒泡的时候，闷热的棉田是小昆虫们的乐园，人的皮肤如果不加以保护，就是给它们投喂的鲜软带血的活体面包。

32岁的张淑芬来自河南滑县。她身材高挑，是一个爱美之人。为躲避烈日和蚊虫，她把自己从头到脚捂得严严实实，别说要不停地弯腰拾花，在烈日下站一天，也会热出病来。新疆的棉花普遍推行矮密种植，棉株的高度只到膝盖，拾花时腰弯得很低，还要手眼配合，动作不停。此时，她第一次来炮台镇的一二一团拾花，腰弯一会儿就受不了，实在弯不下去了，蹲着拾一会儿，再坐着拾一会儿。

每天从早上7时干到晚上9时，中间两次用10分钟吃饭，一天十几个小时，到晚上全身浮肿，两个脸颊火辣辣地疼，一照镜子，肿成了发面馍。身体像散架似的，躺在床上，疼得不敢翻身，稍微动一下，全身的骨头"咯叭"乱响，两腿僵硬无法并拢。她躺在床上睡不着，后悔来受这份罪。如此这般，熬过半个月，腰变硬感觉不到太疼了，浑身淌汗还是觉得痒，但能忍住不去挠，脸皮厚了一层没有了烧灼感。双手翻飞，不停地把吐絮的

棉花拾进脖子上挂的大白布兜。半个月连烤带练，她成了个半熟
练工。

这一年，兵团为了保护拾花工的利益，制定了一个相对统一
的拾花价格标准。用工单位为外来的拾花工免费提供食宿，按每
公斤0.4元支付拾花费。拾花工在当年拾花季的劳动定额，在南
疆每人2.5—2.8吨，在北疆每人2—2.5吨。对完成定额的，给予
报销往返交通费。按照这样的标准计算，一个拾花工，50天拾
花2.5吨，可获纯收入1000元，来兵团的40万名拾花工收入总计
4亿元。这一笔不小的支出，是棉花丰产变丰收的基本保证。

张淑芬夜里躺在床上，一翻身，浑身的骨头架子像打算盘一
样"噼啪"脆响，等把身体放平不响了，扳着指头在肚皮上算
账。拾一公斤棉花0.4元，一只饱满的棉桃，棉花重量四五克，
伸手把吐絮的几瓣花揪下来，丢进身前的大白布兜，一个动作完
成，等于赚了人民币不到0.002元。她看到那些熟练工，一天拾
花100公斤，等于重复拾花动作将近25000次，得到收入40元。
自己累死累活，一天没有超过80公斤，得到的收入勉强算32元。
算来算去，她反而生出一股好胜心：自己好手好脚，脑子不比别
人笨，怎么就成不了熟练工呢？

连长指导大家拾棉花，边做动作边讲解。想达到拾花熟练工
的水平，要做到脚、眼、手、嘴同时动，相互配合不留空。脚下
"蹚"开拾过的棉株，眼睛瞄到成熟吐絮的棉桃，双手跟去摘下
来，发现有棉叶枯枝等杂物沾在棉絮上，低头用嘴巴叼下来。不
要摘一个棉桃放一次，手上的棉絮抓满了，再放进布兜里，减少
动作频次，提高采拾效率。

张淑芬听着连长的讲解，望着一垄一垄一眼看不到边的棉
花，心里发狠，就练这脚、眼、手、嘴"四字诀"，抓满一把放

一次。过了 10 天，她成为整个连队拾得最快的人，比 80 公斤翻了一倍，一天达到无人能及的 160 公斤。

白天的棉田，拾花人散布其中，各干各的活，除了阳光飞溅，别无声息。拾花的动作不停，感觉时空依然是静谧的。到了傍晚，交棉场喧闹起来，会不时传出开心的笑声。

拖拉机、马车、手推车，上面码着小山似的棉包，从每一块棉田聚拢而来，白花花的棉花经过拾花工的自检，验收员的检验、过秤、入账，倒出铺在地面绿格子塑料布上，堆成一座更大的棉山。张淑芬交完棉花，坐在一边喝水，听着过秤人报的数，都没有超过自己的。她的双手因为拾花动作太快，被棉铃壳扎破，指甲的甲床开裂流血，10 个指头都缠了一层厚厚的胶布，隐隐作痛。尽管如此，听着过秤人报出的数字，她心里不禁暗喜，盘算着这些钱拿回家之后的花销用项。

交棉场这厢在过秤收棉，那厢一辆辆改装的大兜车装满棉花，开向几公里外的轧花厂。交棉，运棉，形成一条白色的长龙。

棉花采拾的最佳时间，是棉铃开裂吐絮的第 7 天。同一株棉花上的棉桃开花坐铃有早有晚，成熟的时间不一样，一块棉田至少需要"蹚"四次，才能将吐絮的棉花应收尽收。有几次，张淑芬被毒辣的太阳晒晕了，跑到树荫下小坐一会儿，看着别人不停手，赶紧站起来回到棉田，继续练连长讲的"四字诀"。转眼间，时间到了 9 月 10 日，一二一团的棉花全部运往轧花厂，曾经白云似的膨暄的棉田瘦了身，只剩下秆儿棕红的干棉枝。不知从哪里来了几群羊，像棉花重新长出来一样，在无垠的大条田里滚动，啃食干枯的枝叶，把黑珠子似的羊粪蛋拉在棉田里。

张淑芬 50 多天拾花 6000 多公斤，成了全团的拾花冠军。她领到了2400多元工钱，还得到了一个意外的奖励——团长把一张从乌鲁木齐到郑州的飞机票奖给她。这一年，一二一团拾花前10名都得到一张飞机票的奖励。拾花达到2.5吨以上的，团里报销往返路费。

一二一团派了一辆面包车，把张淑芬等10人送到乌鲁木齐地窝堡飞机场。几个人第一次坐飞机，伸手捏着衣袋里厚厚的一沓钱，从飞机的舷窗向下看，分不清底下哪儿是哪儿。开始时紧张得两手冒汗，飞到半程，吃了飞机上的免费饭，喝了飞机上的免费饮料，打趣说："这一回，把天上水喝到肚子里，都是高水平的人啦！"

他们美滋滋地盘算着回家后的生活，看着天上的流云，打算明年把家里人和亲戚都叫上，到新疆拾棉花。

不只是一二一团，兵团的所有植棉团场都执行了这一奖励政策，坐飞机回到家乡的拾花工大大地光荣了一回，吸引更多的人，加入赴新疆的拾花队伍。

# 五

被称为"候鸟"的拾花工，每年在家乡与新疆的棉田间群体迁徙。新疆地处北方高纬度地区，是自然界的候鸟每年从南方迁来又迁走的栖息地之一。人工治理与自然演变使生态环境发生了变化，新疆的一些地方，冬季出现了不再冰封的水域，自然界的候鸟便有了冬季不再南迁的现象。比如库尔勒市的孔雀河、伊犁河等水域以及玛纳斯国家湿地公园，有了天鹅和野鸭驻足过冬的新景致。

拾花的"候鸟"群也在分化，有些人选择不再迁徙，留在新疆做长住居民。返乡的拾花工"候鸟"把自己比作自然界的候鸟：留在新疆安家落户的，传宗接代，壮大了新疆的植棉队伍，用自己的新家，为家乡还有每年迁徙的"候鸟"们做一个定位点，让他们每年走出相对固定的线路，为他们的到来提供接应服务。

阿克苏地区光照与热量充足，有平坦的土地，丰富的河流形成了大规模的可调控灌溉系统，成为世界上最适合种植棉花的地方。从20世纪50年代起，经过陈顺理、刘学佛等一批技术专家和兵团军垦队伍的长期实践与共同开拓，这里拥有了先进的棉花种植技术。到20世纪80年代中后期，农一师各团场与地方各县的棉田相互连接，成为新疆面积最大的优质棉花种植区，也是中国最主要的优质长绒棉产出区。大面积的棉花成熟，需要大量的拾花工用双手采拾，于是比其他地区更早更多地吸引拾花工集体迁徙。多数拾花工来了又走了，少数人却像候鸟停止迁徙一样，留了下来。

杜性武是湖北省枣阳市上五坊村人，能吃苦，爱动脑筋，苦于家乡耕地少，有劲使不出。1991年8月，他和妻子随拾花大军第一次来到阿克苏的兵团农一师三团十一连。与大多数拾花工的想法不同，他来时就做了两手准备：拾花结束后，如果能找到别的活干，就留下来暂时不回家，等到赚够1万元，再做其他打算。这一年的拾花季，他与妻子忍受着南疆阳光的暴晒、蚊虫的叮咬、躬身拾花的腰腿疼痛，眼快手快，赚到了2000多元，在全团拾花工中收入名列前茅。

他和别人不同，除了拾花快，还能关心他人。早晨出工时，主动招呼伙伴一起走，到了棉花地，谁有什么事，主动去帮忙。

晚上回到交棉场，大家都很累，自己的事都忙不过来，他却像一台永动机，生龙活虎，帮助行动缓慢的人扛棉包过秤记数。杜性武慢慢地有了一定的威信，成了一起出工的20多人中的领头人。他给其他拾花工帮忙，相当于半个管理人员。连队干部看他是个人才，问他什么文化程度。他说高中毕业，高考落榜后在老家务农。连长得知后，主动征求意见，说他肚子里有墨水，人又精明勤快，如果愿意，可以留下来成为合同制职工。

兵团职工虽然也干农活，却属于城镇非农户，有编制，拿工资。

杜性武和妻子权衡一番，感觉新疆地域辽阔，团场的地多得种不完，比在家乡有前途，决定留下来。春节回家变卖了家禽财物，返回十一连。1993年，他当上了班长，成了真正的管理者。2002年，担任十一连的副连长兼司务长。这一年，他和妻子回了一趟枣阳，看到村里人的生活还是他们当年离开时的样子，自己对南方阴雨连绵的气候也不适应了。还有一个关键性因素，他在老家的房子久无人住，已经坍塌，两人只能借住在兄弟家。待了10多天，返回新疆时一声叹息，感觉自己已经不属于那个地方，真正的家乡变成了新疆的阿克苏。

三团位于喀什噶尔河下游两岸，东西横跨阿瓦提和柯坪两县，面积492.14平方公里。杜性武在连队任职有一份工资，妻子承包50亩地种棉花，每年能赚四五万元，在当时算是不错的收入了。三团职工收入的70%来自棉花，每年开春，根据各自的经济能力申请承包土地，少的二三十亩，多的上百亩，还有上千亩的大户，只要踏实劳动，每年都有丰厚的回报。

邱贤芬是河南信阳人，2002年第一次来十一连拾花。得知杜副连长曾经也是拾花工，她也动了留下来的念头。咨询了当时的落户政策，有初中以上文化程度，在连队连续承包土地5年，就可以成为合同制职工。她和丈夫都是初中毕业，两人盘算几天后，决定留下来包地种棉花。

能当"地主"，为什么还要做拾花的"候鸟"呢？

第二年，他们如愿承包40亩地，丈夫被安排到连队的泵站工作，夫妻俩有了团场的城镇户口，拿到那个蓝色的户口本，心里激动了好一阵。两年之后，她们熟练地掌握了棉花种植技术，也有十几万元的收入积累，承包土地超过100亩，真正有了满足感。

她可能没有意识到，除了每年增加的收入，她与很多种棉人一起，是新疆棉花走向世界顶流的支撑者。

农一师的"长绒棉甲天下"，三团种植棉花12.5万亩，每年需要拾花工4000人以上。从2004年起，拾花工年年紧缺。2006年，国家免除农业税，还给农民一定的补助，其他省份的很多农民不再愿意做拾花的"候鸟"了。河南作为拾花工的主要来源地，来新疆的人数大大减少，拾花工更为紧缺。每到拾花季，棉花这种轻柔的作物，承载着一份沉重的劳作。长绒棉铃小壳硬，每天拾花十几个小时，小心再小心，双手还是会被棉壳刺破，采拾的公斤数也少于陆地棉，拾花工不愿意干。为保证按时采收，兵团只得不断上涨工价。

2011年，新疆拾花工价普遍涨到每公斤1.8元。兵团实际引进拾花工37.18万人，支付报酬22.27亿元，拾花工人均收入5990元。地方种棉大户的工价有的上涨到每公斤2元。"拾花经济"成了劳动力输出省份的一个重要名词。

2012年，新疆棉花种植面积2577万亩，总产皮棉354万吨，占全国棉花总产量的51.75%，需要数量庞大的拾花大军。棉花市场价格走高，拾花工价每公斤平均达到2元，拾花工平均收入五六千元，高的有一万多元。

来自河南滑县的蒋顺莲，连续五年在北疆奎屯农七师一三〇团种花拾花，每年开春播种的时候来，初冬时节回老家，8个月连种带收，每年收入两万多元，成为家庭最主要的收入来源。

孙常顺从河南迁移到新疆定居种棉花。1993年，他放弃老家的裁缝活，举家从河南项城来到新疆，成了农七师一二六团九连的合同制职工。1996年承包土地600亩，成为种植大户，当年净赚15万元，以后每年有五六十万元的收入。孙常顺靠种棉花走上致富路，也改变了不少从老家来新疆的拾花工的生活。每年拾花季，全疆拾花工紧俏，孙常顺从老家招来60多人，解决了自己家的棉花采收问题，也让老家人不用东奔西走，有一份稳定的收入。

来自河南商丘的双胞胎姐妹刘美、刘丽在巴州农二师三十一团七连拾花，不足两个月收入将近5万元，比在家一年赚得还要多。

2012年，三十一团从河南、陕西、甘肃、重庆、四川等地引进拾花工1万余人，采拾籽棉2900多万公斤，支付拾花加衣食住行各种费用8700万元，每公斤平均费用3元。从河南去新疆的拾花工一直是一支主力军，从2003年起，每年都有数十万人。从河南远赴新疆拾花的大多是贫困农村的妇女，拾花的辛劳和收获的喜悦相伴。他们每年有两个月的时间离开家乡，用自己的双手为家里挣得一笔可观的收入，改善生活，建房置业，给家庭带来更多希望。

新疆的棉花产量逐年提高，从内地来的拾花工不断增加，但仍然有很大的缺口，一些植棉区联系疆内和田、喀什植棉少的县组织农民拾花创收。

2011年9月8日，和田地区策勒县客运站人群熙攘，来自各乡镇的农民，拎着大包小包等候乘车外出拾花赚钱。县劳动管理部门组织人员，协调运送拾花工的长途专车，上演了声势浩大的季节性劳务输出场景。政府组织，能人带队，引导农村富余劳动力，利用秋后农闲时节，到巴州、阿克苏的兵团团场和植棉大县拾花，成为帮助困难农民脱贫致富的重要措施。

这一天，县客运站安排大巴车36辆，安全运送1400多人到达巴州和阿克苏。这些人主要是年龄18—50岁的农村女性。

2010年9—11月，策勒县两万多名外出拾花工，创收2900多万元，人均1450元。

2011年外出拾花工2.9万人，创收6400多万元，人均2200元。

和田地区除策勒县之外，于田、民丰、墨玉、皮山等县，喀什地区的叶城、莎车、英吉沙、疏附等县，每年组织大量劳动力，秋后外出拾花创收。拾花农民增加了收入，盖房买车改善生活。有人成为组织劳务输出的职业经纪人，还有一些人留在当地承包土地种棉花，从而改变了全家人的命运。

2014年，新疆棉花种植面积达3632万亩，皮棉总产量451万吨，占全国总产量的73.21%。拾花工的人数继续增加，短缺情况却继续加重。工价上涨，部分种棉人因为找不上拾花工，成熟的棉花白白让大风刮走，造成巨额亏损。

这一年，库尔勒市普惠乡的董中种了200亩棉花，开春贷款20万元，4月出苗时遭受风灾，棉苗被刮坏，重播两次，种子、地膜、滴灌、人工、水电，一共花去40多万元。因为重播，棉花错过了最佳生长期，影响产量。按正常年份亩产籽棉500公斤，这一年实际只有300多公斤。9月20日开始采摘，棉桃开了一部分，只雇用了少量拾花工，实际亏损7万元。

同乡的洪全亮种了700亩棉花，同样遭受风灾，总产量较上一年减少100吨。拾花工价每公斤2元，算上食宿费用，每公斤的采摘费用2.7元。平均下来，每亩按300公斤产量计算，每亩成本2700元，棉花价格每公斤5.5元，总收入减去总投入，当年亏损70多万元。

喀尔曲尕是尉犁县最远的一个乡，距离县城100多公里，土地分布的塔里木河两岸，土质疏松，地势平坦，适宜各类农作物生长。农民拜杜克·阿布都拉利用自己开垦的土地种植棉花1000亩，贷款80万元，因为地处偏远，这一年秋天没有雇到拾花工，眼看白花花的棉花被秋风刮走，剩下的很多被冬霜打落到泥土里，凭自己家的人和少量拾花工，采收不到产量的一半，当年亏损将近100万元。

每年秋天，几百趟"拾花工专列"从内地的枢纽铁路客运站开往新疆，将几万、十几万名拾花工分别送到新疆各地，四五十天之后，又从这些地方启程，把他们送回当初的出发地。来与回两个时段，火车站人头攒动，一眼望去，排队站着的、行李包上坐着的、小摊前围着的，满眼尽是拾花工。铁路部门如同组织两次繁忙的春运，相关的兵团团场和地方政府高度关注，全力做好大规模人员集中运输的安全保障。

一个拾花季结束，所有参与者的感觉，如同迎面的潮水终于落下，紧张过后，会有很长一段时间的疲惫期。

"拾花经济"持续20多年，在大多数的拾花工眼中，靠拾花短期赚一笔钱是好事，但是不如长期进城打工。短期的收入，可以改善生活，解决部分问题，不过，这项收入不能作为家庭脱贫致富的主要依靠。拾花季过后，各地的拾花工拿着工钱回到家乡，过一段手头宽裕的日子。在老家把钱花完了，来年出来再赚，在两地间过着钟摆式的生活。

对于植棉户而言，拾花工总是处于紧缺状态，工价继续上涨，到2018年，高的达到每公斤2.5元，拾花费用成为沉重的负担。种植大户的风险增加，不再是稳赚不赔的行业。可是多年的种植经营，又无法轻易停下来。

新疆的棉花产量继续增加，人工拾花的成本到了植棉户所能承担的极限。作为拾花的"候鸟"，多年拾花，手指变形、腰痛腿痛成为职业病。人们期盼有一种机器，像当初替代人工播种一样，代替人工采棉，让拾花这一社会性的沉重负担得以减轻。

兵团团场和个别种棉大户，从美国进口采棉机。由于价格昂贵、维修困难，多年来无法实现大面积替代人工，国内缺少制造采棉机的技术力量，采棉机研制一时滞后。机器采棉，是一个可望而不可即的愿望，也成了新疆棉花继续增产难以逾越的大山。人们期盼着能有一种采棉机，做到人工的脚、眼、手、嘴"四字诀"，还能让老百姓买得起，会操作使用，让人们从每年两个月的拾花劳动中解脱出来。

可是，能实现"四字诀"的采棉机器结构复杂，涉及很多技术难题，国外的技术壁垒何时才能攻破？国内制造的技术"卡口"如何才能打通，制造出中国自己的采棉机？种棉人摆脱人工拾花的期盼何时才能实现呢？

# 第八章　种棉花变成轻松的事儿

一

　　一次偶遇，成为一个契机，这个契机关系到新疆棉花采收方式的改变。

　　每年秋天新疆百万人采拾棉花的场面，持续了很多年。如此规模的手工劳动，严重影响了棉花种植的效率。短时间内怎么才能改变？是以机械替代，还是采用其他方式？或者，大幅度减少种植面积？

　　作为中国最大、全世界重要的棉花种植区，新疆的棉花种植面积肯定不会大幅度减少。随着种植水平的提高，虽然棉花的种植规模不再发生大的变化，但棉花产量还在逐年增长。增产的棉花，要一朵一朵采拾，这样一来，对拾花的劳动需求就会增加。

　　想要改变人工采收的方式，除非实现大规模的机械替代。可是，国产采棉机制造技术不成熟，进口采棉机价格昂贵，每年的进口数量还要受到限制。没有足够的采棉机械，就无法把人从手工劳动中解放出来。

难道说，这次偶遇，会对国内采棉机的规模化量产产生实质性的影响吗？这可不是一个简单的问题。

采棉机制造有多复杂？难度会有多大呢？

一台采棉机，要具备行走、采摘、梳脱、清选、收集、打包等多项复杂的功能，最大的难题是，如何让这么多的功能在一台机械上同时高效实现。如同要一个人同时完成六七个不同工种的工作，还要快速高效毫无疏漏，这可能吗？制造一台大型采棉机，要攻克采棉头制造、动态检测系统、自动对行控制技术、自动化控制系统、自动称重系统、自动打包系统六大技术壁垒，所以采棉机是农业机械中最复杂、难度最高的发明之一，被誉为"农业机械皇冠上的明珠"，需要技术密集与资本密集的双重支撑。没有雄厚的制造实力与专业化管理水平，即便是超级投资者，也很难进入这个行业。

再看看采棉机的发展历史。

1850年，第一个采棉机专利在美国获批。之后的一百多年，美国、苏联等几个制造业大国的多家农机制造企业有过研发采棉机的经历。冷战时期，其他国家的企业退出，只留美、苏争霸，采棉机成为两国农机制造激烈竞争的一个焦点。几十年之后，苏联的采棉机制造企业黯然退出竞争，美国企业胜出，约翰迪尔和凯斯纽荷兰两家公司生产的采棉机处于世界垄断地位。

在世界采棉机制造竞争中，中国也有参与。1952年，中国投入资金研究，方向是当时的苏联模式，引进了苏联的垂直摘锭式采棉机。这种采棉机结构简单，制造要求低，但采净率低，含杂率高，撞落棉多，损失太大，无法投入使用。

1960年，新疆组织了一批机械人才，仍然是学习苏联技术，一年后制造出拖拉机牵引的垂直摘锭式采棉机。拉到棉田里试采，结果，第一项指标采净率即不达标，其他指标也和苏联采棉机的一样不过关，研制攻关被迫中止。

1989—1993年，新疆生产建设兵团引进全套苏联机械，包括垂直摘锭式采棉机、棉桃收获机、净棉机、喷雾机等，组织了中国第一次棉花全程机械化生产综合试验。试验进行了三年，仍有诸多技术缺陷，没有达到预期效果。

至此，中国放弃了垂直摘锭技术路线，转而引进美国的水平摘锭技术。1992年，新疆生产建设兵团引进美国凯斯公司的两行采棉机。

1996—2000年，新疆生产建设兵团开展机采棉引进试验项目，包括选育适合机采的棉花品种、田间管理、采棉机国产化设计等10多项，吸引了国内外众多棉花机械制造企业参与。"棉花大面积高产综合配套技术研究开发与示范"被列入国家"九五"科技攻关项目。

同时，新疆联合机械集团与新疆农业科学院、新疆农垦科学院、新疆农业大学共同攻关，引进美国的采棉头和发动机等主要部件总装制造。1998年，生产出第一台国内组装的三行自走式采棉机，经过多次测试，直到2001年，由于操作的稳定性与可靠性差、故障率高等问题，与进口采棉机存在差距，不能在市场上立足，没有得到业界的认可。

2002年，是中国采棉机发展的标志性年份。标志性的事件就是研发出了性能合格的采棉机。

中国农业机械化科学研究院集团有限公司和中国贵州航空工业（集团）有限责任公司，一家是中国农机领域的高新研发企业，一家是大型制造企业，两方联合，引进美国技术，研究制造出了第一台五行自走式采棉机。这一次成功被业界评价为开启了中国自主研发生产采棉机的历史。

开启不等于成功，能否投入使用，何时可以见效是重要问题。

2004年秋天，贵航集团下属的平水机械有限公司生产的平水牌五行自走式采棉机出现在新疆石河子的棉田里，准备与美国制造的同类采棉机展开田间竞赛。

这是一个历史性的时刻，包括众多棉花种植者在内的各方代表一起见证了这个场面。新闻媒体现场报道，把这次竞赛记录了下来。

2004年10月6日，竞赛在新疆石河子市农八师一三二团的棉田里展开，参赛"选手"是4台高大威武的采棉机。其中，2台为国产平水牌，1台是美国产的约翰迪尔牌，1台是美国产的凯斯牌。上午9时，竞赛开始，每台机械的作业时间为持续10小时。10月12日，竞赛场地转移到一二二团，同样10小时持续作业。两次"实战比试"，国产采棉机各项指标全部达标，与美国机械相比，综合能力稍弱，但部分指标略占优势。

这一场规模不大的测试，宣告了一个事实：中国的公司成为采棉机制造行业的新成员，中国整机完全依赖进口的历史被画上了一个休止符。

回顾历史，可以看出，在百万拾花"候鸟"每年奔赴新疆的同时，让机械替代人工的努力，从国家到地方，从科研机构到制造企业，都在持续着。然而，直到21世纪初期，这个问题依然没有从根本上得到解决。

国外先进的采棉机价格昂贵，每年进口数量有限。且不说棉花种植者资金不足，即使有钱，也不是想买就能买得到的。数量不多的进口采棉机，每年只能采收部分棉田。虽然国内已实现了

227

技术突破，但是要完成规模化量产，还有很长的路要走。机械大规模替代人工，尚未看到明确的时间表。

实现国产采棉机批量生产是一项系统性的复杂工程，不是像某一天，一只苹果砸中一个天才的脑袋，使他突然悟出一个原理那样。没有必然的努力和付出，改变怎么可能因为一个偶然的机遇就发生呢？

可是这样的偶然竟然在现实中发生了。正是一次偶遇，使得有人向这个难题发起新的挑战，撬动了国内采棉机制造，并在几年之内，取得了实质性的进展。

回顾那个过程，每一步都充满变数，有着很大的风险。

那次偶遇之后，一群人从东海之滨来到天山脚下，开始了一场沙漠祈雨般的风险投资。几年间，几次差一点儿中途止步、折戟沉沙，还差一点儿把他们原有的事业也拖垮。好在所有的"差一点儿"都得到及时挽救，他们涉险走过高山峡谷，迎来了豁然开朗的一片美景。

那一场投资，一年不见效，两年不见效，三年不见效……投资，追加投资，再追加投资……资金如同流入沙漠的水，顷刻不见。是及时止损，还是继续投入？继续投，还要投入多少，才能使沙坑长出绿色？这样的问题无人能回答。是进是退，只能由决策者自己决定。关键时刻的坚持和应变，让他们最终赢得了可喜的逆转。这一过程充满惊险和传奇。

回头来说说那次偶遇，到底发生了什么？

二

偶遇发生在2008年6月10日。

那一天，陈勇乘火车从上海回浙江嘉兴，偶遇一位从新疆到嘉兴学习的男士。他们并排坐在相邻的座位上。两人攀谈起来，很有共同语言。聊得高兴了，彼此介绍了身份。陈勇是浙江亚特电器股份有限公司董事长，另一位当时在新疆塔城地区乌苏市担任领导职务。出于专业与职责所在，两个人的聊天很快聚焦到了机械制造上。

乘车的时间虽然不长，但他们的聊天还是碰出了火花。两人聊新疆的大与美，聊新疆的棉花，聊每年秋天的拾花大军，进而聊到棉花是乌苏市的经济支柱。

他们又从乌苏棉花的多、好，聊到每年秋天拾花的难。棉花种植面积大，产量逐年增加，本是一件好事，拾花却像一道软绵绵的高墙，既推不倒，又翻不过去。棉花只能依靠从其他省份招来的拾花大军，用双手一朵一朵去采。他们聊到拾花工的迁徙之苦、拾花之苦。人海战术，付出多、效率低。

乌苏市的那位领导对每年秋天的拾花感慨万千，特别希望能以机械采摘代替人工，解决拾花难题。

亚特电器的主要产品是园林机械和电动工具，有十几大类，几十小类，销售区域包括中国、美国、日本、澳大利亚以及欧洲多国，拥有高水平的技术团队。

因为亚特电器的特点和优势，这位同行者建议陈勇到乌苏市实地考察，利用技术优势投资开发采棉机械。新疆有三千多万亩棉田，如果采棉机研发成功，不仅有巨大的销售市场，还可以逐步消除每年百万人的拾花之苦。两人一路聊棉花，聊出了陈勇新的事业情怀。

陈勇时年42岁，正处于事业上升期。他出生于湖北农村，创业打拼，热衷于机械制造。新疆棉花种植的宏大场景，对他是一种召唤。减轻拾花大军的辛劳、追求更广阔的市场，是企业发展的方向。打破国外垄断、普及棉花采收机械，有农机制造的"国家队"打头阵，但是距离市场普及还有很远的路。陈勇作为一位民营企业家，同样有着强烈的事业心和使命感。面对这个农机制造的"巨无霸"项目，他并没有产生畏惧心理。

两人一路聊着，陈勇表示，会认真考虑这位同行者的建议，在适当的时候，带技术团队前往考察。他们约定，到了秋天的拾花季节，在乌苏见面。

君子一诺千金，陈勇接受对方的建议，并不是突发奇想，而是在交谈中有了自己的想法。采棉机制造固然复杂，但是能不能找准一个小切口，巧妙介入呢？到底行不行，必须经过实地考察才能确定。

既然约定了，就要做好充分准备。陈勇回到公司，召集决策层专题研究后，组织了一支最具创新能力的技术团队。

2008年10月7日，"十一"小长假结束的第二天，陈勇带着亚特电器的6名技术骨干来到新疆。一行人乘机到达乌鲁木齐，再坐汽车去乌苏市。260多公里，差不多是嘉兴到上海距离的3倍，汽车要行驶3个多小时。这么长的路程，他们看到公路两边，南起天山脚下，北到沙漠边缘，白绒绒的棉田一望无际。

第一次看到如此多的棉花地，真是大开眼界。棉田里散布着拾花工，他们在烈日下戴着帽子，捂着长衣。几个人、十几个人一小群，像是撒在棉田里的棉籽。他们动作不停，却像蚂蚁啃食膨胀暄软的无边棉海，几乎看不出对成片白色的影响。陈勇看到这样的劳动方式，对望不到边的棉海产生了一种无力感，内心蔓延出对那些劳动者的同情。他转而仰望天上的白云，想，这种劳动方式必须改变。

他一路看一路想，如此广阔的棉田，仅凭人的双手，征服它，确实太过艰难。拾花工日复一日地劳作，就算得到一些收入，也很难有幸福感。这样的大农业，理所应当有先进的农业机械。牧人纵马驰骋草原，农人操控机械才能更好地驾驭广阔的农田。对一家机械制造公司的掌门人而言，破解人工拾花的难题，是挑战，也是事业发展的一种诱惑。

陈勇一行人到了乌苏市，宾主见面，一番寒暄。而后，他做的第一件事，便是让主人带他们去棉田里体验拾花。他和团队来到城郊八十四户乡的一块棉田，像拾花工一样下地干起来，感受其中的苦与累。一方面，这能激发大家的创造主动性；另一方面，这也能让大家体会身体各部位的动作和用力感受，琢磨人工拾花每一个动作的技术分解，启发采棉机的设计灵感。园林机械的工作对象花草树木是植物，棉花也是一种植物。修剪花草树木不是采摘，但原理相似。亚特电器有很强的设计研发能力，能制造出品类繁多的园林机械，但跨界制造采棉机械，不能凭空想象。要搞清楚每一个动作，非切身体会不可。

7人走进棉花地，一片真诚地对待棉花。他们满怀信心，计划体验半天时间。

几位长期生活在南方水乡的人，第一次拾花，知道会很辛苦，但对到底有多么辛苦，没有足够的思想准备。他们没有像拾花工一样做好面部和全身防护，突然间曝晒在大西北干燥的棉花地里，白皙的皮肤犹如水分饱满的植物突然离开水面，被曝晒在戈壁上，很快缩水起皱，产生炽痛感，随之鼻孔发干，嗓子被粗重的呼吸拉出血丝。

拾花仅两个小时，他们一个个皮肤肿胀，嘴唇裂口，手指被棉铃壳扎破，四肢僵硬，腰痛难忍，脚步挪动不再自如。说好干半天，按正常的工作时间算是4个小时。陈勇的创业之路，有过很多艰难和坎坷，眼前的困难自然不能让他退缩。他和大家继续坚持，硬是干到太阳西斜，日暮收工。

这一夜，几个人全身僵硬，疼痛不堪，难以入眠。真是没有想到，洁白柔软的棉花，却如同《西游记》盘丝洞里的温柔陷阱，不比刚硬暴力的妖魔好对付。接下来的几天，他们多次去棉田观察，看那些整日劳作的拾花工。那些人一个个皮肤黢黑，手上缠满胶布，弓腰不能直立。他们苦不苦？痛不痛？因为有过亲身经历，不用问便可真切感知。

在乌苏，他们对新疆棉花种植有了深切的了解，也对拾花劳动有了观察和感受。一番考察之后，他们在短时间内并没有形成研制采棉机的技术思路，但知道了采棉机在新疆有巨大需求。

新疆的棉花种植，从土地整理、铺膜播种到田间管理，已全部实现了机械化，只剩下采收这一关，裹挟着大量的劳动力。一番体验、多方考察之后，改变棉花采收方式，成了陈勇心中的一个执念。

公司决策层研究讨论，决定在乌苏成立公司，集中研发力量，制造国产采棉机。他们要让种棉花像园林整理一样，变成轻松的事儿。

一家成功的现代制造业公司，实际上是一个集成中心，以核心产品的总装制造为核心，成为一个大型工业生态聚合体。亚特电器的优势，除了自身的研发力量，还有集成上千家配件和材料供应企业的协同生产力量。这是他们勇于进军采棉机制造业的实力和底气。

新公司准备研发生产的采棉机也属于机械制造，但与公司原有的产品完全不同，需要起一个新名字。陈勇反复思考一个理念：生产采棉机，是要让中国的棉花种植者、众多的拾花工不再如此辛苦，是要让采收白云似的棉花变得快乐。

他反复掂量着这个理念，一定要取一个言为心声、词达心愿的独特名字。他白天琢磨，夜晚琢磨，做梦都在琢磨。他想了一个觉得不行，再想一个还是觉得不行，想了整整三个月。有一天，灵光闪现，脑海里出现了三个字：钵施然。

钵，衣钵传承，意为用工业的智慧与成果回馈农业；施，施与，意为让种棉人享有工业科技带来的快乐；然，自然，农业种植是人在天然环境的奋发，新疆的大美农业，也是大美自然的一部分。三个字，包含了同情心、同理心、社会责任心。

2009年8月26日，新疆钵施然农业机械科技有限公司（后更名新疆钵施然智能农机股份有限公司）在乌苏市注册成立。为什么前一年的10月已经决定成立公司，第二年棉花采收季即将到来时才注册呢？

陈勇有一个理想化的设想：注册完成，即有采棉机问世，为新公司开张献礼。

原来，他们考察结束回去之后，就组建了专门的技术团队，集中了亚特电器的核心技术力量，向采棉机研制发起了挑战。乌苏市在新疆的棉花种植业中很有代表性，综观天山南北的广大棉区，拾花的机械化无法实现，缺少机械是原因之一，另一个重要原因是许多地区的棉花种植模式，从种子、植株形态到株距行距，都不能适应机械化的采收操作。基于这样的现实，陈勇和技术人员有了最初的设想。这个设想也是他们认为的制造采棉机的一个绝妙切口。

试想，在新疆大地上一个盛产棉花但工业基础薄弱的传统农业县级市，一家棉花采收机械研发制造公司悄然成立，并且突然批量销售全新的采棉机，造福全疆的棉花种植户，怎么会不引起轰动呢？

陈勇和他组织的技术团队在浙江嘉兴厉兵秣马，信心十足，加快研制第一款采棉机，期待下一个拾花季到来的时候，把一款实用型产品突然展示出来。

然而，采棉机的复杂性毕竟摆在那里，怎么可能轻易造出呢？他们到底找到了一个怎样的切口，理想能否变为现实呢？

## 三

一家公司进入新的行业，有各种机缘巧合，但不能让激情压过理智，盲目去打无准备之仗。那么，钵施然公司会以怎样的方式进入采棉机制造行业？他们作出了怎样的产品定位？最初研发的采棉机是个啥模样呢？

国内外已有的采棉机构造复杂，钵施然公司高层是知道的。由于价格昂贵、数量不足，已有机器的主要用户是新疆生产建设兵团的棉花种植团场。这些农业团场大多有一个机务连，使用和管理本团场的农机，为种植连队提供有偿服务。这种优势使得他们可以集中资金购买进口采棉机。为了适应棉花机械采收的要求，这些团场专门按照机采的要求培育棉花种子，改变种植模式，逐步扩大机采棉的种植面积，同时配套建成专门加工机采棉的棉花加工厂。除此之外，广大农村的棉花因为由人工采拾，种植模式没有改变，也没有加工机采棉的工厂。也就是说，在陈勇带领团队到乌苏市考察之时，他们看到的棉田，种植模式只适应人工采拾，不满足机械采收的条件，即使拥有采棉机，它也无法作业。

机械采棉的条件是，第一，要有适应机械采收的种植模式。棉花的整株高度与果枝高度合适，棉铃在果枝上的位置合适，株型紧凑，行距规整。从手采模式到机采模式的转变，要从育种开始，让棉花长成适合机械收拢的株形，而不是只调整行距那么简单。第二，要有性能良好的采棉机。在新疆的广大农村植棉区，第一个条件短时间内不可能具备。陈勇在乌苏市的棉田里想到的目标，是实现手采棉种植模式下的机械采收。这其实是一个难上加难的课题。

棉花像覆盖大地的一张大被子，钵施然公司想掀开一个小小的口子，切入进去，将被子掀开。面对大面积采用手采棉种植模式种植的棉田，钵施然公司的决策层认为，在机采棉种植模式没有普及之前，一开始就研制大型采棉机不是最好的选择。他们把公司将要研发的采棉机定位于服务农村中小棉花种植户，决定从小型轻便、易于操作的便携式机械研制入手，让小型机械在新疆遍地开花。

这便是他们巧妙构思的切入口，另辟蹊径，四两拨千斤，开创采棉机械制造的新天地。他们乐观地认为，机器试验成功后，一定能很快向广大棉区普及。如果每家每户至少拥有一台，那将是怎样一个喜人的场景呢？

美好的愿望如何实现？小型有多小？便携式如何便携？这样

的机械没有现成的参数，没有明确的概念。研发团队立足亚特电器的技术优势，仿照人工采拾棉花的动作，构想出最初的便携式采棉机。

蔡永晖是最早的参与者之一。当时，他每天都在紧张的研制中，憧憬着一款灵巧的采棉机，在最短的时间内，到采棉现场亮相。

技术团队开始时是8个人，为了支持他们的工作，2009年开春，公司在嘉兴市余新镇尚待开发的厂区空地种了100亩棉花，供他们随时观察研究，做仿生机械试验。此外，公司还另外找来一批干枯的棉花枝杆，仿照生长的模样一排一排插起来，造成一块仿真棉田。陈勇让他们放开一切束缚，大胆设想，大胆实践。他们当时认为，采棉机就是与园林机械功能相近、专门用于棉花采收的农业机械，制造上没有太大难度。

乌苏市远离制造业中心，技术、设备、人才均不占优势。最大的优势是，这个位于天山北坡、准噶尔盆地西南的传统农业市，拥有180多万亩棉田，每年种出大片待采的优质棉花。这让技术团队充满信心，有了冲击采棉机技术的胆量和豪气。如此起步，是在一张白纸上作画，但所有的人都充满信心。他们只是用心去做，至于能否成功、何时才能成功，根本没有去想。事实上，成功与否，完全是一个未知数。

拾花要用两只手，手指采棉的动作，是机械动作的参照。如何用机械代替双手，是采棉机研发的第一个技术关键点。

拾花人最大的痛楚是弯腰。为什么拾花的女工多于男工呢？因为普遍来讲，女性的身高低于男性，手指的灵活度优于男性。在一眼望不到边的棉田里弯腰拾花，身材越高大越受罪。如果不用弯腰，身体的痛楚就会减少。于是，解决弯腰问题，就成了采棉机研发的第二个技术关键点。

着眼于这两个技术关键点，匹配相应的动力和机械，分步构思，组装成型，能不能研制出一种便携式的采棉机呢？有了这个思路，还未成立的钵施然公司，诞生了采棉机研制的第一条技术路径。按照这个思路，已有的园林机械里，有没有哪种可以借鉴呢？擅长实践的技术人员想到了吹吸杂草碎物的便携式风机。采棉机渐渐有了最初的模样。一次次修改完善、制作模具、配备零件，一台想象中的采棉机变成了实物。

每年的9月下旬到11月初，是新疆的棉花采收季。9月初，像往年一样，一路路拾花大军，从各自的家乡出发，乘坐火车专列、长途大巴或其他交通工具赶赴新疆，分散到天山南北广袤的棉田里。浙江亚特电器制造的30台第一款便携式采棉机伴随拾花大军被运到了乌苏市。第一批，第一次，凝结了创造者的智慧和劳动，就像一个新家庭的第一个孩子，无论美丑，都格外受到关注。

所有参与研制的人，理当优先享受成果。负责设计制造的技术人员运送自己制造的第一批采棉机，兴冲冲地来到乌苏市，如同要骑上自己养的骏马去驰骋草原，准备到棉花地里投入劳动，一展身手。他们的心情既激动又有点儿忐忑，他们希望这些"骏马"能有良好的表现。

这是一台怎样的采棉机呢？打开包装，30台机器显露真容：一个背负式机箱，里面装有一台电动风机；机箱左右向前各伸出一条软管，软管的头上各有一个伸缩齿抓取器；机箱下面挂一个大布袋。为什么是这个样子呢？拾花有两大痛楚，一是长时间腰弯难受，二是棉铃壳扎手疼痛。针对这两个问题，技术团队设计制造出这台背负式电动风吸拾花机。人把机器背在后背，两条软管从腋下伸出，用抓取器拾花，免去了弯腰和扎手之痛。设计的目标是一人背一机，一天采棉3亩，比人工拾花3人一天一亩效率提高9倍。由此计算，同一块棉田，使用这台机器，只需投入原有人工的九分之一。如果试验成功，向全疆的中小棉花种植户推广，将会引发一场革命性的改变。按照设计理念，这台机器构造简单，空机10公斤，一次可装棉花20公斤，满负30公斤。轻便易行，容易操作。30台采棉机，如果不计入模具制作的大额支出，每台制造成本几百元，目标售价1000元之内，很容易被棉花种植者接受。一切准备就绪，只等下田试验。一旦成功，推广销售就是一件顺理成章的事。这样的前景，让人怦然心动，不得不报以美好的憧憬。

2009年9月26日，新疆钵施然注册刚满一个月，准备试验自己研制的采棉机。

试验采用人机操作与拾花工纯手工拾花竞赛的方式，时间暂定一天。

这次比赛是一个怎样的场面呢？

30台便携式采棉机被运到了离乌苏市区十几公里的皇宫镇石桥村，比赛场地是林新国的棉花地。时年31岁的植棉户林新国种了200亩棉花，原计划雇用30名拾花工，用20天的时间采拾完毕。因为拾花工紧缺，只雇来14人，需要40多天才能拾完。钵施然公司找人联系试采的棉田，提供棉田的主人不用付费，技术人员带机器给他家白干活，代价是可能会造成棉花碰落。林新国是年轻人，思想开放，愿意看到新事物出现在自己的棉田里，何况是免费给他拾花。所以，有人找他商谈时，他略加思考就同意了，表示如果试验成功，要优先购买一台。

地有了，人有了，机器准备好了。

上午8时半，30台便携式采棉机运过来了，一字排开，摆在林新国家的棉田边，时年38岁的蔡永晖背起了其中的一台。

蔡永晖1971年生于河北衡水，1989年，考入中国农业大学的前身北京农业工程大学，学习农业与机械专业。1993年，他本科毕业，辗转多家企业，以机械模具研制见长。经过12年的磨炼，2005年3月，他加入亚特电器，3年后赶上钵施然公司成立和采棉机研制，成为技术团队最早的参与者之一。他此时准备亲自试验参与研制的机器。试验成功与否，与自己的事业发展密切相关。他1.78米的个子，背着10公斤的机器，感觉很轻松。

皇宫镇地处乌苏市、奎屯市、农七师的交界地带，两市与农七师的棉田四方交错，纵横相连。新采棉机要下地试验的消息不胫而走，不少棉花种植者赶来参观。

蔡永晖心跳加速，只等人机比赛正式开始，让机器大显身手。他心里暗想，只要试验成功，也许比赛还在进行中，摆在田边的机器就会被抢购一空。

上午9时半，太阳升高了，周边的拾花工都已下地，林新国棉田里的人机采棉比赛正式开始。蔡永晖和另外2名技术员各背一台采棉机走进棉田，启动开关。机箱里的电池带动风机转动，软管随之鼓起来，把空气从外往里吸。两条软管从左右腋下伸出来，操作的人两手各把一条，分别伸向身边吐絮的棉桃。软管头上的伸缩齿像一只小手，轻轻一撕，棉絮脱离铃壳，"呼"的一下被吸入软管，落入机箱下面的布口袋，这一系列动作，只在一瞬间。吸了一朵，伸向另一朵，"刷刷刷"，很是痛快。

蔡永晖察觉到这台机器的优势，不用手撕棉絮，开裂的棉铃壳就扎不到手指。不过，像他这样的个子，腰不能挺直，还是要略弯，时间一长还是觉得酸痛。他们3人刚刚体会到机器采棉的痛快，动作就有些别扭了。当初，在余新镇的厂区对着干插的棉枝试验时，伸缩齿斜着朝下伸，一对一个准，没有任何问题。现在到了棉田，他们才发现棉桃并不是只朝着一个方向吐絮，而是朝左朝右、朝上朝下，各个方向都有。他们采棉株顶层吐絮朝上的棉桃很顺利，一遇到朝其他方向的棉桃，手中的软管也要调整方向，这样一来，采棉动作不能连贯进行，效率便受影响。

再看那几名拾花工，他们双手采棉，"噜噜噜"，一只手撕五六七八朵，抓满一把后才移动手臂，装进胸前的布袋里。不论上下左右各个方向，他们都能调整身体与手臂连续采摘。

如果算单个棉桃的采摘时间，机器略占优势；但论采摘的连续性，人工占优势。两个因素综合计算，人机结合并不比纯手工操作快。蔡永晖他们为赶时间，遇到棉株底层吐絮朝下的棉桃，只能略过，导致单趟采净率低于拾花工。不过，按当时的手工采摘种植模式，也要按棉花铃桃的吐絮时间先后采摘4遍，这个弱项可以暂且不计算在内。蔡永晖他们手忙脚乱，只顾赶进度。等到后背机箱下的棉袋快装满时，30多公斤背在身上，他们就感到有些沉重了。腰腿酸痛，一身大汗，动作也变得迟缓笨拙起来。拾花工们按照平时的节奏继续采摘，没有出现不适状况。

一个多小时之后，蔡永晖渐渐感觉自己跟不上节奏，动作更加迟缓。他生长于曾经盛产棉花的河北农村，对棉花有着天然的感情。现在研制采棉机，以为是命运眷顾，没有想到，身背机器第一次出马，时间不长就有了无力感。他手脚不能充分施展，心慌气喘，形象有些狼狈，颇感几分憋屈。再看另外两名技术员，状态比他还差。如果继续坚持，这场比赛，他们会败得很惨。不过，既然是比赛，即使出现困难，也不能半途而废，必须进行到底。因为他们是从事机械制造的技术人员，采摘棉花不熟练，所以决定换人。人换机不停，采用车轮战。比赛的目的是测试机器，换人不算违规。这一天，3台机器9个人，分为3组，一个半小时一轮换。一天下来，最多的一组采棉量刚刚达到100公斤，另两组是80多公斤。而几位拾花工都是熟练工，拾花量全部超过100公斤。第一次试验，一天的时间，几位技术人员付出了辛勤的劳动，怀抱着对事业的希望，不仅没有达到原定目标，工作效率与拾花工相比，也完全处于下风。单看结果，无疑是失败了。

围观的人群，开始时兴致盎然，没一会儿就不以为意，有人嘴里还说着风凉话，不到半天就陆续散去。没有一个人表现出想购买一台的意愿。

日头西沉，一班人拉着机器回到公司。食堂准备了丰盛饭菜，大家辛苦了一天，先各自吃饭休息，不作任何总结。

第二天，陈勇主持了一场讨论会。首先，评估第一次试验的结果。必须承认，便携式机器采棉的目的达到了。效率不高，没有显示出替代人工的优势，不能实现预期目标，无法进入市场，不等于完全失败。这场试验至少证明一点，机械采棉的门槛虽高，却不是不可以进入。其次，讨论试验中发现的问题。吸气软管的灵活性不足，手持伸缩齿采棉的准确性不够，风机吸力的大小不符合需求等，这些问题，可以立即加以改进。这些技术人员是设计、制造和试验的全程参与者，他们熟知机器，也熟悉了棉花。这是他们经过一次次失败挫折，最终走向成功的最大秘诀。

第三天，机器没有运回浙江。乌苏的工厂具备了一定的生产条件，技术人员对机器进行现场改进，继续试验。修改一次，测试一次。从9月底到10月下旬，蔡永晖和团队的同事们对这台便携式采棉机做了5次改进,又做了5次试验,采棉效率还是没有实质性的提高,一人一机日采3亩的目标根本无法实现。

第一款样机经过6次试验,最后只得承认失败。

怎么办?如果要继续研发,就得另寻思路。这样的局面很残酷。是黯然收场,还是继续研发呢?

再次起步,对公司而言,意味着新的投资;对于研发人员而言,意味着必须清空大脑,在一张白纸上绘制新的图画。

然而,新的投资,意味着新的风险,公司股东愿不愿意承担呢?

公司董事会决定不改初心。钵施然公司刚刚成立,第一次研发,时间匆促,虽不成功,却也不必气馁。陈勇要求研发团队放下包袱,重新出发。

公司的决策是动力,也是压力。研发人员在一起总结,思考,研究。新的思路在哪里呢?

2010年春天,公司在嘉兴本部的100亩棉花地播下新的种子。棉籽种下去,生根发芽,破土而出,一天天长高长大,开花坐铃,结出棉桃,研发人员的灵感随之萌生。经过大家的集体努力,新的设计思路有了。

思路是新的,但设计理念依然是模仿人的拾花动作。

这一次,他们借亚特电器的一款成熟产品——手推割草机的原理,设计出一套由采棉机械、吸气管路、装棉布袋等部件组合的机械集成,可以安装在小车上推着移动。底盘下安装的灵活的转向轮在制造车间里被反复试验。机械的采摘部分得到优化,机械部件的配合度也有了提升,整机操作轻巧灵敏。10月,钵施然公司的第二代试验机再次被运到乌苏市的棉田里。面对洁白的棉花，团队希望它能吞吐自如，干净快速地逐行采收棉花。这一次，蔡永晖等人心里对它寄予了更大的希望。把机器推入棉行，启动开关，机械臂连撕带吸，快速将吐絮的棉花吸回，效果明显好于上一次，采摘非常顺利。然而，随着机器向棉田深处进入，它的前行和转向出现了意想不到的情况：机器像醉汉一般，在棉丛中东倒西歪；又像正在奔跑的骏马，四蹄被绊，前仰后合，三摇两晃，摔倒在棉丛里。因为开关没有关闭，机器依然不甘心地"突突"着。跌倒扶起，扶起又跌倒，跌跌撞撞。出现这样的状况，采摘效率自然受到影响。经过反复调试，结果又一次让人失望了。工厂测试时，在水泥硬地上行走自如的转向轮，到了棉花地上，由于泥土软硬不一、高低不平和棉秆纵横阻挡，行走效果不尽如人意。

大半年的研发制造、反复试验，又失败了。第二次研发，第二次制造，第二次实验，投资和努力又废了。

研发一种高度复杂的机械，即使路径正确，道路也可能很漫长。而假如路径选择错误，便会走得越远，错得越深。

钵施然公司的采棉机研发第二次宣告失败，原有的思路基本走进了死胡同。硬闯，很难得到理想的结果。如果还要继续干下去，最好的办法是返回，认真审视前两次走过的路，寻找问题到底出在哪里。

陈勇和公司决策层反复思考。原路向前走不通，错误是出在小型便携的产品定位，还是出在研发采用的技术路径？

园林机械和采棉机是两种机械，前者多数是单机工作，后者则是几套系统的组合。经过反思，他们不得不承认，如果不研究已有采棉机的原理，想走一条全新的道路，几乎没有成功的可能。

钵施然公司此时面临多方面的困难。企业的投资要产生效益。两年的时间里，公司围绕采棉机的研发制造，建厂房、进设备、购买材料、制作了大量的生产模具，却没有看到任何希望，所有的投资成为巨额亏损。

两次失败，不仅耗费了巨额资金，也消磨了研发人员的信心。

怎么办？是继续投资，还是及时止损、调整发展方向呢？

陈勇作为公司董事长，既要管理亚特电器，还要费心于钵施然公司。嘉兴与乌苏，相距遥远，两头奔走，耗费了他的大量精力。进，还是退？艰难的抉择摆在面前。继续投资，能不能成功？即使成功，还需要付出多少成本？成功之后，多久才能产生效益？如果不能成功，损失必然更大，由谁承担？

这些问题，他不得不考虑。可是如果有太多顾虑，之后的路就难以继续走下去。若就此止步，后面的故事就不会发生了。

在更大的风险面前，陈勇没有退缩。

主心骨有决心，主要股东也没有打退堂鼓。决策层坚定地站在向前的路口上，愿意承担挫折带来的损失，决定继续研发。

之前，想从一个小的入口切入市场、快速制造出产品的定位并没有被全盘否决。但是，他们也认识到，必须打开视野，重新了解世界采棉机发展的趋势，学习最先进的采棉机原理与构造，从中选择适合自己的产品，寻找新的研发路径。他们决定研究相关资料和国内外采棉机的生产发展状况，再次审视研发采棉机的技术难度。相比世界知名企业为研制采棉机付出的成本，自己所走的两年弯路，付出的成本，几乎可以说是微不足道。

那么，新的路径在哪里？怎样才能取得实质性的突破呢？

# 四

一台先进的采棉机，在农机中居于很高的地位。与国际农机制造巨头和国内中国农业机械化科学研究院那样的研发机构、贵航公司那样的大型企业相比，钵施然只是一个体量很小的公司。有勇气、能坚持，难道就能撬动复杂高端的采棉机制造板块，获得成功吗？

就在钵施然公司的采棉机研发遭遇失败之时，刚刚有了起色的中国采棉机制造事业也遭到了新的挫折。

2004年，贵航集团下属的平水公司与农八师合作，在石河子建立了生产基地。

2008年，石河子贵航公司制定了雄心勃勃的发展计划，当年生产四轮五行自走式采棉机60余台，在农五师、农六师、农八师销售，得到植棉连队的认可，采摘效率接近进口的约翰迪尔采棉机和凯斯采棉机。一台国产平水牌采棉机一天可以采棉150—200亩，相当于400—600名拾花工一天的采收量，每吨棉花的采收成本比人工拾花下降700—800元。

同年10月，石河子贵航公司建成了机械加工生产基地，具备了年生产100—150台采棉机的能力。贵航总公司、中国农业机械化科学研究院、新疆农垦科学院、石河子大学、新疆农业大学等科研机构和院所携手合作开展新产品的研发制造。贵航集团对采棉机研发、生产非常重视，与农八师追加了投资，大力支持。贵航集团利用自身技术优势，成立了3个专家组，投入到采棉机的设计和技术研究开发中；农八师则利用自身的市场优势，致力于采棉机的销售推广。在未来设想中，石河子贵航公司将以大型采棉机制造为核心，贵航集团要成为农机装备制造产业平台，农八师则要成为农业装备制造业的研发生产基地。依照当时的发展势头，实现中国采棉机的大批量制造，全面满足新疆棉花机械化采收的需要，美好前景就在眼前。

然而，重大事业的发展往往不会一帆风顺。就在石河子贵航公司表现出良好的发展势头、规划出宏伟蓝图之时，由于种种原因，双方合作出现了新的问题，最终走向终点。

乌苏市与石河子市相距120多公里，陈勇得知石河子贵航公司的实际状况，不禁陷入深思。从某种程度上讲，石河子贵航公司出现的问题相当于中国采棉机制造业的问题。在这样的背景下，钵施然公司作为刚刚成立的民营机械制造企业，仍然坚持进军采棉机行业，需要多大的勇气呢？两次失败后，再次起步，相当于与中国农业机械化科学研究院直接参与的头部企业并进，与约翰迪尔、凯斯纽荷兰两家国外大型公司共舞，就算有折戟沉沙的勇气，也要有足够强大的能量啊！

钵施然犹如一个蹒跚学步的婴儿，向行业巨头发起正面挑战。

2011年3月，受公司安排，蔡永晖和几位技术人员去石河子察看采棉机。他们先去石河子贵航公司考察，发现工厂已经停产。随后，他们到炮台镇的一二一团、红光镇的一三二团、东野镇的一二二团等团场的机务连，考察他们使用的国产和进口采棉机。蔡永晖等几人先后考察了国产的平水牌五行采棉机与进口的约翰迪尔和凯斯六行采棉机。随后，他们复印了几种采棉机的使用说明书，对照各个部件详细察看，重点研究采棉机的关键部件——滚筒式水平摘头。

滚筒式水平摘锭采棉机结构精巧复杂。石河子贵航公司生产的平水牌 4MZ-5 型五行自走式水平摘锭采棉机，前面是五对钳形叉子一样张开的三角状棉株扶导器，一对扶导器连着一套采棉单体。采棉单体的结构主要包括前后排水平摘锭滚筒、采摘室、脱棉圆盘等。水平摘锭滚筒又包括摘锭座管、水刷、淋洗器、摘锭锥齿轮等，具有采摘效率高、落地棉损失少、含杂率低、功率消耗低的特点。

兵团的机采棉种植采用 10 厘米＋66 厘米宽窄行模式，即行距为 66 厘米的宽行和 10 厘米的窄行交替种植，这种模式有利于生长时期棉花展枝通风。到了采收时节，采棉机开动前进，一对扶导器像一个张开的大嘴，两个三角形的嘴叉正好从 66 厘米的空地穿过，将相距 10 厘米的两行棉株收拢导入采摘室。采摘室其实是一条细缝，宽度在 80—90 毫米之间，缝的一面是水平栅板，另一面是压紧板，棉花植株在进入采摘室的过程中会受到水平栅板和压紧板的挤压。采摘室后面连着的是采棉滚筒，里面水平安装有两组摘锭滚筒，滚筒上配装有摘锭座管。每个摘锭座管上端装有曲拐，曲拐带有滚轮，前滚、后滚分别有 12 排 10 多厘米长的螺纹针锥型钢齿，即摘锭锥齿。摘锭转动时，螺纹针锥型钢齿正好伸出栅板，插进采摘室中被挤压的棉株里。摘锭一边随滚筒公转，一边又以每分钟 2000—2500 转的速度自转。滚筒上的摘锭彼此之间保持了 40 多毫米的距离，这个距离在作业时，可以根据实际情况加以调整，不会漏掉吐絮的棉花。开裂棉桃中的籽棉遇到高速旋转的摘锭，会被锥齿挂住，从棉桃中被拖拽出来，逐层缠绕在摘锭上。

随着采棉滚筒的公转，摘锭经过栅板后退出采摘室，进入脱棉区，遇上脱棉圆盘。脱棉圆盘的旋转方向与摘锭的旋转方向相反，籽棉被从摘锭上脱下，输送到集棉室。集棉室内风机气道形成负压，将籽棉经吸入门和风筒送入棉箱，完成一次采摘过程。而后，摘锭随滚筒转到淋洗板刷处。淋洗板刷是长方形的工程塑料软垫板，摘锭在这里得到滴水淋洗。淋洗后的摘锭随着滚筒的公转又回到了采摘区，开始下一次采摘程序。如此周而复始，循环往复。

除了这一套前置悬挂式采摘工作台，整台机械还包括自动翻转输卸式棉箱、液压系统、电气系统、底盘系统、发动机系统、驾驶室、操控系统、输棉装置及淋润系统等。

五行采棉机有五套前置悬挂式采摘工作台，经过调整，能够采摘种植行距为76厘米、81厘米、91厘米、97厘米和102厘米的棉花。

采棉机有自动温度控制、自动加压的"豪华"驾驶室。驾驶台配置有各种监控系统，驾驶员通过点触触摸式屏幕可以调整压实棉花的时间、查看机器行驶速度和行走状态、及时处各种报警信号和故障诊断信号。

平水牌4MZ-5型五行自走式水平摘锭采棉机具有多项国家专利，总重量14.5吨，采摘速度有三档，最高可达每小时25.5千米，棉箱容积为32.8立方米。驾驶员坐在驾驶室里可以获得装满信息。如果棉车已经装满，驾驶员即可将棉花卸到拉棉的车箱里。

看过石河子贵航公司的国产采棉机，再去看约翰迪尔公司与凯斯公司的采棉机，蔡永晖他们发现其功能构造大同小异。他们感觉到四个字：高端，复杂。相比他们之前试制失败的便携式采棉机，这些专业性极强的机械，外形是庞然大物，内在的技术更是精密严谨。

　　怎样入手，才能走出一条属于自己的研发道路呢？

　　国外采棉机的每一个部件都有专利技术，照抄照搬违反专利法，引进消化则难度特别大。想一项一项破解，需要太多的时间和精力。另一个现实是，新疆的棉花种植，除兵团农场之外，其他种植户都不是按照机采模式种植的，因此不能使用机械采收，也没有配套的机采棉花加工厂。

　　机采棉种植模式的普及尚待时日。钵施然公司决定从实际出发，继续走小型化的道路，研发一种单头机，即一种一对扶导器连接一个摘头，一次行走，采收相距10厘米的两行棉花，行走依靠拖拉机牵引的采棉机。与石河子贵航公司研制的五行机相比，它算是一行机。这一次，为了获得成功，钵施然将研发团队由8人扩大到12人。

　　方案严密，路径合理，公司上下都抱着必胜的信心。

　　再次起步，他们走的路与世界采棉机制造巨头相比，其实还是一条不同的路。这样一个小公司，能获得成功吗？

# 五

　　钵施然公司新的采棉机研发对标大型采棉机。研发团队干劲十足，再次看到了前进路上的光明。即使是单头机，但与之前的便携式采棉机相比，也增加了很多部件。公司采取了保守策略，精益求精，攻克各种技术难点，于2010年上半年试制出了一台。9月，又到了新一年的采拾季，钵施然公司的单头采棉机准备投入采棉试验。10月初，钵施然联系了乌苏市头台乡一户有大条田的种植户。当时，新疆的高标准农田建设刚刚开始，大多数棉田还是小块耕地。而这一户的棉田，单块面积100多亩，单趟长度200多米。钵施然公司的第一台单头采棉机要到他家的棉田做试验，种植户感觉是一件好事，爽快地同意了。

为什么时间迟至10月初呢？原来，种植户对机械的性能不了解，担心采净率不高、撞落棉铃太多，造成损失，为他们提供的是人工已经拾过一遍的二遍花等采棉田。

10月8日，钵施然公司的单头采棉机下地试采。一台小四轮拖拉机从左侧牵引着这台采棉机匀速前进。一对淡黄色的扶导器将两行棉株收拢进采摘室。摘锭运转，棉花通过空气通道，进入后面的棉箱，一切顺利。因为是二遍花等采棉田，所以每株棉苗上挂着第一遍采拾后剩下的三五朵花，稀稀拉拉的。机械开过去，就基本采收干净了。据目测，采净率达到93%左右，接近国际标准。撞落率因为不明显，所以没有做明确计算。第一天从上午9时到晚上9时，人歇机不停，12小时采收了45亩。接下来连着5天，单头采棉机将200多亩棉花全部采收一遍，日均采收30—50亩，钵施然公司的技术人员与种植户基本满意。作为第一台单头采棉机，当时的效果甚至超出了预期。遗憾的是，它采的是二遍花等采棉田，所以日均采收亩数、采净率、撞落率等一些主要指标只能推算。机械试验讲究严谨，推算数不能作为最后的依据。为了进一步验证，公司联系到了一块面积不大的头遍花等采棉田做了试采。由于面积太小，一天就采摘结束，但效果不理想。试采时产生了一个新的问题，摘锭的钢齿不能把籽棉一下就掏干净，采收后，棉枝上还留下了山羊胡子一样的丝絮。

尽管如此，大家认为这台机械的主要性能瑕不掩瑜，即使有一些欠缺，也还能纠正。综合评分过关。

2011年，钵施然公司正式安排了单头采棉机的生产计划，一次性订了关键部件摘头 50 台。公司内部准备了制造 50 台机器所需的配件材料，添置了生产需要的设备、模具及其他工具。从 2008 年 10 月研制采棉机开始，3 年多的时间，他们走了弯路，付出了资金、精力，现在终于可以投入生产了。这一年，大家认为成功就在眼前，干劲十足。然而，公司决策层还是觉得，要等到试验成功得到市场认可后才能开足马力生产，于是把生产计划由 50 台降到 20 台。8 月底，20 台单头采棉机总装完成，经过核算，每台制造成本 30 多万元。公司对市场作了预测：兵团植棉团场拥有大型采棉机，但地方农村棉田的地块没有达到标准化要求，种植模式没有从手采转变为机采，大型机械行走不便，单头采棉机具有一定的优势。因为单台价格不高，所以只要试验成功，就很容易被种植大户接受，届时就可以扩大生产规模，一举扭亏为盈。

9 月中旬，乌苏市的棉花采收拉开序幕。钵施然公司联系了皇宫镇、头台乡等多个乡镇的多家种植户试验新的采棉机。然而，拖拉机从左侧牵引，只能顺着一边走，每到地头，直接调头会压到未采的棉花，所以必须绕圈走，操作起来很困难。虽然制造技术有了很大的进步，但实际采收效率低，新的采棉机也没有市场。非常遗憾，这一次研发试用也失败了。

钵施然公司的采棉机研制，一开始就是负重登高。一路上山，道险路窄，每一步都走得异常艰难。此时似乎看到山顶，道路便更加崎岖，每走一步，就需要付出更多的努力。几年间，钵施然累计投入超亿元，对于母公司亚特电器而言，这无疑成为沉重的负担。他们的试制如同攀登珠穆朗玛峰，此时，已经到了海拔 8000 米的地方，登顶或下撤都很困难。更大的难题摆在决策者的面前，怎么办？

陈勇再次站出来，作为亚特电器及钵施然公司的主要股东，他坚定地要继续前行。这一次与以往不同，研发已经走在正确的轨道上。小型单头牵引式采棉机存在采收效率低、操作困难等方面的问题，但采棉机的核心部件——采摘头研制取得了关键性的突破，钵施然公司自行设计制造的采摘头，采净率和含杂率等核心指标达到了国际标准。经过多次测试，团队也取得了宝贵的数据和经验。五行采棉机不就是相当于五个单头机吗？单头机生产成功，就可以研发多头机。在陈勇的主导下，钵施然公司的采棉机研发，如同举重运动员举重，一个重量没有成功，下一次直接选择了一个更大的重量。

2010年，中国农业机械化科学研究院与平水公司联合开发出中国第一台拥有完全自主知识产权的4MZ-3型四轮三行自走式采棉机，获得十几项技术专利，填补了国际采棉机的机型空白。与五行和六行采棉机相比，这种新机型具有机动灵巧的特点。这让钵施然公司看到了新的技术研发方向。

2012年，钵施然公司放弃了对单头机的技术完善，转而追加投资，直接研制四轮三行自走式采棉机。多年研发的实战积累，加上引进技术，10月，钵施然公司的第一台三行自走式采棉机总装下线。由于前几年试采效果不理想，之前合作过的种植户不愿意再合作，11月初，他们在之前没有试采过的乌苏市四棵树镇找到了愿意测试的种植户。棉花的第一遍采拾从9月下旬开始，11月初时，所有种植户的第一遍花全部拾完了，很多家的第二遍也已拾完。他们联系到一家种植大户，去采他家的第二遍花。彼时北疆已经落霜，地里开的都是霜后花。三行自走式采棉机开到地里，行走自如，棉花采收效率大大提高。但与上一年测试单头机的情况相似，所剩不多的霜后花稀稀拉拉，无法计算测试的实际数据。为了争取时间，11月中旬，公司用平板车把这台机器拉到南疆阿克苏地区的种棉大县沙雅，联系到两家因为拾花工不足，尚有几百亩棉花未采拾的种植户。这两家的棉花再不采收，就会造成很大的损失，所以种植户对采收质量也没有太高的要求。钵施然公司的采棉机开到地里，一天采收超过100亩，采净率和撞落率没有达到理想的数字，不过种植户比较满意，各项功能测试基本过关。这一次采收，研发团队也发现了一些需要改进的地方。

2013年，钵施然公司走过5年的研发之路。5年的不断投入，使之具备了生产大型采棉机的能力，迎来了批量生产的新阶段。这一年，钵施然制订了生产10台三行自走式采棉机的计划，集中技术力量，从2月开始制造，10台机器于8月底完成总装下线。机器的销售方向是农村的棉花种植大户和农机合作社。此时，北疆农村有部分植棉大户改种机采棉模式的棉田，三行自走式采棉机如果成功，会有良好的市场前景。公司成立五周年纪念日，推出优惠措施，向用户展销推荐。然而，10台采棉机仍然存在一定的技术缺陷，预想的销售结果并没有出现，这一年的销售又失败了。不过，这次失败没有给大家造成心理上的太大打击。虽然没有形成实际销售，但是问题已经缩小到一些可以继续改进的具体指标。

2014年，钵施然公司对三行自走式采棉机进行技术升级，制成了可容纳2吨棉的大容量双层棉箱，能够一键侧向卸棉。升级后的2014款采棉机成为钵施然三行机的基本形制，之后的机器都在此基础上进行升级和创新。

同年9月初，15台4MZD-3型三行自走式采棉机在工厂大院里整齐排列。机器主体颜色采用了中国传统的喜庆色彩红色。整机长9.58米，宽3.9米，高4.3米，重13吨，红色机身前面，是3对6只黄色的三角形扶导器。3台一排，15台摆成5排，高大威猛，阵容强大，显出不可阻挡之势。

直到此时，蔡永晖等研发人员仍然感觉有郁气闷在心里。他们期待成功，但不知道那一刻什么时候到来，到来之时又是一种怎样的滋味。

这一年，这一月，这一刻终于到来了。经过实测试验，他们期盼的一幕出现了。

2014年9月12日，第一台采棉机的销售实现了，售价95万元。

一台崭新的红色三行自走式采棉机，在红日照耀下，机头挂着大红布，红布簇拥着大红花，像出嫁的新娘一样被人接走。

随后几天，上门购买的客户越来越多，15台采棉机销售一空。喜庆的红色装点着钵施然公司的整个工厂，充溢在公司上上下下所有人的心里。

这一年的成功值得铭记。公司的产能与技术全面提升。同年10月底，他们研制的第一台六行自走式采棉机完成了总装和测试。

2009—2014年，连续多年的投入使公司累计亏损一亿多元。2014年，钵施然终于站上了大型采棉机的生产舞台，成为世界采棉机制造业家族中为数不多的成员之一。登上高山，视野不再受到阻挡，钵施然由此开始了大跨步的迈进。

2015年，钵施然公司与贵航集团合作，完成了2台六行自走式采棉机生产；提升完善了三行自走式采棉机的制造技术，总装完成30台，在新疆市场全部销售完毕。

2017年，销售三行自走式采棉机41台，第一次实现了当年盈利，赢得了中国采棉机市场9.3％的市场份额。这家体量不大的民营公司终于有了自己的市场地位。

2018年，中国的采棉机生产迎来一个新的转折点，标志是国产采棉机的销售量首次超过外国品牌，其中贡献最大的企业就是钵施然。这一年，他们在种棉大县沙雅建成了子公司，全年生产销售大型采棉机240台，超过美国约翰迪尔公司，坐上了中国采棉机销售市场的第一把交椅。

2019年，钵施然公司在阿拉尔市建成了第三家工厂，批量生产200多台采棉机。

2020年，钵施然的第一台三行自走式打包采棉机研制成功，拥有技术专利30多项。生产六行自走式打包采棉机3台。

2021年，生产三行自走式打包采棉机240台，六行自走式打包采棉机5台。

2022年，钵施然再获新突破，销售三行自走式采棉机535台，六行自走式采棉机35台，共计570台，占全国采棉机总销量的35％。

采棉机分为厢式采棉机和打包采棉机，主要的区别是装运方式。

早期的采棉机都是厢式机，人们称之为"散花机"，操作简单，维护方便，采净率高，适合中小地块棉花收获使用。厢式机采收的棉花经过风道，被装在后面高高的大箱子里。装满一箱后，卸棉装置开启，棉花被倒入运输车的车厢中，或者被卸在地上，二次装车运往轧花厂（即棉花加工厂）。采用这种方式，不仅装卸过程需要付出人力、物力，籽棉还会粘上枝叶、泥土等种种杂质，造成新的污染。

打包采棉机是厢式机的技术升级版，在棉箱后面增加了液压

皮带打捆装置。与厢式采棉机相比，打包采棉机实现采包一体
化，直接将采摘的籽棉打成由塑料布包成的圆柱形捆包，重量
0.5吨—2.2吨不等。打包好一个，后厢自动打开，捆包滚落地
面，人们称之为"下蛋机"。当采棉机以每小时6—7公里的速度
走过去时，一个个米黄色的"蛋"便等距离摆在棉田里。打包采
棉机提高了采收效率，采净率提高，还省去二次打包的环节，减
少棉花杂质，工效提升25%—30%。

2020年之后，其他厂家也先后推出同类产品，厢式采棉机逐
步被打包采棉机取代。

钵施然公司的曲折发展，磨炼了一批年轻人，给他们提供了
成长的平台。蔡永晖作为最早参与的工程师，先后担任亚特农机
事业处科长、经理，钵施然公司研发经理、技术总监、董事兼副
总经理、研发总监。

1989年出生的刘钧天，2014年洛阳理工学院车辆工程专业
本科毕业后到亚特电器农机事业部工作，2015年到钵施然公司工
作，2019年升任六行自走式打包采棉机总工程师。

1990年出生的梁定义是刘钧天的同学，2014年洛阳理工学
院机电系本科毕业后到亚特电器农机事业部工作，逐步成长为三
行自走式打包采棉机的总工程师。他们在钵施然公司成就了个人
事业。

钵施然公司因一次偶遇诞生，进入采棉机市场，经过多年艰
难的研发获得成功。回望来路，高山深谷，一路惊险，恰好与中
国采棉机行业的发展轨迹重合。在那一时期，钵施然公司不是孤
军奋战，而是与多家企业共同发力，在采棉机行业齐头并进。

2013年，中国农业机械化科学研究院旗下的现代农装科技股
份有限公司生产制造的三行采棉机率先投入市场。同年，中国农

业机械化科学研究院成功研发六行采棉机。贵航集团后来基本退出了采棉机市场，但是，他们的技术引进和研发，开中国采棉机制造之先河，培养出一大批技术人才。这些人才后来加入各家制造企业，像一粒粒种子生根发芽、开枝散叶、结出硕果。

钵施然、天鹅股份、星光农机、现代农装、铁建重工、常州东风、沃得农机7家企业拥有了自己的采棉机产品，在国家政策的扶持鼓励下，围绕采棉机整机生产形成了完整的产业链。在全球范围内，采棉机制造形成了以美国约翰迪尔、凯斯纽荷兰为代表的北美阵营和以钵施然、铁建重工等企业为代表的中国阵营。

2020年，国产采棉机销售占中国市场份额的85%，钵施然独占54%。北疆的棉花机采率超过95%，南疆的棉花机采率超过60%，全疆的棉花机采率超过75%。

# 六

年轻小伙儿张昊宸，人称"张总""张老板"。他的身份到底是什么呢？

1995年，张昊宸出生于乌苏市西大沟镇查干乔龙村，2017年毕业于天津医科大学，入职乌苏市中医院。一年后辞职回家，接替父亲务农，承包了1700亩土地。查干乔龙村靠近天山，气候偏凉，种不成棉花，他家种了玉米、小麦和西红柿。

2019年，他购买了钵施然公司的2台三行厢式采棉机，雇用驾驶员从事机采棉经营。2022年，他将2台机器折半价出售给了南疆的棉花种植户。3年中，张昊宸盈利120多万元。当年，他新购买了一台钵施然生产的六行自走式打包采棉机，实现了升级换代。

20多岁的年轻人，接管了全部家业，妻子在城里工作。城里有房，村里有家，他便让父母提前退休。大学生、土地承包人、农机经营者，他集多种身份于一身。他拥有上千亩土地，可以叫他老板；他经营采棉机，也可以叫他采棉机老板。他年纪轻轻，做事稳稳当当。关于采棉机经营的头头道道，他讲得清清楚楚。

他第一次购买2台采棉机，享受了钵施然公司的优惠价格，还有公司提供的3年担保贷款贴息、2年免费保修的优惠政策。

2022年购买六行自走式打包采棉机，他再次享受了最好的优惠政策。他把淘汰的2台三行厢式机卖到南疆，自己用最新的升级版。市场上的采棉机有了代差结构，可以满足不同种植经营者的需求。张昊宸为现有的一台六行打包采棉机雇用了4名驾驶员。

采棉季节，采棉机24小时不停歇，驾驶员分2班作业。每班2人，一名师傅带一名徒弟。每班月工资6万元，师傅4万元，徒弟2万元，4人都是高收入。采棉机一年作业40多天，六行机一天一夜采收500—600亩，每亩向种植户收费260—280元，按照日收500亩和每亩260元计算，一台机器一日的营收即达13万元。北疆的无霜期短，种的是早熟棉，每年采收开始时间早。南疆无霜期长，棉花晚熟，采收时间也晚。张昊宸作为经营者，每年提前联系需要机采服务的种植户收取服务费。北疆的采收结束后，他又租来平板拖车把采棉机运往南疆，时间上紧密衔接，争取最多的采收天数。他每天跟着机械走，管理服务全到位，保证采棉机安全有效运行。

一台采棉机就是一个经营单元，机主、驾驶员、棉花种植户是经营参与者，分别得到了自己该有的收益。

　　皇宫镇石桥村的林新国很早就是棉花种植户。钵施然公司创建初期，在他家的地里试验过背负式便携采棉机。他自家的100多亩地全部种植棉花，此外还承包了八十四户乡实验站的670亩地，也种棉花。2015年，他家的棉花全部实现了机械采收，当时租用的是厢式采棉机，每亩机采费260元。他详细算了一笔账，每亩田籽棉产量350公斤，如果使用机械采收，除去采棉机服务费，每亩所需的其他成本有脱叶剂、辅助人工费、脱叶减产损失、皮棉等级和绒长降低损失、机采棉产量损失、机采棉装卸和运费等，合计每亩867元，即每公斤籽棉需2.48元。如雇用人工进行采收，每公斤籽棉拾花费在2014年最高涨到2.5元，每亩875元；其他费用有拾花工的单程车票、招聘和接送费用、吃住费用等，合计每亩1161元，即每公斤籽棉需3.32元。二者相比，每公斤机采费比人工采拾费减少约0.84元。南疆、北疆，兵团团场和广大农村，各地各家的费用比较起来略有差异，但机采相比人工采拾费用明显降低是无疑的。

　　2022年，林新国购买了一台钵施然公司的三行自走式打包采棉机，成了棉花种植者兼机采棉服务经营者。

　　采棉机体量庞大，几大系统结构复杂，作业过程消耗很大，一些部件容易出现故障。随着销售数量的增加，各生产厂家都在完善售后维修服务制度和网络布局。除了乌苏、沙雅、阿拉尔3家工厂，钵施然公司还在全疆建了22个4S店，组建了40多人的服务团队，在南疆、北疆、东疆安排了200多辆服务车，在全疆范围内做到每一台采棉机的服务半径不超过180公里，从故障报送到维修人员到达现场不超过2个小时。如果因为故障维修误工一天，公司将为客户支付每亩80元停工损失费。全疆的22家4S店备有充足的配件，所有售出的采棉机，根据客户需要，每年都可以返厂维修升级。

钵施然公司每售出一台采棉机，就为客户免费培训2名驾驶员。到2022年，钵施然累计售出3000多台采棉机，培训了6000余名合格的驾驶员。仅一家公司，就带动了从元件供应到售后经营，人数众多的上下游产业发展。

2022年7月30日下午，尉犁县地表温度接近50摄氏度。钵施然农机服务有限公司2万多平方米的厂房内，停有客户送来的60台采棉机。销售经理忙着接待客户，安排技术人员为每一台采棉机保养维修，升级软件。

钵施然公司的所有采棉机从售出起，第一年免费维修保养，损件由客户购买；第二年维修保养的人工费和材料费由客户支付。3家生产工厂的厂房和院子里，停满了客户送来的采棉机。公司总经理马治鹏在3家工厂间往返穿梭，还要经常出差与几百家配件供应商洽谈业务。

2022年的夏天，新疆准备投入使用的采棉机达7400余台，较2021年增加近1000台。采棉机数量在增加，棉花的种植模式也在改变。经过标准农田建设，小块土地迅速被整合为百亩以上的大条田。到这一年，具备条件的土地基本整理完毕。棉花种植加工，从种子培育、播种，到田间管理、化学控制、落叶剂使用、皮棉加工，都按照机采种植模式进行。兵团植棉团场的机采率接近100%，北疆棉区达到96%，南疆地区也达到80%以上。南疆有一些与果树套种的棉花，无法规模化机械采收，还有一些三五亩的小块棉田，仍由种植者人工采拾。除此之外，一些育种基地进行品种试验的棉田也仍然由育种研究的科技人员全程手工劳动。机械采收的普及，打通了棉花种植全程机械化的最后一个环节，解放了劳动力，真的让种棉花变成了一件轻松的事儿。

托克逊县库米什镇英博斯坦村的刘水中买了2台六行自走式打包采棉机，由大女儿一家专门经营。种棉花、拾棉花不再受累，刘水中家的大茶台前却越来越不消闲。他爱喝茶，汪富林、克热木·艾合买提、阿布都外力·胡加买提、阿不来提·艾合买提等种棉花的10多人，经常各自带着各种茶叶前来一起品评。他们每个人茶道功夫了得，代替老刘上手泡茶。他们喝着茶，聊天南海北的事。当然，多数时间还是聊他们的棉花经。

过去，他们经常聊种棉花的技术和雇用工人的事，包括土地准备、精量播种、干播湿出、水肥滴灌、中耕植保、棉花打顶、采收转运等。那时候，他们要提前联系相应的农机配套服务，任何环节都不能耽误。自从有了采棉机，他们不再雇用拾花工，播种、施肥、滴水、化控、打顶、采收，种棉花实现了全程机械化。因为机械齐全，过程可控，出现意外的情况很少，所以他们的话题也有了变化。

一个不变的话题是如何增加收入。过去追求产量的提高，现在，他们关心的不只是产量，还有质量。比如单铃的重量，一株棉花留几个铃桃最合理，棉花的衣分率、绒长、比强、马克隆值等。这些指标与种植技术有关，与品种培育的关系也十分密切。

种植技术提升之后，为了买到更好的种子，各家育种机构和公司的培育能力、种子特点，成了他们谈论的一个重点话题。

今年的种子怎么样？明年准备用哪家公司的种子？种子市场的每一点变化都在他们的品茶话题中。

那么，新疆棉花的种子培育走过怎样的历程？未来又会有怎样的发展变化呢？

# 第九章　种子生长

## 一

17岁的牟永珂站在一片棉花试验田的地边头脑发蒙。他远离家乡来到这个遥远的地方工作。老师们说，这一地的棉花不叫"棉花"，叫"种质资源"；每一株棉花也不叫"棉花"，叫"材料"。这些材料的每一个部位，根、茎、叶、花、果实、种子等，像人体一样叫"器官"。他第一次听到这些名词，感觉比这个刚刚到来的地方还要陌生。试验田里高高低低、壮壮瘦瘦、长成一大片、正在吐絮的材料（在他眼里还是棉花），有上百种之多。他不知道自己得用多少时间才能一一辨认明白，再用多少时间才能学会管理和应用。老师们却说，我们的种质资源太少了。想培育好的种子，就要拥有成千上万的全世界种植品种、野生品种、与棉花属性相近的其他植物品种。

牟永珂的头脑更蒙了。这到底是怎么回事呢？

1959年，上高中的牟永珂没有等到秋季开学，就告别山清水秀的家乡浙江台州，一路辗转来到吐鲁番。太阳的热铲子把吐鲁番炒成了红色，把泥土炒红后堆成燃烧的火焰山。长途汽车从东边的山口出来，他坐在车里，感觉天空的热量像打着漩涡的水，下沉到这里。一转头，又看见沟谷里鲜翠的绿色。他惊讶，都到秋天了，太阳还如此偏爱这个地方。

自己在这里能找到怎样的工作呢？

牟永珂的家在农村。在那个生活困顿、知识贫乏的年代，考上高中实属不易。然而，上学会增加家庭负担。牟永珂想上学，又想早点儿有一份收入。听说新疆好找工作，而且哥哥的一位朋友在吐鲁番可以帮忙，找工作的把握大一些，他便中断学业投奔而来。到了吐鲁番，迎面感到冲天的热浪，看到赤红的土地，他好奇又不安。

从长途汽车站出来，他满身大汗和着尘土，一路打听，出城向东找到了哥哥朋友的单位，吐鲁番棉花作物试验站（新疆农业科学院吐鲁番农业科学研究所的前身）。一排泥土房矗立在一片试验田前面。大部分试验田长着正在吐絮的棉花。棉花的暖，点缀着泥土的红，身体更加燠热难当。哥哥的朋友也是哥。见到哥，找到了依靠，他安顿了下来。

吐鲁番棉花作物试验站成立于1954年，是最早经国家认定的棉花研究机构之一，长期对棉花种质资源批量做耐盐性、耐高温性、抗枯萎病性、抗黄萎病性、耐旱性鉴定，与新疆乃至全国的科研院所做种质资源交流。牟永珂虽告别校园，却还是学生心态，求学上进，敬仰有知识有文化的人，羡慕他们在试验站从事专业技术工作。困难时期，有吃有穿就是向往的生活，粮食和棉花给人天然的亲近感。其中，棉花比粮食价值更高。站里都是知识分子，如果能和这些人在一起工作，学习棉花育种，该有多好呀。牟永珂这样想，那位哥也想介绍他到站里工作。恰巧新疆农业科学院的一位领导来吐鲁番检查工作，看了牟永珂随身带的学历和户口证明，简单问了一些情况，得知他差一年高中毕业，在当时也算是知识分子，便同意接收他做一名列席生（实习生）。

　　牟永珂就此与棉花结下一生之缘。他凭直觉想，吐鲁番的热最适合棉花生长，这样的气候条件一定能培育出最好的棉花种子。他没有费多少周折就进入了吐鲁番棉花作物试验站工作。虽然列席生经过努力才能转正，虽然要和土地打交道，但这是技术工作，他身体热得难受，心里却很高兴。他称站里的技术人员为老师，没有休整，转天就在老师的指导下开始工作。第一次走到试验田边，他想好好干又不懂如何干，老师讲了一大堆棉花育种的专业语言，他一时听不明白，站在田边头脑直发蒙。

　　秋天了，试验田到了采收材料的阶段。这是牟永珂来到吐鲁番正式参与的第一项工作。他对棉花育种一无所知，对"种质资源""材料""器官"等术语理解起来很困难。得知这十来亩看似区别不大的棉花田里有上百个不同的品种，有点蒙，有点晕，茫然无措。老师看出他的窘境，让他不要急，指给他看：这些作为材料的棉花每一两行、五六排就是一个不同的品种。不同品种之间留有空隙，挂有一个小牌子。每一个品种都要分别采拾，分别存放，详细记录，绝对不能搞混，以方便对这些材料分别研究、比较分析。至于它们的不同特征，可以以后慢慢辨认。

　　牟永珂在老师的指导下，开始了工作。仔细看清每一种材料的间隔，分别采拾吐絮的棉花，分别交到老师指定的地方。这样的工作，实际就是田间劳动。但与普通劳动不同的是，这项工作有严格的管理要求，老师们要记录每一品种的具体数据。在简单重复的劳动中，他脑袋里反复滚动着那些术语。这些词到底是什么意思呢？

　　词典解释，种质资源又称遗传资源。种质是指生物体亲代传递给子代的遗传物质，存在于特定品种的生物体中，这些生物体就属于种质资源。棉花种质资源是棉花种植生产、遗传改良及生物技术发展的物质基础，也是研究棉属分类、进化和性状遗传的基础材料。

　　牟永珂眼前的试验田里，生长的便是种类众多的棉花种质资源，这是吐鲁番棉作试验站的宝贵财富。

　　普通人眼里不同的棉株，研究棉花遗传的老师称之为"材料"。为什么要叫"材料"呢？经过老师的再三解释，牟永珂才理解。这些植株是用于遗传资源保存、育种和繁殖的。培育棉花优良品种，前提是做好种质资源的保护和研究。

　　牟永珂理解了"种质资源"与"材料"的含义，也知道了自己的工作很重要，必须认真对待、严格遵守科学规范。他心里有了神圣感，"认真严格"便成了他一生的职业守则。

　　棉花优良品种的培育过程复杂漫长，先要选一个优秀的母本，再寻找一个有某种特殊优势的父本。就像一个优秀的女儿，找一个有特殊才干的男儿，两方结合，生育一个更优秀的孩子。双方还要有杂交亲和力。就像两个人，来自不同的家族，有不同的背景，有缘才能相配。没有杂交亲和力，杂交难成功，不能培育出想要的后代。

　　杂交成功后，繁育7代以上，性状才会趋于稳定，成为一个栽培品种。就像一个孩子，出生后经过精心养育才能长大成人。若其小时候不懂事，性情不稳定，那么即便长大成人，也不一定能成才。平庸的人可以有自己的人生，平庸的棉花种子却不会被用于生产。

　　还有一个原则是远缘杂交。就像人类的婚姻，血缘关系要远。棉花是雌雄同株的自交植物，人类想要高产优质的品种，就要人工进行杂交。哪个品种适合做母本，哪个品种适合做父本，专业人员要学会做"月老"，研究不同材料的性状，通过大量试验和比较分析去确定，所以需要尽量多地保存种质资源。吐鲁番棉花作物实验站的种质资源在牟永珂看来很多很繁杂，在研究人员的心里却还远远不够，他们还在想办法搜集和引进更多的种质资源。

棉花有50余种，其中栽培棉种4个，野生棉种40余个。栽培种分别是陆地棉、海岛棉（长绒棉）、亚洲棉和非洲棉（草棉）。棉花的每个染色体组有13条染色体，二倍体棉种有2个染色体组26条染色体；四倍体棉种两倍于二倍体，由两个非同源二倍体棉种杂交形成，有4个染色体组52条染色体。棉种由此分为两大类群。非洲棉和亚洲棉属于二倍体棉种，分别原产于非洲、亚洲。四倍体棉种早期分布于中美洲、南美洲及邻近岛屿，包括陆地棉和海岛棉。四倍体棉比二倍体棉枝叶大、结桃多、品质好、抗逆性强。栽培棉种和野生棉种都有某种独特的优势，都是种质资源保护的对象。

试验田里保存的棉花种质资源，有历史上吐鲁番乃至整个新疆种植的非洲棉、黄河流域和长江流域广泛种植的中棉（亚洲棉）、原产于中美洲墨西哥高地及加勒比海地区的陆地棉、曾经大量分布于美国东南沿海及其附近岛屿的海岛棉（长绒棉）等四大棉种，还有经过育种单位选育的优良品种，以及一些野生棉种。这些种质资源或从新疆本地收集，或从国外和国内其他省份引进。本地种质资源来自新疆当地农民的种植品种和本地选育的棉花品种。创制种质资源是专业技术人员利用已有种植资源和自然资源创制的各类新种质材料。专业人员按照亲缘关系将它们分为四类种质库，区分它们的杂交难易程度，以作为新品种培育的科学依据。

这片试验田的100多种种质资源材料，是从无到有、从少到多积累起来的。古代，新疆种植的是草棉，纤维短、铃重小、衣分率低、产量低，经过自然变异成为新疆当地的农家土种。近代，新疆从苏联引进陆地棉品种，与草棉相比，产量和品质有一定提高，但仍然表现出衣分率低、绒短、品质差的特点。20世纪50年代起，新疆从国外和国内种植水平较高的长江流域棉区大量引进陆地棉和海岛棉品种。经过筛选，有十几个品种被大面积种植，陆地棉和海岛棉完全代替了草棉。新疆棉花种植行业也由此实现了种植品种从二倍体到四倍体的革命性转变。

10月底，采收完毕，牟永珂又学到一个新词"考种"。棉花考种就是对棉花产量、纤维品质等各种性状进行室内分析。包括对不同类型、不同部位的棉铃、籽棉的重量测定，衣分率测定，衣指、子指、纤维长度、整齐度、强度等指标测定。考种是选种的重要一环。科学考种的主要目标是记录不同种质资源材料具体的生长、性状数据，对其进行科学的分析评价，作为进一步决选、利用的技术依据。

古代农民选种的准则是"好种出好苗"。古代人不懂科学育种，便通过选种留种选择棉花的优良品种。元代王祯《农书》记载了棉花留种方法："所种之子，初收者未实，近霜者又不可用，唯中间时月收者为上。须经日晒燥，带棉收贮。"意思是早熟的棉花棉籽不饱满，接近霜冻时晚熟的棉花籽不能用，只有在中间时段成熟的棉花中收到的籽才是最好的。选好的种子，要多日晾晒干燥，带着棉絮贮藏。农谚说："中喷花，大把抓，留种顶呱呱。"就是说棉株中部的籽棉种子饱满、成熟度高，适合留种。选留的种子，到了种植时，再进行人工选样，排除小子、瘪子、杂子、不成熟子，留下健壮、饱满、成熟的种子。

到了冬天，吐鲁番棉花作物试验站的技术员集中在室内考种。考种之前，要准备好从不同品种、不同部位采拾的单铃籽棉，以及天平、小型轧花机、黑绒板、梳子、小钢尺、皮尺、计算器、毛刷、挑针等工具。

考种是仔细、繁琐的工作。比如，计算衣分率，要先将一定量的籽棉称重，用小型轧花机轧出皮棉，再称出皮棉的重量，将其与籽棉的重量相除得出数据。再比如，测量纤维，过去用分梳法，在棉株中部的棉铃中选取10—20粒带纤维的棉籽，以种子的脊为中线，向左右分开棉纤维，将其梳成蝶形，先用稀齿梳通，再用密齿梳，梳的动作要慢且柔，避免把纤维梳掉；梳齐梳平后，两手拇指和食指轻轻拉住纤维两端，紧贴在黑绒板上，使籽棉粒尖端向下，用钢尺在纤维两端多数纤维的终点处刻画印记，以此为界，量出两边共有长度，除以2即得出其纤维长度；10—20粒一一量毕，即可计算出这一品种纤维长度的平均值。测量时注意力要集中，动作要精确，要仔细，要用心，搞不好就得重来。

整个冬天，大部分老师忙着考种。牟永珂作为列席生，上不了手，便在旁边观看学习，帮老师们记录各种数据。

吐鲁番的冬天是悠闲的，不冷不热，体感舒适。试验站的人们却很忙碌。牟永珂边学习考种，边想着自己与棉花的缘分。吐鲁番有悠久的棉花种植历史，是中国最适宜种植棉花的地方。自己这辈子也许就要在此度过，不知何时能亲手培育出一个棉花新品种呢？

　　不觉就到了第二年。牟永珂突然听到一个消息，试验站的遗传组要搬往库尔勒。

　　吐鲁番不是研究棉花最好的地方吗？为什么要搬走呢？他不明白，但必须无条件服从组织安排。

二

　　1960 年初春，牟永珂跟着老师们到了库尔勒的哈拉玉宫下道坎村。新建的工作站既研究遗传也做育种，有人叫它育种站，也有人叫它遗传站。后来，工作站并入巴州农科所，主要研究长绒棉的遗传育种。工作一段时间后，牟永珂心中的谜团解开了，知道了遗传组为什么要搬到这里来。

　　巴州库尔勒市地处塔里木盆地的东北缘，艳阳高照，棉花种子质量好，成熟度、籽粒度、饱满度、生长活力、发芽率都很好。牟永珂这才明白，太阳不仅对吐鲁番，而且对整个新疆大地都是偏爱的，它使这里日照时间长，晴天的天数多，热量充足。适宜棉花生长的地方不只有吐鲁番，还有南疆、北疆的很多其他地方。库尔勒不像吐鲁番这么热，但也有很长的棉花种植史，这里病虫害轻于吐鲁番，更适宜棉花生长。他从此扎根库尔勒，一生做棉花遗传育种工作，结婚生子，直到退休。

　　牟永珂的老师是新疆最早的棉花研究人员之一，老师严格的要求使得牟永珂学风严谨。不论是在夏季酷热的试验田，还是在冬季寂静的实验室，他每天都认真仔细地做种质资源保护的基础工作。开始接触棉花时的那几个词根植于他的头脑。种质资源材料的种植、管理、采收、数据记录，品种不能乱，记录分析要精确。他反复检查，反复求证，保证不出差错。他在库尔勒大太阳的照耀下，积累了科学知识。他的工作做得仔仔细细、整整齐齐、干干净净。

1962年，巴州农科所部分人员精简下放。牟永珂因为没有正式学历，在下放之列。工作关系下放了，人却没有离开农科所，仍在原来的试验田里做原来的工作，直到1983年恢复技术干部身份。他还做长绒棉育种研究，参与新品种的区域试验，后来成为巴州农科所棉花品种资源研究组的实际负责人。2001年退休时已获得农艺师职称。他参与培育"新海6号""新海7号"两个长绒棉新品种，实现了40多年前的育种愿望。退休的那一年，他所在的资源研究组获得新疆维吾尔自治区科学技术进步奖三等奖。

巴州农科所是一家综合性研究机构，在牟永珂的心目中，技术水平仅次于新疆农业科学院。1964年，国家确定了7家棉花种质资源的保存单位，其中两家在新疆，就是巴州农科所和吐鲁番棉花作物试验站。巴州农科所经过50多年的研究积累，成为西北地区棉花种质资源保存数量最多的单位。

新疆光照充足，干旱少雨，热量条件好，相对湿度低，昼夜温差大，有良好的棉花种质资源保存条件。一般砖木结构的库房就可以长期贮藏需要低温、低湿贮藏条件的种子。巴州农科所的种子保存在普通平房，布袋挂藏20年以上，发芽率依然能保持在90%以上，这个优势远胜全国其他地区。位于北疆乌鲁木齐的新疆农业科学院农作物品种资源研究室（后改为农作物品种资源研究所），棉花种子用布袋或铁皮箱在一般库房内简单贮藏，9年后发芽率在90%以上。这样的自然条件，不仅保证了新疆棉花种质资源的不断丰富，也降低了种质资源的保存成本。牟永珂几十年的工作内容主要是棉花种质资源保护，他的严格认真蕴藏其中。他与众多的基层工作者一起，把宝贵年华转化为新疆棉花种质资源研究的内在活力。

20世纪60年代至80年代是新疆棉花种质资源研究的起步期。这一时期，陈顺理等老一辈科技工作者筛选试种成功，开启了搜集保存和研究种质资源材料的历史。

20世纪80年代至90年代后期，新疆开始了对棉花种质资源全面系统的搜集、保存、鉴定、研究、利用。根据新疆的生态条件，按照种质资源的熟性、株型、衣分率、铃重、绒长、强力、抗病性等特性，研究人员将陆地棉和海岛棉进行分类，通过综合评价，把综合性状好的种质资源材料供给育种研究机构或企业。

新疆农垦科学院（原农林牧科学研究所，新疆农垦科学研究院）棉花研究所，农一师、农三师、农五师、农七师农科所和石河子农业科学研究院等单位，在扩大种植、提高产量的同时，也注重棉花种质资源的搜集与保存。每家研究机构都保存有1000余份种质资源，从中筛选出优异资源，创制新材料和新品系50余份。此外，还选育出适应不同时期，不同生态区域的优良品种。其中有以"新陆早""新陆中"等为代号的陆地棉系列品种，有以"军海""新海"为代号的海岛棉（长绒棉）系列品种，有彩色棉系列品种。各单位保存的种子，每隔5—10年进行一次田间种植，以保持种质资源的活力。新疆的研究机构和单位还与中国农业科学院棉花研究所，中国农业科学院植物保护研究所，山西、河南、河北的棉花研究机构，以及国内做相关研究的大学合作，研究培育出"中棉"系列、"晋棉""辽棉"等优良品种。

20世纪90年代末，新疆的种质资源保护进入快速发展期，为棉花育种提供了丰富的物质基础。2005年，全球棉花种质资源保存数量排前三的国家是印度、美国、中国，而新疆所保存的数量占全国的近80%。

新疆从最早种植草棉开始，到后来，分类建立了棉花种质资源数据库，开发出棉花种质资源管理信息系统，建成棉花品种谱系图。种质资源材料的耐旱性、耐盐性、纤维品质、抗病虫性等60多项性状经过研究鉴定，被输入数据库，经过综合评选，为种植生产提供服务。

种质资源保护的根本目的是利用。新疆的棉花研究人员在保护资源的同时，致力于新品种的培育创制。那又是一种怎样情形呢？

三

1987年8月3日，刚毕业的大学生李雪源去单位报到。那个年代，大学生被称为"天之骄子"，数量很少，毕业后国家包分配，被接收单位当作"宝贝"。

他从新疆八一农学院（新疆农业大学的前身）本科毕业，被分配到新疆农业科学院经济作物研究所陆地棉育种课题组。新疆农业科学院有一个陆地棉试验站在阿克苏地区的库车县。报到那天，他见到所长朱文金，老所长笑眯眯地说，"小李子"好啊，明天能不能出发去试验站呢？他说行。所长说，那就回家去做准备吧。李雪源没有坐一下办公室的椅子，就接受安排去了南疆的试验站。第二天一早，他到乌鲁木齐碾子沟长途汽车站买票出发了。

272

李雪源祖籍辽宁沈阳，1965年生于乌鲁木齐，父母在铁路系统工作，从小到大没有离开过这座城市，第一次出城，就是去南疆。上了长途班车，除他之外一车乘客都是少数民族同胞，语言不通，无法交流。他对南疆没有概念，不知道去库车有多远。车里车外，他对一切都感到新奇。

老式班车时速40多公里，他一会儿昏睡，一会儿醒来，观看沿途风景：乌拉泊的干滩，达坂城的草地，后沟干山的獠牙豁嘴，小草湖的大风……出托克逊县城到了干沟，山势险恶，不时看见汽车摔在沟里的残骸。班车"喘气"爬上干沟的山顶时，天黑了。他晚上住在下山路边的库米什镇，第二天晚上8时多到了库车县城。下车后，在街上见到的还是少数民族同胞。问了很多人，都讲维吾尔语，好不容易碰到一位懂汉语的青年男子，问清了路。花5角钱坐毛驴车到了比西巴格乡，换了一辆马车，终于在天黑时到了科克提坎村3组，新疆农业科学院陆地棉试验站所在地。1950年到阿克苏沙井子的陈顺理、1959年到吐鲁番的牟永珂，加上李雪源，三人如果时空穿越站在一起，身上的尘土应该没有多大的区别。

试验站有40亩地，一栋二层小楼。当天没有电，黑麻咕咚，稀里糊涂吃了饭，有人给他指了一个房间，他进去倒头就睡。李雪源从小招蚊子，特别怕蚊子。8月的天气，南疆的田野里蚊虫凶猛，第一次逮着这个细皮嫩肉的城里小伙儿，一夜狂欢盛宴。第二天早晨醒来，李雪源全身裸露的皮肤上红疙瘩连片成串，痒得甩手跳脚，下手一挠就出黄水。无论白天还是黑夜，他感觉蚊子专门叮咬他，一咬一个大包，新起的包没有十天半月消不下去。就这样，刚毕业的李雪源成了试验站的新成员。

这一来，要到10月底才能返回乌鲁木齐。

李雪源学的是农学专业,实习时参加过甜菜和旱稻的育种试验。实际接触到棉花时,他觉得这是一种很神奇的植物。也许自己有某种埋藏很深的基因,在久远的过去就注定与棉花有特殊的缘分。他与牟永珂不同,大学时熟读棉花知识,知道来到试验站必须做好种植管理的基础性工作,也知道做好工作的前提是认真严格。他来之后,站里有两位技术人员,除了他,还有一位老师,其他都是在当地农村雇用的代工。作为新入职的年轻人,他的工作是"执行"。执行的内容有两项:一项是管理,实际上就是棉花材料的种植管理;另一项是调查,主要是记录具体的技术资料。

李雪源虽然是城里长大的男孩,但因为父母工作太忙,顾不上管家,所以他从小生活自理,养成了自觉认真的习惯。来到试验站,蚊虫叮咬、经常停电,他能忍。可是他有一个天生的缺陷,汗腺发育不全。8月初,天气炎热,是棉花生长的旺盛期。他到田间劳动,不戴帽子,不穿防护衣,晒得满脸通红却不出汗,别人看着他都觉得难受。他就像一个烤得半熟的红萝卜,坚持在地里做管理。尽管身体难受,他还是坚持工作。试验田的种植管理其实就是田间劳动,备耕、播种、中耕、锄草、浇水、打药、"掐裙尖""脱裤腿"、打顶、采拾,都是人工劳动。

调查是技术工作,要测量和记录试验材料的根、茎、叶、枝、节、间、尖、蕾、花、铃等发育生长的全程动态,积累数据。40亩试验田有几百个品种,他们要在每一个品种中选10株作为调查对象,从长出第一片真叶开始,每两天记录一次。第二片真叶长出后小苗定型,他们要用尺子量主茎长、株高,后面还要数果枝、数果节、数铃数。每个品种10个样株,几百个品种几千株,每一株各个部位的动态数据都要准确测量,记录在册。

棉花采收后，调查从室外管理转为室内考种，籽棉要称重量，算衣分率，测纤维长，量种子的大小、多少，记录短绒的长度、颜色。此时的考种和以前不同，增加了对棉株的调查。需要将棉株各部位分解开来，称出单独和整株的鲜重和干重，以此为基础研究每一个部位的特性和功能。他们要从主根是否发达，根须是否旺盛，判断根部的生长活力、吸水能力、觅食性等；要比较不同植株上同一部位的差异，总结、筛选、鉴定。

李雪源第一年从库车回乌鲁木齐时，背了100多本调查记录表，摞在一起有50多厘米。拿回研究所，坐在办公室，手工汇总分析。那时候没有电脑，只有一个计算器。他一个冬天都在算，到来年开春才算完。

第二年开春，他再次来到库车。一起干活的人，从不见"小李子"叫苦喊累。朱所长和其他老同志都表扬"小李子"不错，把试验田管理得干干净净，材料表达（指棉花的生长表现）得非常好。李雪源在试验站练就了棉花种植管理的劳动技能，基础调查功夫也十分扎实。

三年后，老师退休，库车试验站只有李雪源一名技术人员，工作职责落在他的头上。25岁，由试验的执行者转换成为主持人，他有没有足够的自信，能不能有所作为呢？

老所长朱文金和一位老专家莫俊给他以充分的信任，让他放手去干。他开始独立做试验项目的设计和计划。工作做得多，他得到了与新疆乃至全国同行学习交流的许多机会，开阔了眼界，便有了培育属于自己的新品种、赶超全国同行的想法。他在做好常规管理、调查的基础上，批量增加了杂交育种的工作量。

20世纪50年代初，陈顺理在沙井子育种的时候，没有可供利用的种质资源，只能从引进种植的单一品种中选择优秀植株的优良种子，同时期盼"神灵"相助，能偶然出现好的变异株，从而培育好的棉花品种。

20世纪80年代之后，种质资源有了较多的积累，研究人员在大量的杂交实验中发现了优异的品种。

1990年，李雪源开始主持库车试验站工作，杂交育种成了他的重要工作。一个人管理一个试验站，忙碌辛苦非同一般。杂交需要精细的手工操作，他一年做了60个杂交组合，每个组合人工授粉20朵花，一共要配1200朵。大量细致的工作，他一个人是怎么完成的呢？

第一，确定60个产量高、其他指标也比较好的品种做母本，再选出有某些突出优势的品种做父本；第二，在每个母本中，通过株型、叶片大小等特征挑选好的目标株，每株选1—3朵花做杂交准备；第三，手工对花，即在第一天下午目标母本的花苞刚刚露出苞叶、情愫萌发、准备开花完成自交时打开苞叶，将母本花里的雄蕊剥离干净，让它失去自交的机会，以留下雌蕊的花柱，等待与父本交配；第四，在隔天上午11—12时棉花最具生长活力的时候，把刚绽放散粉的父本花取来，涂抹母本的雌蕊，让它充分授粉，然后用一种特殊的纸管套住花柱，防止风和昆虫把其他的花粉带进去；第五，用不同颜色的线绑在完成交配的花座上做标记，挂上标记牌，写明杂交的时间和亲本；第六，对杂交授粉的植株做好水肥管理，让它的生长能有最好的表现；第七，等到秋天，采摘成熟吐絮的铃桃，把每个桃子能取到的40粒左右棉籽单独轧剥，用于下一步的试验。

这是精细又充满爱意的操作，成功与否，与母本、父本的选择有关，与是否耐心细致地加以呵护有关。细节决定成败。

秋天时看起来茸茸一片、蓬松丰满的棉花，生殖过程却有很多伤痛和遗憾。每年6—8月，棉株竭力生长，不停地开花坐铃，吸收大量营养呵护幼铃。然而，遗憾的是，多数嫩绿的幼铃会夭折脱落，大约只有四成能长成饱满的桃形。每株能有七八个棉铃开花吐絮，就算是高产丰收了。

正常生长的棉花有60%左右的落铃率，杂交花因为有人手的触碰，落铃会更多。然而，李雪源的双手温柔而有亲和力。他授粉的速度不慢，却能做得十分仔细。有的人偷懒用一朵父本花涂抹10朵母本花，他最多涂抹5朵，保证授粉充分。之后，棉株生长的每一天都得到他的真情守护。到了收获时节，他做的每个组合，20朵杂交花中坐铃成桃的有12个之多，保铃率达到60%，远远超出预期。如此一来，每个组合能收获棉籽近500粒。他把这些种子中的三分之二拿到海南岛的南繁基地种植，剩下的在当地种，等到收获后做对比研究。经过6—10代，才有可能培育出一个稳定的品种。之后，再经过品种比较、区域审定，才能经过种子公司的良种繁育，加工成生产种子卖给棉农。

育种界把出自育种家之手，最早、最好、种性最纯的种子叫"原原种"。李雪源的出身与棉花无关，对棉花的痴情却堪比"原原种"的属性，是一个既执着又纯粹的棉花育种人。每年从3月初到10月底，他在库车的棉花试验站陪伴棉花材料从种子到种子，帮它们杂交、自交、回交、复交，再选择、鉴定、评价，让它们成为更好的种子。

杂交，是选好母本，找一个能够弥补母本不足的父本剥花授粉；自交，是在达到种植生产标准的品种开花时，用夹子或胶类封住花嘴，不让它受任何其他品种的影响；回交，是用杂交所得的后代再与亲本之一继续杂交；复交，是将杂交的后代与其他品种或另一杂种杂交。

棉花育种的主要目标是棉花的高产和优质。高产就是产量增加，优质则要求棉花的纤维长度、比强度、细度等性状表现优异。

20世纪80年代，新疆棉花的育种目标是高产稳产，重点解决早熟的问题。

20世纪90年代，新疆棉花的产量普遍提高后，育种的目标转变为提高抗枯萎病、抗黄萎病、抗虫、抗旱、抗盐碱等抗性。这成为技术攻关新的重点，是高产优质的保证。全疆各机构的研究人员共同努力，逐渐培育了北疆早熟、南疆早中熟、东疆中熟的3个生态类型品种。

纺织是棉花新生命的起点，不同的纺织品对棉花的品质有不同的要求。起绒织物比如灯芯绒，要求原棉干净，杂质含量低，稍粗，最好用纤维长度25—27毫米的陆地棉。牛仔布系列用气流纺低支纱，转速快，工序复杂，机械打击多，对原棉的比强度要求高，对长度没有太高的要求。80—120支纱的高档棉布，用纤维长度在35—37毫米的长绒棉，价格昂贵，市场需求较少。60—80支的高支纱棉布市场需求量大，过去用长绒棉与陆地棉混合纺织，成本高，质量也不是很理想。长绒棉的纤维比陆地棉长、强、细，品质优于陆地棉，但是产量低，种植成本高。

李雪源心中有了一个设想，能不能培育出中长绒陆地棉新品种呢？使它有高产量与高品质，纤维长度低于长绒棉，高于一般的陆地棉，能直接用于高支纱纺织。既能降低成本，又能保证品质。如果能有那样的品种，那该多好啊！只要培育成功，新疆棉花就能向高端台阶迈上一大步。虽然培育这样的新品种很难，但只要做就有成功的可能。

有了目标，李雪源开始技术攻关。他多年在试验站与棉花共

278

日月，对原有的种质资源材料与新种质资源材料的性状熟知于心。他向着目标，年年大量地做重复性杂交实验，比对每一个母本与父本的性状特点。

1994年，李雪源在20个组合的杂交试验中，选取新疆本土种植的老品种"108夫"为母本。这个品种种植时间长，推广面积大，铃大，熟性好，株型优，产量高且稳定，生长期在135天左右，纤维长28毫米。在新种质资源材料中，有一个从美国引进的品种"贝尔斯诺"，纤维品质好，比"108夫"晚熟，生长期140天左右，南疆的气候可以满足它的生长条件。他觉得这两个品种杂交有亲和力，能成功，这一年就把它们作为一对杂交组合。

结果怎样呢？有多年的杂交经验为基础，这一次的杂交成功了，秋天如期收获到1000多粒饱满的种子。

1995年，第一代种子试种了800株。植株的结构性好，记录的实际成熟期为135—140天。经过考种，铃桃纤维长30—31毫米，比母本增加了2—3毫米，比强度也很好。

两者的杂交优势出现了。李雪源大喜过望，申请到5000元经费，去海南岛做南繁加代（作物繁育一次为一代，利用热带气候完成一年两次繁育，叫作加代）。那时候，李雪源所在的课题组在南繁基地只有一分地，几十平方米。李雪源坐火车转汽车，一周才到。冬天他就待在那里，看着自己的新品种。第2代出现分离现象，结出的棉铃有好、中、差3种，他们便选用好的种子继续繁殖。到了第7代，产量和品质才稳定下来。他在南疆选择了多个地方做试种繁殖，收获了足够数量的种子。

2000年，李雪源培育的中长绒棉新品种正式申请参加国家区域试验，在阿克苏、和田、喀什、巴州4个地区各选3个县，做多点试种，一个点试种30平方米。秋天采收后，经与当时正在种植的14个类似品种比较，新品种的品质评分居于第一位，比其他品种增产5%。质量和产量双双创优，顺利通过国家审定，被命名为"新陆中9号"。

新疆的棉花家族增加了中长绒新品种，这是业界的一个大喜讯。

中国农业科学院棉花研究所将一包88公斤重的皮棉调到无锡市第一棉纺织厂试纺，纺出了标准的60—80支高支纱。厂方评价道，从来没有见过这么好的高品质棉花。有了这个亲本，各地棉花研究机构以此为基础，又培育出好几个新品种，形成了适应南北疆各棉区条件的中长绒棉系列品种。

李雪源的名字被越来越多的人知晓，他被称为"年轻的老专家"。

他在试验站陪伴着材料的生长，测量记录它们的生长动态，心里出奇的平静。在远离人群的宁静中，能感知到阳光浓烈或清丽的变化，泥土里水汽和活力的蒸腾。

一个人在试验田里工作，他常常产生体悟，仿佛能听到材料各个部位带有响声地生长，与它们有了灵性的交流。地下的根须似乎发出特殊的信号，告诉他需要多少水、肥。他似乎看到它们在地下觅食的样子，看到它们吃饱喝足后蓬勃向上的活力。根的活力，催发茎的生长。枝叶吸纳的光与热在茎间流淌，催生了蕾、花、铃……他给侧枝掐尖，把底部不发花蕾的空枝条（也叫油条）像脱裤腿一样除掉，植株便抖擞精神，长高长壮。打顶之后，大部分营养供向正在鼓胀的棉铃，转化为铃壳包裹的洁白细长的丝絮。

细微精妙的感知激发了李雪源的灵感。他向自己提出好多问题。

棉花的根、茎、叶、蕾、花、铃，不同部位的结构与品种创新有什么关系？遗传结构与产量、品质之间有什么联系？叶片的排列、果枝的夹角与光合作用有什么关系？果枝类型及与主茎的夹角对后期结铃与采收有什么影响？

带着自己的疑问，李雪源比对分析了100多万个性状数据，大部分疑问得到了答案。

他发现，棉花若各个器官结构合理，则有利于品种性状优化。性状协同改良，能促使棉株集中开花、集中成铃、集中吐絮。李雪源把结构作为选优内容，应用于品种选育过程，强调混合优化的果枝结构、明亮交错的通风透光结构、强觅食力的根结构、矮稳墩的株型结构等，创造出棉花结构设计的育种技术体系，开创了新疆棉花结构设计育种理论和关键技术。比如，枝型结构合理，不会造成上部叶片对下部叶片的光遮挡；果枝结构合理，干叶易落，棉花吐絮后，叶片不会粘到籽棉里成为杂质。

20年间，李雪源在库车县的40亩试验田里踩下的脚印，重叠起来与地里的泥土一样厚。他从一名年轻的技术员成长为新疆农业科学院经济作物研究所副所长、研究员、新疆农业大学博士生导师、新疆维吾尔自治区有突出贡献优秀专家，带出了新疆最优秀的棉花遗传育种栽培团队。

好团队谋求新突破，库车试验站条件有限。李雪源想，如果有一个面积更大、自然条件更好的基地该有多好。他在参加新疆各地交流活动时，留心关注各地的情况，想再建一个更具代表性、功能性更好的基地。与此同时，基于他团队的实力，不少地方想吸引他们移师入驻。李雪源的愿望得到了一个地方的回应。

他的团队会选择移师何方，开创怎样一个新的天地呢？

# 四

2007年，地处阿克苏河、和田河、叶尔羌河三河交汇灌溉区的农一师十六团，向李雪源发出邀请，请他带领团队去建棉花综合试验站，为他们提供土地250亩。

这里与库车同处阿克苏地区，但水源充足，土地肥沃，气候条件很适宜棉花生长。李雪源面对横平竖直、四方齐整的250亩地，对比库车县的40亩，有一种富甲天下的感觉。

他应邀而至，开始建设。

多年来，李雪源通过搜集、引进、挖掘，积累的种质资源材料已经超过6000种，那是一个研究者最大的财富。他把试验站的一半的土地拿来做基础研究，剩下的土地拿来做试验示范。

好地要好养，水稻是棉花最好的倒茬作物。这里水源充足，李雪源划出40亩土地，种4年棉花材料，倒茬种水稻1年，可以抑制土壤中对棉花有害的大部分病菌。

此外，他又划出一定面积的土地，做病圃、旱池和盐池，对各种材料和新品种做抗性鉴定。新疆棉区降水量很少，蒸发量极大，气候干燥，沙漠面积大，气温变化剧烈，年温差、日温差大，土壤盐碱含量高，长年种植棉花的土地易滋生枯萎病菌、黄萎病菌。提高棉花品种的抗性能力，是一个无法回避的课题。综合试验站必须具备这些方面的鉴定条件。

李雪源正在规划准备时，一件意外的事情发生了。

入驻基地的第二年春天，李雪源在做土壤监测时，发现一个非常特殊的情况，让他大感意外，大为惊喜。他发现中部偏南区域的土壤中，枯萎病菌、黄萎病菌含量很高。这难道是一块天然的病田吗？再次检验，多种方法测量分析，真的是，发病非常均匀，致病性特别强。这块天然病田有多大面积呢？由点到面扩大测量范围，最后测得有40多亩。太好了，这真是老天的眷顾。为了做种子的抗性鉴定，李雪源一般会人工造一块病田，面积不会太大，土壤中的病菌含量也不能与天然的病菌相比。

这可把李雪源高兴坏了。这块病田成了最好的病圃，这里每年种植鉴定材料5000—6000份，能在其中正常生长的，自然是抗枯萎病、抗黄萎病很好的材料。棉花新品种只要能通过这片病圃的考验，就等于获得了抗性优异种子的鉴定证书。李雪源说，这块病圃为新疆棉花的抗病鉴定立下了汗马功劳，很多研究机构和种子公司从中受益。

有了一片大面积的病圃，再建旱池与盐池就容易多了。

李雪源在试验田的东北角隔出2亩地。其中1亩地建了旱池，每年种植材料300余份，只浇一次底墒水，全年不再浇水，做全生育期抗旱性鉴定，选出耐旱与不耐旱的品种。其中有一个抗旱品种"源棉11号"，全生育期用水减少三分之一，仍然能保持较高的生物量，并有一定的经济产量。将优异的抗旱材料用于杂交，培育出更多更好的抗旱新品种，对应对新疆的缺水状况、节约用水起到了重要作用。

另1亩地建了盐池。其中0.7亩轻盐池，复合盐碱浓度4‰—5‰，每年种植鉴定材料100余份；0.3亩重盐池，复合盐碱浓度6‰—7‰，每年种植鉴定材料60余份，做全生育期耐盐碱性鉴定。

经过几年的发展，新基地现在每年种植1万多份种质资源材料，用于解析、杂交、育种、鉴定。

　　这里已成为国内田间条件最好、功能最全、规模最大、代表性最强的棉花试验站之一，具备了新品种、新技术、新模式、新调控的试验示范、展示条件。这里每年接待大批来自国内外各棉花研究机构的专业人士，进行成果交流。李雪源的团队也壮大了，拥有多名有博士、硕士学位的研究人员，以及慕名投在他们门下的在读研究生，成为一支精干高效的实力团队。棉花研究的成果显现需要一个漫长的过程。因为有了丰富的种质资源、良好的试验条件、开创性的技术理念、针对性的产业需求，他们的研究成果多如泉涌。

　　新疆的日照时间长、光资源丰富，但高密度种植导致群体光能利用率低。怎样才能使光合作用发挥到极致呢？李雪源研究出了基于光特征的棉花塑形技术、封尖技术、断花技术，创造出结构设计育种技术体系，巩固了新疆棉花高产栽培的生态、生物学基础，实现了棉花种植技术的重大突破。

　　夏季的超高温会导致棉花大幅减产，李雪源通过滴水频率与水量的控制，破解了这个现实问题，进而研究出棉花"肥水温三碰头"高温应对技术，即在每年棉花6月下旬开花到8月初断花的生育关键期，实现集中供水、供肥、高温的协调统一。此外，通过选育的耐高温品种"源棉新13305"，高温导致的蕾铃脱落、干蕾、败育不孕等状况得到改善，棉花产量显著提高。

　　航天诱变是一项新的技术探索。用航天器将棉花种子送入太空，利用宇宙空间条件下微重力、宇宙射线、高真空、交变磁场等的影响，诱导棉花性状发生遗传变异。李雪源团队利用航天诱变技术创制了早熟、高衣分率变异材料，从7个经航天搭载15天的棉花品种群体中筛选出16个早熟变异单株。这些单株的成熟提早了2—15天，使霜前皮棉产量增产10%以上。

除此之外，李雪源及其团队还取得了一系列新的成果。利用远缘杂交创造抗逆、优质种质。从多地引来15种野生棉，通过组织培养技术、室内外结合、短日照处理，10种野生棉开花结实。克服了远缘杂交不育的难关，使二倍体野生棉与四倍体长绒棉杂交成功。通过各种育种手段创制新的品种，选育出满足产业需求的多类型棉花品种20个，引领了不同时期的棉花育种方向。2009年，创下了60亩籽棉亩产806公斤的世界新纪录。

从人工采棉到机械采棉，是一场革命性变革。

为了解决机采棉产量与品质减损的问题，李雪源团队通过机采设计育种，选育出新疆第一个机采棉品种"源棉11号"，在兵团与地方大面积推广。有了适合机采的品种，机采棉花生产的种植技术模式和农艺性状标准也得以制定，成为指导机采棉育种和栽培的通行准则。

李雪源团队的许多研究达到全国领先水平，新品种的产量、抗病性、抗旱性、抗高温性、抗盐碱性、机采适应性等都有很好的表现。他又开始思考新的问题——抗虫性。能不能创制特殊的抗虫品种，强化棉花的抗虫基因，以增加产量、提高质量、降低成本。这样的改变，能不能使育种水平再上一个新台阶呢？

这是一个改变固有思路的重大问题，他思考了很多年。几十年的钻研与实践，他对已有的种质资源非常熟悉，各种杂交组合也得到了反复试验。那么，还有什么特异种质资源可以利用呢？

现代细胞分子技术能够帮助人实现过去不可能实现的事，这项技术在棉花育种中的应用，帮助李雪源实现了他的梦想。

新疆雪莲是多年生草本植物，生长在天山、阿尔泰山、昆仑山雪线附近高寒冰碛地带的悬崖峭壁上，能适应复杂多变的环境。李雪源第一次把雪莲的基因植入棉花，试验通过异类植物基因提高棉花的抗性。

李雪源凭借多年的实践在学术领域获得丰硕成果，荣获省部级科技奖6项，在国内外学术刊物发表论文100余篇，主编专著8部。2022年，被聘为新疆棉花产业技术体系首席专家。

新疆的其他研究机构，如新疆农垦科学院、各农业师研究机构以及种子繁育推广公司，共同构成了棉花种质开发和品种创制的系统性力量。

从20世纪50年代起，新疆棉花品种生产走过了引进、自育、自育与引进并行几个阶段，历经9次较大范围的品种更换，产量不断提高，品质明显改善。自20世纪70年代至2022年，审定自育棉花品种200余个，其中，适应北疆早熟棉区种植的"新陆早"系列品种70余个；适应南疆早中熟棉区种植的"新陆中"系列品种80余个；"新海"系列海岛（长绒）棉品种60余个；"新彩棉"系列品种30余个。

这些品种的繁育推广又是怎样的情形呢？

# 五

"白发"三千丈，温暖在人间。

一粒小小的卵圆形棉花种子，披了一身长长的柔软纤维，那是人们盼望的收获。纤维轧离种子做了衣物，一层短绒也能有很多用途，光籽可榨油，其黑色外壳的碎渣是食用菌的优质原料。榨油后的棉籽饼粕，是动物的上等饲料。一粒棉花种子，从外到内可以被利用得如此充分，那么什么样的种子才能保全自己，回到田地再度生长呢？

一粒专门用于种植生产的良种的诞生，说是经历了千锤百炼、九九八十一难，一点儿都不为过。

棉花的良种培育，远缘杂交，百转千回。在加代稳定、品种定型后就可以推广吗？事情可没有那么简单，它们还要经过多年多点鉴定评价、三年优选和区域试验，证明比现有种子产量提高10％以上才可以。

三年优选是什么？

在一块良种棉田中，等植株长到一定程度时，选生长得最好的区块，做好标记；等这一区块的植株开花坐铃时，选生长得最好的植株，再做标记；等到植株成熟吐絮时，再选生长得最好的植株，做好标记，挂上标牌。在这些优选的植株中，选留"中喷大朵花"，就是植株中部最好的棉铃。收摘之后选择最好的铃瓣，在铃瓣中选最饱满的棉籽用于留种。选择的过程要分品种，还要分次、分开晒花、分开轧花、分别装袋、分别存放，避免混杂，保持原品种的特性。

经过如此严格的程序，选出的种子还要再接受精选加工。

种子加工的第一道工序是脱绒。轧花之后的棉籽还长有一层短绒，这是它本来的样子。因为短绒相互粘连，不好精选，还带有病菌，所以要脱绒，使种子变成光籽。短绒相当于棉籽皮肤的保护层，怎能轻易脱落呢？人们只能用各种办法强行剥离。用钢丝辊绞，用浓硫酸腐蚀，假如它有感觉，一定会特别疼。这样的处理，会造成很多破损，效果不好。人们总结经验，提高技术，改用稀硫酸脱绒。

经过十余道严苛的环节，有瑕疵的种子都被筛掉了，留下来的都是精华，但也被剥去了所有保护。最好的，变成最弱的。这样种进泥土里，很难保证种子不受各种病虫害的侵害。为了保证它在泥土里健壮生长，就得为它做一层包衣。

种子的这件"衣服"由什么材料构成呢？

有杀虫剂、杀菌剂、微量元素，也有成膜剂、悬浮剂、渗透剂等。一粒种子经历千难万险，下圆上尖，身着湖蓝色或玫瑰红的包衣精致地诞生了。经过如此这般苦修的种子，才能到种植者手中，被播进棉田里。包衣在土壤中缓慢溶解，帮助种子发芽生根。

良种的繁育和加工如此复杂，面对几千几万亩种植面积的庞大需求，这项任务由谁来完成呢？种子公司该出场了。

优良棉种培育成功后，为了繁育推广，众多种业公司应运而生，与培育种子的研究机构展开合作，形成产学研、育繁推广一体化的良种产业链。

新疆金丰源种业有限公司是育种良繁推广一体化企业之一。其前身是温宿县种子公司，2005年改制为以种业为主的有限责任公司。经过多年的发展，在阿克苏、喀什和巴州建有良种繁育场5万亩，委托良繁的育种基地38万亩，拥有一整套从原种提纯、扩繁、田间去杂到分品种收购、加工、收储保管的质量控制体系。在南北疆设有12家子公司和销售分公司，经销店500多家。建有良种棉加工厂3座，轧花、剥绒、打包生产线3条，棉种脱绒加工和定量包装生产线3条，年销售棉花良种5000余吨，推广种植面积300万亩以上。

这家公司联合新疆农业科学院、华中农业大学、中国科学院分子植物科学卓越创新中心、浙江大学、武汉大学、新疆农业大学、新疆农垦科学院等13家科研机构、高校和相关机构，组成国家棉花生物育种产业科技创新联盟，优势互补，资源共享。

沙雅县棉花种植面积近200万亩，需要大量的棉花良种，不少种业公司和研究机构入驻沙雅。新疆天玉种业有限责任公司的前身是拜城县种子公司，初期繁育玉米、小麦等作物种子，后来把棉花育种作为一项新业务，分别在阿克苏地区沙雅县、喀什地区巴楚县建有繁育基地和种子加工厂。

沙雅县古勒巴格镇尤库日库勒达希村，一条田埂把两块地分开，埂宽五米，可以行车。田埂左边是湖南、江西省农业科学院棉花研究所和新疆农业大学的试验田，右边是天玉种业的繁育地。天玉种业在沙雅和巴楚共有良繁场3万亩，每年销售良种2000多吨，推广种植面积100万亩以上。

塔里木河从沙雅向东流向巴州，那里也是南疆最好的棉花种植区之一。巴州农科院有很强的综合实力。巴州的库尔勒市、尉犁县、轮台县三地气候与生态特别适宜良种繁育，吸引了大批企业和研究机构到此从事种子培育和生产。

库尔勒市阿瓦提农场的巴州绿色标准化生产示范基地，面积3000亩，栅栏围挡，建有一个高大的铁艺大门，门旁挂了4块大牌子：九圣禾棉种有限公司库尔勒试验站、长绒棉早中熟棉育种中心、江苏省农业科学院新疆九圣禾棉花产业研究院、海南九圣禾农业科学研究院棉花分院库尔勒实验站。九圣禾种业股份有限公司的总部在北疆的昌吉市。库尔勒的这个示范基地，有资源创新、产品示范、品种选育、品种审定、产品测试、产权交易六大平台功能。

姜辉30岁出头，毕业于西北农林科技大学，担任九圣禾种业股份有限公司棉花产业研究院副院长，负责管理这个基地。他常在大热天开一辆小型越野车到现场查看，及时处理各种问题，俨然是一位年轻的棉花专家。基地中1000亩地种植九圣禾的育繁棉花，另有300亩地，种了35家公司的88个新品种。

6月下旬，天气热得像火烤。下午5时，地里刚浇了水，姜辉来到基地。他拨开茂密的棉花垄，手抓一株，数坐果结铃的枝条。一条果枝算一台，地里的棉花已经长到6台。他又选几个地方，测量枝条的节间长度。如果缺水，节间会缩短；水旺，节间会拉长。营养不足或过剩，都会影响棉花的生长繁殖，造成更多的落蕾、干蕾，影响产量。他在棉田里查看测量了两个小时，认为这一天整个地块生长良好。

此时，正是棉花的开花时节，有几个人在闷热的棉田里挑选表现好的植株，用红色的线做记号。他们头戴草帽，肩搭毛巾，在浓绿的棉花行里弯腰忙碌，不时撩起衣服擦擦汗、扇扇风。远远看着这些人，都有种燠热难耐的感觉。这个时节，植株优选必须每天去做，而且要仔细认真，所以这些人只能承受太阳炙烤与水汽蒸发的煎熬。他们这样，为的是选出最好的种子，保持种子最纯的种性。这样的工作，造就了一批忍耐力超强的育种人。

# 六

随着长江流域和黄河流域两大棉区种植面积的萎缩，全国的棉花种植向新疆棉区集中，前两大棉区的科研机构和种业公司也向新疆转移。

库尔勒市西北，天山南坡的霍拉山寸草不生，干燥的砂岩裸露着粗砾与不平，无论阳光还是狂风，总是排山而下。就是在这样的山前，建有一个整齐的院落。院落中，一栋密封很好的四层楼房门前挂着标牌：新疆晶华种业有限公司。

一楼的门厅，摆有16株结满吐絮棉桃的"晶刚"牌棉花标本，都是晶华培育推广的优良品种。其中有一株没有掐尖打顶、任意生长植株，细数上面的桃子，用时2分钟，共有66个。这些桃子中，单桃籽棉重6克，单株籽棉重396克，实测纤维长29.6毫米，衣分率43%，生长期125天。棉株旁立了一个说明牌，介绍这个品种耐旱性好、耐高温性好、吐絮集中、抗病性强，机械采收净率高等特点。

走进大楼，可见一排标准实验室。第一个是棉花纤维品质检验室，可以用8克纤维检测一个品种的11项指标。第二个是抗病育种实验室，用以培育新的抗病品种。第三个是种子质量检验室。第四个是考种室。第五个是微型轧花车间。第六个是种子档案室。

办公楼的后面是种子加工车间，每年10—12月工作。加工后的废料含硫酸，做成有机肥，正好适用于南疆的盐碱土壤。公司在尉犁县、库尔勒市、农二师团场有3万亩良繁场，年推广种子2000吨。

董事长江承波1988年毕业于华中农业大学，被分配到湖北荆州种子管理站，1996年创办荆州市晶华种业中心，在长江流域做到杂交棉育种企业的前5位。2008年到新疆，先后考察了昌吉市、乌鲁木齐市、阿克苏市、铁门关市和尉犁县、轮台县，最后选择在库尔勒市上库高新区注册公司。2016年，公司建成投产，累计投入科研和建设资金3000多万元。2009年开始推广销售"晶华9号"。新培育的"晶刚"棉花早中熟品种抗枯萎病、耐黄萎病、耐旱性、耐高温性强，株型紧凑，铃期长势强劲，吐絮集中，机采性能佳，铃大衣分率高，单铃重6.3克左右，衣分率47%—48%，纤维长29.8毫米，比强度好。用新疆话说，皮实好管、产量高。公司的科技实力转换为良好的生产力，很快得到南疆棉花种植者的认可，推广种植面积接近100万亩。

库尔勒市振兴路，距离飞机场大门一公里，有一座占地335亩、投资3亿元的建筑工地，整体设计为五瓣棉铃绽放的棉花，用染色体双链装饰，有很强现代科技感，这是正在建设的国欣棉花创新园。

据新疆国欣种业有限公司董事长卢怀玉介绍，创新园将建成中国最先进的棉花育种实验室，从全国聘请专家入驻，成为棉花育种的示范基地。距离园区7公里，公司已流转土地1700亩，现有良繁场7万亩，后期会增加到10万亩。基地选在机场附近，为的是能让来自全国各地的专家以最快的速度下到棉田里开展工作。

国欣种业是一家全国知名的棉花种子公司，20世纪80年代初创建于河北省河间县西九吉乡卢村，创始人是卢怀玉的父亲卢国欣。卢村很早种植棉花。农村土地承包责任制改革后，人们追求农作物丰产高产。卢国欣推广了棉花种植的新模式——夏播棉，在北纬38度线上实现"两白"种植，即在当年种完小麦之后再种棉花，一年收获两季农作物。棉花的收益比粮食高，村里三分之二的人家学他种植夏播棉，成了第一批"万元户"，在河间市和周边地区引起轰动。大家靠种棉花致了富，又想有更好的发展。

土地承包后，农业种植以家庭为单位。若是一家一户遇到解决不了的问题怎么办呢？

顺应大伙儿的要求，1984年，由卢国欣牵头，村里的12户农民联合成立国欣棉花研究会，几年后，研究会更名为"国欣农村技术服务总会"。每户二十几亩地，合起来几百亩。后来发展到周边村子，入会农户2000多家，土地上万亩。总会与北京农业大学（中国农业大学前身）合作，聘请教授到卢村指导，以培育优良品种、推广新技术、培训人员、提供信息服务，引起了国家科学技术委员会（科学技术部前身）和农业部的关注，并得到了支持。1990年，总会从乡村搬到城里，建起科技服务楼、轧花厂、育种农场，后来发展成跨区域的棉业组织，拥有会员6万户，涉及24个省区市。总会以良种生产为主业，实现育繁、推广一体化，形成集技术、信息、生产、加工、销售、服务一条龙，成为国家级农业产业化重点龙头企业和优秀社团，选育并通过审定的棉花新品种有18个。

1997年，总会与新疆结缘，到新疆农八师一三五团开荒4000亩，种植商品棉。2004年，又到轮台县承包土地5000亩。2012年，作为河北省产业援疆项目，新疆国欣种业有限公司在轮台县注册成立，投资建厂。它繁育推广的棉花新品种连续多年供不应求。2018年，进入新疆棉花种业公司的领先阵营，年销售良种3000多吨，推广种植面积200万亩，创造了良好的社会效益。到2021年，国欣种业在新疆累计投资5亿元，良繁田面积达7万亩。后来，国欣种业聘请河北农业大学、河北省农林科学院、农业农村部的专家到巴州考察论证，采纳专家意见，将总部迁到交通便利的库尔勒市，接纳全国棉花种质资源，致力于通过创新、合作、开放、共享把国欣棉花创新园建成立足巴州、面向新疆乃至全国的棉花良种服务平台。

晶华种业与国欣种业，是众多区外到新疆开办的种子企业中的两家。北疆和南疆的其他地区，众多实力雄厚的种业公司通过与新疆本地公司参股合作或独立注册的形式，成为新疆棉花种业发展的重要力量。

新疆棉花进入了全程机械化时代，达到了高产、稳产的目标，又向优质高效的育种目标迈进。李雪源团队综合几十年的种质资源与技术积累，着力突破高产与优质、增收与低耗的负相关困局，正在培育既高产，又优质，同时降低水肥消耗，有利于地力恢复的低碳绿色新品种，力争使得新疆棉花进入世界高品级的行列。他们多年培育的一个新品种，现蕾开花集中，结铃吐絮集中，铃大 6.5—7.2 克，绒长超过 30 毫米，比强度好，亩产接近 700 公斤。

2022 年，这个新品种在十六团试验基地和部分连队多点种植 100 亩。李雪源团队向国家新品种鉴定部门提交了区域试验鉴定申请，将新品种暂名为"源棉 8 号"。李雪源对这个品种寄予厚望，希望它通过审定后，能带来新疆棉花品质的新一轮高标准替代，将棉花纺织技术也提升到一个新的水平。

9 月中旬，100 亩试验田结铃充分，开始吐絮，丰收在望。最后的鉴定能顺利通过吗？各项指标能否达到预期的目标？

以品种为引领，新疆棉花种植实现全程机械化之后，又会呈现出怎样的局面呢？

# 第十章　智慧田野

一

近几年，全民直播行业快速升温，随之出现"霸屏"一词，用以指某一信息于某个时段在多个平台以多种形式出现，过度占用屏幕的现象。

2022年春天，新疆出现了一个"霸屏"明星，在各种自媒体和官方媒体上频繁出现，引发公众持续一个多月的刷屏转发。这个明星不是某个人，也不是某个超级萌宠，而是新疆的棉花播种现场。

从4月初开始，南疆、东疆、北疆，有3700多万亩棉花集中播种。在几百亩、几千亩、几万亩、几十万亩完成标准化建设、设施完备的棉田里，大马力拖拉机牵引着多功能联合播种机组成作业机组，以智能机械化的自动导航模式，一组、两组或多组并行作业，如同给大地绘画。这样的场面，兼有气吞万里的宏大与工笔描绘的精细。

棉花播得那么快、那么好，凭借的是什么呢？

有人说，这是有了"大脑"的智慧田野。因为农机装上了自动化的"大脑",所以棉花种植得以在智慧中进行。

智能化的力量,重新塑造了人与土地的关系。自古以来,人对土地躬身侍奉,如今却发生了角色转换,人可以在土地上做主宰。

关于各地棉花种植场景的视频频频被上传到网络,拍摄的时间、地点和角度不同,内容却相似,表达着不同的主人,在不同的地点,基本相同的愉悦心情。新疆农业进入智慧时代,反复观看这些视频,令人心生神往,很想到现场去看一看。

智慧农业的智能机械化棉花种植,究竟是怎样新鲜奇特的情形呢?

2022年4月21日,棉花种植大县沙雅的190万亩棉田播种到了尾声。距离县城80公里的塔里木乡央塔克巴什村,就是徐远江最早承包棉田的那个村,沙雅县万里之星综合性农民专业合作社的6200亩棉花,只剩最后的185亩待播。地里有3台大马力拖拉机,每台后面一拖二,牵引着钵施然公司生产的2台多功能联合播种机,组成3个作业机组。地头有2辆小四轮拖拉机带着平板拖车,运载种子、地膜、滴灌带等农资。田埂上停着3辆小轿车,是干活的人开来的。这么多农机,一共十几个人,由理事长马鹏程现场指挥。每台播种机有6个红色种子箱,下连穴播器,箱子里放着有蓝色包衣的棉种。比种子箱高一层的是地膜架,上面架一卷2.05米宽的白色地膜,正好覆盖6行。再高一层是3个高高翘起的滴灌带架,卷着3捆黑色的滴灌带。阳光浓烈,拖拉机开起来,2台播种机叮叮当当地响着,先铺滴灌带,再覆地膜,然后6个穴播器像12双手上下配合,挖出1.5厘米深的土穴,把种子撒入。最下面的覆土滚筒自带圆铲子,把土送入滚筒,使土从一大一小两个口流出来,小口流出的土覆盖种子,大口流出的土覆压地膜。在风铃般叮叮当当的响声中，1个机组一次播种12行棉花，相当于60个人同时干活。3个机组，6台播种机，一趟过去播种36行，就等于180个人同时在劳动。每个机组后面跟着两个人，如看到地膜覆土不够，便用铁锨铲土补压。

拖拉机自动行走，驾驶室里坐着一个人，朝后看着播种情况，如果出现种子、滴灌带或地膜用完等情况，便手动操作停车。驾驶室右边车窗挂一个30厘米宽、20厘米高的导航仪，接收北斗卫星导航信号，指挥拖拉机按设定的线路行驶。凭此，机组能够以每小时3.5公里的速度一次性完成铺设滴灌带、铺地膜、挖穴播种、覆土的全套流程，1000米长的距离误差不超过2厘米。播种从中午12时开始，到下午4时结束。黄褐色的土地，被白色的地膜铺出整齐等距的条纹。

有人说这就是装了大脑的农机，在给大地作画。

卫星导航系统就是人们所说的装在农机上的"大脑"，是农业机械自动化、信息化和农业智能机械化的核心。其组成部分有定位传感器、方向传感器、转角传感器、导航控制器、液压电磁阀组合和显示屏。根据机组作业的幅宽，自动生成导航线，实现厘米级的卫星定位，保证农机在田间按照设定的路线行驶，精确引导控制，不重不漏，还可以计算和统计作业面积。

新疆棉花种植的智能机械化从团场起步。2014—2015年，各团场购置安装了北斗卫星导航自动驾驶装备2194台，应用于322.95万亩棉花精量播种作业，效果很好，在全疆推广速度很快。

卫星导航服务公司安装地面导航基站，棉花种植大户和农机合作社自愿付费给自己的农机安装自动导航仪。只用了五六年，遍布田野的动力农机都装了"大脑"，即便是在塔克拉玛干沙漠边缘，播种场面也与万里之星农民合作社无异。

实现自动驾驶，是棉花种植智能机械化的一个重要标志。

2016年，万里之星农民合作社购买安装了第一批导航仪，每台6万元。到2022年，导航仪价格降到每台2万元。地面导航基站有效辐射范围为50公里。购买安装后，卫星导航服务公司免费提供卫星信号，不再收取使用服务费。

卫星导航和自动驾驶将农机驾驶员解放了出来：减轻疲劳、保证作业安全，还减少能耗、降低成本、增加了经济效益。6200亩棉花，3个作业机组，只用2周时间轻松播完。

播种完成了，紧接着启动的是智慧农田管理模式。调试滴灌系统，打开阀门，井水经过泵房被送到主管，从主管分流到支管，再输入毛管，无声地滴在每一粒棉种周围。七八天之后，棉种就像接到统一号令，整齐地长出2厘米高的嫩芽，顶出2片可爱的子叶，没几天，又长出了真叶。

马鹏程原本是一名医生，最早在库车县哈拉哈塘镇开诊所，央塔克巴什村的人去看病，要走50公里。路途遥远，很不方便。村干部出面，不少村民一起恳求，说村里没有医生也没有药，请他来村里落户。治病救人的医者之心使得他不好推辞，答应了村干部的邀请。1991年4月，27岁的马鹏程带着妻子和6个月的儿子，来到央塔克巴什村安家落户，做起了全村500多人的全科医生。村里分给他家13亩地，看病之余，他和村里人一样种棉花。村里人没有想到，他不仅开方子、打针、抓药得手，种的棉花也比别人家的产量高。那些年棉花价格低，一些村民不喜欢种，把地转包给他，他家的棉花种植面积就不断扩大，从十几亩增加到几百亩。

2017年7月12日，万里之星综合性农民专业合作社注册成立，马鹏程担任合作社的理事长，成了棉花种植的带头人。2018

年，合作社完成高标准农田整理，实现了机械化，籽棉亩产从2016年之前的200多公斤增加到2021年的400多公斤。合作社陆续购买大马力拖拉机、联合播种机、皮卡车等机械13台，总价超过500万元；还购入了大疆T40无人机2台，用于洒药、打顶，一天能作业400—500亩；购买了残膜回收机，既能碎秆入土，也能回收地膜，一天作业100多亩。残膜被送到回收厂加工成颗粒，用于生产滴灌带。残膜回收之后，土地干干净净，等待第二年播种。

合作社拥有那么多的机械设备，田间管理还需要多少长期工，多少人工费用呢？

万里之星农民合作社和大多数机械化种植采收的农场相同，雇用长期工进行田间管理。这些长期工一般是夫妻搭档，2人管理200—250亩棉田，有单独的住房，伙食自理。一个种植季，每亩工资200元。长期工中，有土地流转后的本村农民，也有别处来的人。

吾斯曼·米吉提和妻子祖力比也姆·吾甫尔来自英买里乡，已经做了2年长期工。第一年通过管理棉田200亩收入4万元，又通过采拾机械采不到的地边花收入1万多元，合计收入5万多元。冬天回家休息时，如果愿意，可以干点别的活增加收入。他的弟弟玉山·米吉提和妻子古丽扎努力·热合买提管理棉田250亩，工资5万元，加上拾地边花，两口子收入6万多元。合作社的6200亩棉田，需长期工50余人。

马鹏程说，合作社的土地从47户农民手中流转而来。那么，他们通过什么方式流转土地？流转费用多少？土地流转后农民以何为生，处于怎样的生活状况呢？

央塔克巴什村距离塔里木河15公里。村中心的位置，3年前还是一片荒地，现在却规划整齐，环境优美。村民每家住房90—120平方米不等，水电暖齐全，院子里有果树菜地。村中道路全部实现硬化，公共设施齐全。农村土地第二轮承包时间到2027年，到期后自动延期。每家每户的小块土地不利于机械化种植，土地流转给合作社，农民可以收取流转费，还可以自愿加入合作社，参与集体经营。按照土地条件不同，每年每亩土地流转费800—1000元。

亚森·艾沙，1990年出生，全家三口人，有土地113亩。其中58亩与万里之星农民合作社的土地连片，流转给了合作社，流转费近5万元；剩下的55亩，自己种棉花。2021年，他家纯收入15万元。种完地，他又到塔里木河边的胡杨林里放羊。50只山羊能给他带来2万元的年收入。他衣着时尚，开摩托放羊。他花7万元买了一辆长安轿车，经常开车带家人去城里或河边玩。

斯热吉丁·依米提，1992年出生，全家四口人，有土地75亩。其中55亩流转给万里之星农民合作社，流转费4.73万元。剩下的20亩自己种，年收入6万元。他讲话像哲学家，很有条理。说到棉花机采与人工采拾的区别时，他说：第一个是时间问题，雇人拾花要一个月，机采只要一天；第二个是费用问题，人工采摘每公斤2.3元，每亩差不多要1000元，还要管工人的吃饭住宿，而机器只要240元。除了种棉花，他还开了一个农家乐，卖烤羊肉、大盘鸡，一年差不多赚五六万元。妻子开小商店，一年收入2万元。两口子都属于事业型。

阿合买提·萨木萨克，1952年生，70岁，戴一顶白色遮阳帽，穿浅蓝色小格子衬衣、牛仔裤，脚踩黑皮鞋，一口白牙。他过去是村里的擀毡人，现在这个手艺用不上了，他便给万里之星农民合作社管理200亩棉花地。加上秋天拾地边花，年收入能有

5万元。妻子孜外热姆·阿吾提，62岁，身体也好。2个子女成家独立生活。

吾山·莫明，1991年出生。他家的54亩地流转给了合作社，流转费4.644万元。自己又包了别人的110亩地种棉花。2021年，他纯收入8万元。

央塔克巴什村现在是一个富裕村。土地流转后，人们收入普遍提高，生活有了更多的享受和快乐。

沙雅县东北部的红旗镇与库车县、新和县接壤，沙雅县德民种植农民专业合作社流转了4个村794户农民的14731亩土地。万里之星农民合作社的棉花播种刚结束，这里的棉苗已经长出了3片真叶。棉田里的滴灌带悄然滴水，整齐的小苗在一转身的时间里似乎又有长高。

德民合作社的成立，颇费了一番周折。

这里种植管理技术落后，土壤盐碱含量高，沙化严重，各家各户的小块地不适合机械化作业。2017年之前，籽棉亩产90—200公斤不等，产量低、品质差，农民自己种植还会亏损。2018年，政府投资，对土地进行集中整理，但土壤盐碱含量依然很高，平整度没有达到高标准农田的要求。农民自己种不好，想流转出去，把流转费定为每年每亩400元，多方联系，却无人接手。想组织成立合作社，又没有牵头人。

2019年12月，欧阳德民从北疆的乌苏来到沙雅，找他曾经的合伙人协商经济问题。红旗镇政府有领导与他认识，知道他是棉花种植的高手，再三提出，请他牵头成立合作社，集中管理4个村的土地。欧阳德民不好推辞，便做了一番考察。他看到这里的土地条件差，整理改造不到位，农民种植技术落后，但阳光充足，水源丰富，如果采用北疆成熟的种植技术，应该能有较大的增产空间，思考再三，同意在沙雅县牵头成立德民种植农民专业合作社，担任理事长。合作社下设4个分社，分别管理4个村的土地，所以对外也称"联社"。

欧阳德民挑起了这家合作社的担子。他想，收入分配是一件大事，搞好了有利于发展，搞不好可能散摊子。经过几轮商谈，欧阳德民提出了一个方案，让4个村的农民一时难以理解。

怎么回事呢？是有失公平，不利于农民吗？

非也！他开出的条件优惠到让人们难以相信。原本每年每亩400元都流转不出去的地，他提出要给转出者两份收益。第一份，土地流转费，每年每亩700元；第二份，按照当年的棉花价格倒算，以每亩330公斤为保本产量，超出部分用于分红，联社占51%，分社和农户占49%；分社与农户再分，分社留10%，农户分39%。

人人都会思考，合作社经营要以效益为目标，农民得利太多，集体能不能赚钱？如果赚不了，再好的方案也是一张"饼"。好听的话能让耳朵高兴，嘴巴却不一定得到实惠。欧阳德民的方案太好了，人们心里难免打问号。镇干部也向他提出疑问：这样的方案能实现吗？

欧阳德民讲了掏心窝子的话。他说既然牵了这个头，就要拿出一片诚意，收益分配得优先为农民着想。至于能不能实现，他讲了自己对土地和气候条件的初步评估，凭多年的种植经验，认为实现亩产籽棉330公斤，应该问题不大。

合同签了，但不少人仍然心存疑虑。

2019年12月29日，距离新年还有两天，沙雅县德民种植农民专业合作社和下设的4个分社宣布成立（2020年完成注册）。2019年，入社前的地平均亩产籽棉165公斤，2020年的目标是亩产330公斤。这个目标能不能实现？很多人等着看结果。

开春，刚刚化冻，欧阳德民引进资金，投入200多万元，对入社土地做了二次整治，把它改造成适合机械化生产的80—300亩的大地块；使用生物复合肥，对盐碱含量高的土壤做了改良；购买了拖拉机33台、汽车8辆。看到真金白银的投入，回头再想农户优先的土地流转和分红政策，多数人开始信服了。科学的种植管理模式，也给了参与者很大信心，调动了各方面的积极性。联社优先安排入社农户学习驾驶技术，一名农机驾驶员平均月收入3500元；又安排150多人参与田间管理。土地流转后的农民，在联社或其他地方找到了新的工作。红旗镇出现了欣欣向荣的新景象。秋天采收季到来之前，联社又购买了2台三行厢式采棉机。

2020年，联社的1万多亩地平均亩产籽棉421公斤。人们从来没有见过这样的大丰收。年底结算，土地流转费加分红，农民的土地收益达到平均每亩1229元。加上不种地之后从事其他工作的收入，家家户户，那叫一个快乐。

然而，任何事情都不可能一帆风顺。2021年5月12日大风灾害，造成7000亩重播；5月13日冰雹，导致4000多亩重播。这一年，在遭受灾害的情况下，籽棉亩产397公斤，农民的土地收益依然有平均每亩1030元。2022年，棉花产量上了新台阶，亩产籽棉450.5公斤。虽然收购价格下降，但农民的土地收益依然有平均每亩1165元。

全程机械化，释放了大量劳动力，没有在联社工作的农民，通过学习别的技能有了稳定的收入。2021年，沙雅县德民种植农民专业合作社被列为全国农业社会化服务创新试点组织。

万里之星和德民的棉花种植，实现了部分智能化，很大程度上提升了人在种植管理中的控制水平，在面对大风、冰雹等自然灾害时，也有了扭转局面的手段。

然而，新疆棉花种植的智能化水平远不止于此，无人驾驶、智能水肥一体化管理系统等多种智能化手段不断刷新人们的认知。新疆种植棉花的田地里，各种智能化的创新正在从局部突围向整体升级迈进。南疆、北疆、东疆，区域生态不同，会有多少新鲜奇特的故事发生呢？

## 二

无人机的使用，是棉花种植的又一项先进技术。大面积普及是否顺利？棉花种植者受益如何？温红飞的创业经历，给出了答案。

说起来，温红飞经营无人机，是一个无心插柳的意外之喜。他坐在城市宽敞的办公室里，不经常去农村的棉花地，经营的产品，却与棉花密切相关。

轮台县城经营农资的区域中，一栋临街二层楼房的居中部位，有一套面积较大的门面房，门头上挂着巴州慧疆农业科技有限公司的牌子，那就是温红飞的公司。一楼是宽敞的大通间，几个年轻人忙着摆弄几台无人机。二楼，朝南一间是总经理办公室，里面坐着1981年出生的温红飞。

他是河南南阳人，2002年随父亲来到新疆，在野外给人打井赚钱，吃住都在简易帐篷里，风餐露宿，很辛苦。

2018年7月的一天，他看到一件好玩又赚钱的事——有人操控无人机在棉花田里忙碌。那人手里端一个控制盘，控制着无人机飞来飞去。他好奇地看了半天，走到跟前问对方在干什么。人家忙着不想搭理他，他就赔着笑脸一直看。对方看他一脸诚恳，便说是在用无人机洒药，防治棉花的病虫害。他又了解到，无人机一年要来好多次，防虫之外，还要做除草、化控、化学打顶、脱叶等很多过去需要人做的事。那人用的无人机，装有一个10公斤的药液箱。充满电，驾驶员手持控制盘拨动手柄，无人机起飞，到棉田上空十几米的高度，按照设定的喷洒量边飞边洒。几百亩地半天就喷完了，轻松又好玩。过去喷药水，要把装药水的罐子绑在架子上，人用皮绳拉着架子，边走边喷，100多米就累得走不动了。

温红飞见无人机这么好用，就和父亲商量也想买一台，试着干一阵。父亲同意了。他一番打听，到库尔勒市的无人机经销商那里，花8.6万元买了第一台大疆T10无人机。经销公司就使用和维修方法对用户进行免费培训，他在库尔勒学习了两天。回到轮台县后，他也给一些中小型棉花种植户服务。回去的第一天，他就给600亩棉花地洒完了化学除草剂，又做了药物打顶。省时省力，药水不浪费，效果很好。当天干活，当天结算工钱。第二天，就去给另一户去做服务。一家接一家，活挺好找，赚钱不少，比原来打井强很多。

干了一段时间，他有了新的想法，觉得无人机代替人工是一个新趋势，很有前景。于是他再次去库尔勒找到那家无人机经销商，提出要在轮台县代理销售。能够扩大销售，经销商自然同意，双方签订了长期合作协议。得到大经销商的支持，温红飞回到轮台县，注册成立公司，从库尔勒进货，在轮台县销售，复制上游商家的模式，对购买者提供免费培训。当年，温红飞就销售了50台无人机，打开了局面。购买者有种棉大户，也有像他开始时一样做无人机服务的专业人员。

2019—2021年，无人机规格多次升级。在这3年里，温红飞累计销售500多台无人机，服务了全县80%的农田。

2022年，公司员工发展到14人，都是十八九岁、二十多岁的年轻人，有大、中专毕业生，也有高中毕业生。年轻人几天就能学会无人机的使用和维修，入职几个月就是熟练工。公司每周六开办无人机用户免费培训班，县里组织植棉户分批学习。每期培训班，多的时候有四五十人，少的时候十几人。不管多少人，培训班都正常开班。

1996年出生的伊力盼·克里木江，新疆轻工职业技术学院电气自动化专业毕业，在公司工作了2年多，已经是技术骨干，月薪8000—10000元。他培训的用户超过300人，其中一些文化程度不高的人，也学会了使用无人机。所有用户都管他叫"老师"，他感觉自己很受尊敬，工作积极性高，很有责任心。

另一位员工艾合麦提·吾买尔，2002年出生，高中毕业，在公司工作了1年多，月收入5000—6000元。他经常到乡村棉田做宣传，感觉这个工作特别好，像玩儿一样，收入很不错，工作主动，特别有干劲。

公司的收入不断增加，温红飞想着应该出点力，帮助贫困户用上无人机，带动少数民族植棉户更快地接受无人机技术。经过了解，他找到了策大雅乡萨依巴格村八组的古丽鲜·吾守尔，送给她一台4万多元的20公斤级大疆新款无人机。古丽鲜的丈夫阿不里米提·阿吾提患有小儿麻痹症。他们拿到这台无人机，学会了使用，便为本村农户服务，不到10天就赚了3000元。古丽鲜和丈夫很高兴，不仅因为赚到了钱，还因为学会了新技术，能操纵别人没有的无人机，得到别人的羡慕和尊敬。因为丈夫身体残疾，家庭生活困难，她家过去总是需要别人的帮助，不能去帮助别人，难免心生自卑。自从有了无人机，能为村里的棉花种植户提供服务，古丽鲜和丈夫感觉每天的生活变得更有意义了，也努力给公司的无人机业务做好宣传。

温红飞的公司成立不到5年，就把无人机推广到全县的所有农作物种植，包括果树人工授粉中。大部分棉花种植户也习惯了使用无人机。

徐远江是轮台县最大的棉田种植户，很早就用上了无人机。哈尔巴克乡一大队四小队有一片他的棉花地，地边建有平房小院，供棉田管理人员生活。他来地里看棉花的生长情况时，就坐在小院的树荫下，聊着天看人们干活。一台40公斤级的无人机在一个年轻人的操控下，满载药水，起飞，到棉田的上空洒完药水，飞回来，再满载药水，再起飞，像一只听话的鸽子。

这几年，新疆的棉花种植户大多都用上了无人机。每个种棉大县，都有像温红飞这样的无人机经销者。

# 三

无人机的使用，赋予了棉花种植另一种智能。然而，隐藏在新疆棉田里的智慧还有很多，让人赞叹不已。

轮台县是一个典型的棉花大县，2022年种植面积约105万亩，占全县农田总面积的80%。种植面积大，有实力的大户多，各种新技术层出不穷。在轮台县哈尔巴克乡吾夏克铁热克村六组，有一块1300亩的智慧棉田。

什么是智慧棉田？

2022年7月中旬，中午气温很高，棉田里空无一人，十字机耕道构成一个个直角，把棉田分割成整齐的方块。其中一个直角的一边竖了两块大牌子，写明了这块地的种植情况。田地覆盖了幅宽4.4米的超宽膜，能使地温上升更快，更节水，免除草，免中耕。这块棉田使用的棉种是"新陆中71号"。

直角的另一边，距离大牌子不远，有一个像小型气象站的装置，3块30平方厘米的太阳能电池板给这个装置供电。这个装置的液晶显示器上显示：地表温度38.3摄氏度，风速0.5米每秒，风向西南。田地里有远程虫情测报系统，能自动监测并报告虫数、虫的种类和虫龄期。信息传到后台，测报系统能自动给出药液配置处方。地里每100米有一个白色的感应桩，那是土壤墒情监测系统的末端接收点，每2小时上传一次土壤湿度。后台收到信息，自动分析，判断是否需要滴水。管理人员用手机或平板电脑实时查看并操控，待在家里，享受着清凉的同时，便能开启智能电磁阀，完成浇水施肥。根据棉花在不同阶段生长和繁育的需要，系统能自动调节所需的氮磷钾肥和微量元素，将其加入滴灌水中，滴到棉花的根部，做到用量精准，最大程度保证植株吸收充分。

这块地的种植模式也是66厘米＋10厘米的宽窄行模式。宽行通风透气，正好是机采时扶导器的宽度。此时，地里的棉苗已长到8台果枝，整个棉田一片墨绿，植株壮实，叶片肥厚，桃形的棉铃饱满瓷实。

这样的棉田确实智慧，而且智慧得有些复杂，猛一看让人眼花缭乱。作为棉花种植者，需要具备怎样的知识，又得用多长时间才能学到应用自如呢？

炽热的棉田里空无一人，再多的疑问也无从去问。只见为滴灌供水的泵房旁边平卧着一个圆圆胖胖的白色大罐，下面的4个支架像4条短短的小胖腿。罐体左边有"慧尔"两个黑色大字，中间红色的"智能施肥系统"和服务热线号码十分醒目，右边一个矮矮胖胖的"慧尔大叔"卡通中年男性形象，穿西服、扎领结、留着浓密的上唇胡、竖着右手大拇指，显出几分幽默和可爱。

原来如此。有专业的公司为智慧棉田提供技术支持，种植管理者就像使用傻瓜照相机一样，只需经过简单培训就能熟练使用相关技术系统。

不同的农业科技服务公司为棉花种植户提供不同的智慧服务。这家叫慧尔的公司来自哪里？有多少与众不同的特点呢？

新疆慧尔农业集团股份有限公司的总部位于昌吉市国家农业科技园，建有博士后科研工作站，拥有几十项专利技术。总部的生产工厂在昌吉市榆树沟镇前进村，园林化的厂区占地200亩。厂房的前厅中布置了一个震撼的展览长廊，一排排顶天立地的大架子上摆放着一排排细长的圆柱形透明塑料罐，每个罐子里装着半公斤土壤样品。罐子外面贴有标签，标明取土的详细地址、主人姓名、种植农作物品种、取样日期等。一排一排，一档一档，整整齐齐，有几万份。慧尔农业是一家测土配方施肥定点生产企业。塑料罐里装着的，就是给各地种植户提供肥料的测土样品。这些排列整齐的塑料罐，就是一册一册记载土壤信息的"书籍"。公司的研究人员"阅读"土壤的成分，解析出该土壤需要补充的肥料品种和数量，形成配方，照方制肥，送到地头。

展厅里还有一些展示用户反馈的彩图展板，一段对用户种植情况的简单说明配一张种植者在棉田里活动的照片，一个个形象挺"牛"气。塔城地区的一位种植户叶辉林，看起来40多岁，站在棉田里，戴着大墨镜，挥起双臂，很酷的样子，一点儿都不像传统的农民。

穿过展览长廊，展厅后面是一座几百平方米的钢结构玻璃温室，里面被分隔成几个区域。

其中一个区域的架子上摆了几百个普通饭碗大小的红色塑料小盆，里面长着碱蓬草。有一位身材瘦高的女士，像侍弄家里的珍贵盆栽一样，观察、记录，不停地忙碌着。她叫王艳艳，山东烟台人，西北农林科技大学毕业，在中国科学院新疆生态与地理研究所攻读博士学位。她栽种这几百盆碱蓬草，用于研究植物对盐碱的适应性，研究所得的数据是她撰写博士论文的素材和依据。

另一个区域的架子上，摆了许多个黑色的塑料盘，每盘分成多个5厘米见方的小格，装着红色土壤，长着一种细小的植物——红苋菜。旁边忙碌的也是一位年轻女士，戴着眼镜，用镊子在红土里拨弄着。她叫葛少青，河南许昌人，同样是中国科学院新疆生态与地理研究所的博士研究生。她在研究土壤中重金属含量对红苋菜的影响。

还有一个区域，种着小白菜，以研究液态肥的效力。

两位博士生，是众多"阅读"土壤者中的两位。

新疆的沙壤和黏土盐碱含量高、易板结。南疆的尘土细、黏，像灰尘一样，就是一般说的塘土，盐碱大，容易飞起来，大风时容易成灾，会把农作物的叶片打掉。研究土壤，目的是将它改良成壤土，即疏松透气的土壤。改良的方法之一就是对土壤智慧施肥。

慧尔农业成立于2005年，最初生产固态滴灌肥。2007年，与中国科学院沈阳应用生态研究所建立战略合作关系，经过10

年的研究探索，改为研发液体肥。利用互联网、物联网先进技术，慧尔农业设计出智能施肥系统，并制造出适配泵，向用户免费提供。轮台县的智慧棉田，就是这家公司技术支持的示范田。

慧尔农业特制的白色智能施肥罐，有 3、5、10、15、30 立方米 5 种规格。3 立方米的罐可以满足 300 亩地的施肥需要。施肥罐在棉田的泵房旁边，连着一个一体化施肥机柜。机柜上有触摸式控制屏，显示施肥量、施肥时间。一键启动，相关指标自动生成。施肥罐上装有一根天线，连接 4G 模块，用于接收信息。同时为棉田提供各项监测。

这种智能化施肥罐使用什么肥料呢？

1953 年，为实现亩产籽棉 200 公斤，托迪夫要求每亩田施厩肥 3000 公斤以上。那时候，昌吉、呼图壁、玛纳斯还没有规模化的棉花种植。2022 年，新疆的很多棉田实现了智能化种植，亩产籽棉 400 公斤以上，不少超过 500 公斤。施用什么样的肥料，才能既提高棉花产量和质量，又能保护土壤、改良土壤呢？

慧尔农业的肥料生产，经历了颗粒肥、粉剂肥、液态肥 3 个阶段。公司自主研发的适用自动化施肥技术的悬浮型聚谷氨酸液体肥，可以被植物更好地吸收。

慧尔农业在榆树沟的厂区内放有很多吨桶——一种能装 1 吨液态肥的方形塑料桶。厂区建有几十个巨型圆柱体储存罐，大的有 2000 立方米，小的也有 500 立方米，高峰期每天发货 1000 吨。公司还在五家渠市、博乐市、阿克苏市、北屯市和温宿县建有 5 家工厂。2022 年，生产肥料 12 万余吨，制造并铺设智能化施肥设备 3500 多套，水肥一体化智能灌溉技术覆盖棉花和其他农作物 300 多万亩，范围辐射全疆，旨在用数字农业技术应用方案服务种植户。

昌吉市庙尔沟乡，呼图壁县大丰镇，玛纳斯县乐土驿镇、北五岔镇、六户地镇，很多棉花种植户棉田的泵房旁边，都配有慧尔农业的白色施肥罐和智慧棉田信息系统。这些肥料和设备通过慧尔物流公司为全疆各地的种植户配送。

智能化技术的进步，离不开人的作用。慧尔农业首席农化专家谢学林，原任农八师一二一团生产连连长，退休后加入慧尔。他带着技术服务团队，经常在棉花的生长季巡察各地用户的棉田，现场指导，解决问题。

昌吉市大西渠镇龙河村三片区的于金刚是一位转业军人，他管理着三片区的7000亩地，其中棉田4800亩。这些棉田里用的是蓝色的施肥罐，里面装的是一家叫"心连心"的公司生产的肥料。于金刚说，他感觉这种肥料肥力更好，肥料用量更少。

新疆心连心能源化工有限公司位于玛纳斯县塔西河工业园区，2011年4月注册成立，累计投资45亿元人民币。主要生产尿素、复合肥、滴灌肥、三聚氰胺、合成氨等化肥、化工产品。

这家大型化工企业，与中国科学院、中国农业大学、新疆农业科学院等科研院所和高校合作，搭建创新研发平台，投入资金和科研力量，研究土壤和作物营养，开发推广新型高效肥料。拥有腐殖酸、氨基酸、控释肥、水溶肥、液体肥、中微量元素等多个系列的70多个产品。其中，控释肥通过包膜、包裹、添加抑制剂等方式，使肥料的分解、释放时间延长，从而提高肥料的利用率，延长肥料有效期，促进农业增产。生产的腐殖酸系列高效肥，适合新疆多盐碱的土壤，能让作物增产8%—10%，同时提升作物品质。

尿素是农作物生长离不开的肥料。传统的尿素遇水溶解，大部分渗入土壤，只有少部分被根系吸收，不仅浪费肥力，还会造成土壤污染。心连心研发的聚能网尿素给尿素加了一层"保护网"，使营养物质在土壤中慢慢释放，让农作物的根系有较长的吸收肥料的时间。一般而言，每亩棉田使用尿素60公斤，如果全疆的近3700万亩棉田平均尿素利用率提高8%，每年就可以降低尿素使用量17.76万吨，减少约10万吨氨排入大气和水体，从而降低农业源的污染排放量。

土壤是作物的母亲，土壤出了问题，作物就不能健康产出。几十年来，大量施用化学肥料和农药导致土壤板结、地力下降、活力减少、农产品品质下降。土壤中的重金属污染，已引起人们的极大关注。使用腐殖酸类肥料，以根施（底肥）为主，改良和修复土壤，让腐殖酸从土壤中来，到土壤中去，成为农业绿色发展新的方向。

腐殖酸水溶肥可以调节植物生长，补充营养，抗旱、节水、抗蒸腾，抵御病虫害，增加土壤中维生素、蛋白质、糖类的含量，降低重金属、亚硝酸盐、残留农药等有害物质的含量。

不同的公司，给棉花种植者提供着不同的产品和施用方案。不同的技术智慧，共同打造棉花的种植智慧。慧尔公司与心连心公司，以及其他众多的科技企业，都在为智慧农业提供支持。

## 四

浓密的棉田里藏有很多智慧。仰望星空，天上会有棉花种植的智慧吗？如果把这个问题当作笑话，可就错了。监测管理棉田的智慧，真的有一种来自天上。

轮台县的智慧棉田正在旺盛生长。呼图壁县农业技术推广中心的会议室里，出现了另一种棉田智慧管理场景。

侯立华、苏桂华、高慧慧 3 位女士年龄相当，50 多岁，都是呼图壁县农技推广中心的研究员。她们年轻时分别在玛纳斯县、呼图壁县及五家渠市担任农业技术员，曾经在一起学习培训，比赛手工拾花的速度。后来，3 人又在一起工作。2022 年 4 月，她们的手机上多了一个 App，隔几天接收一次卫星扫描图，用于指导大泉村和种牛场 7 户农民的棉花种植。

那种卫星扫描图叫"疆天棉图"，每一幅图都表现了一块棉花地的状态。图像色彩基调是绿色，以浅绿居多，间有浓绿、黄色和红色。绿色为正常，黄色、红色区域，可能出现了旱情、虫情、缺肥等不同情况。她们将图下载后，分别转发给每块地的棉花种植户。种植户收到图，一看便知哪一块棉田的哪一个部位出现了问题，能够及时现场查看并采取相应的解决措施，省时、省力，提高了效率。

呼图壁县第一年试用"疆天棉图"时，监测棉田 3626 亩。有人开玩笑问，用卫星指导，是照着"天书"种棉花，能获得高产吗？

王志力和于大京是大泉村试用"疆天棉图"的两位种植户。往年，从播种的那一天起，直到采收完毕，他们几乎每天都要去棉花地里转两圈，早晨一次，晚上一次。2022 年，有了"疆天棉图"，他们不用再跑那么勤，在图上看到问题，再去现场查看，一点儿不误事。

4 月，卫星扫描图可以用来监测棉田土壤的温度和湿度，确定最适合的播种时间。扫描图上提示 4 月 16 日适宜播种，王志力和于大京跑到地里查看，确实如此。

5 月初，卫星扫描图显示个别地方有缺苗和死苗。他们照着图去看，发现确实如此，便及时做了补种。

6—9月，卫星扫描图中的棉花长势图显示出棉苗的健康度、长势、氮素含量、叶绿素含量等分析色块。长势图也会显示温度和旱情，识别旱情发生的地点和程度，与智能灌溉系统相连，定时定量补水。健康度监测分析图显示病虫害发生的区域、虫子的种类、虫害发展的阶段，而后根据历史农事记录与农艺策略生成施药处方，指导智能农机装备精准施药。养分监测分析图也能显示棉花的氮素和叶绿素的含量。氮素对棉花生长的作用明显，影响时间最长。从苗期到开花结铃期，都需要适量的氮素使棉花植株健壮、蕾铃增多、产量提高。氮素监测图清晰地显示地块中氮素的分布情况：浅绿色表明含量平均；红色和黄色表明含量过少，会导致植株矮小、叶片干枯、蕾铃数量少；深绿色表明含量过多，营养太旺，会影响叶片通风透光，导致棉株蕾铃脱落、贪青晚熟、抗病害的能力降低。根据氮素监测图，植棉户可以对氮素过少或过量的区域采取应对措施。

9月之后，植棉户按照吐絮情况分析图确定脱叶剂的喷洒时间。喷洒之后，按照脱叶监测分析图确定合理的机械采收时间。采净率监测分析图上可以显示出采棉机的作业效率。

"疆天棉图"能对棉田做产量估算，能通过对棉花生育期的全程监测，按照棉桃数量和单铃重量估算出籽棉的产量。

2022年，昌吉回族自治州农业农村局按照每亩15元购买服务，在昌吉市和呼图壁、玛纳斯等几个种棉县选了部分种植户试用"疆天棉图"。全年监测服务提高了农情信息获取、监督管理、农技服务的数据利用能力，控制了农药、化肥等农业生产资料的使用量，使种植成本降低10%以上，棉花增产10%以上，实现了双向受益。

一年下来，人们都觉得"疆天棉图"很神奇、很好用。这种新的高科技服务来自哪里呢？

这项技术出自石河子的一家公司——新疆疆天航空科技有限公司，技术名称叫棉花种植管理全程遥感监测及社会化服务平台，简称"疆天棉图"，其原理是在数字农业的框架下，通过卫星遥感技术，利用人工智能＋大数据获取农情实时信息，实时运算、反馈。

公司总经理江岩2008年毕业于吉林大学，兼任国家航空植保科技创新联盟新疆分会主任、西北农林科技大学校外研究生导师。2013年起，他组建技术团队，研究农业技术在新疆的应用。2016年，他投资7000万元，在石河子注册成立了新疆疆天航空科技有限公司，开展农业耕种全程可追溯体系、农情大数据服务平台、数字农业技术研发与成果转化研究，组建了农业遥感技术商业应用研发中心，租用"吉林一号"卫星，向棉花、小麦等大田作物种植者提供全程遥感监测、实时分析及配套技术服务。

"疆天棉图"能够在15秒内完成对40—1500亩的单个地块的对比分析。对10万—100万亩的单模整体计算，它也能在20秒内完成。

"吉林一号"卫星是主要的影像数据源，影像数据范围覆盖新疆全部的绿洲区域，每期采集数据超85万平方公里，通过数据集成、存储和转换输出，满足新疆棉花大田种植与管理的数据应用需求。

2019年，沙湾县将老沙湾镇的老沙湾村和包家庄村作为核心示范区，完成138块土地数字化建设，实现有效监测面积1.1万亩，服务农民97户，平均每3天提供一次遥感数据。种植户通过微信小程序及时发现棉田的长势、健康度异常问题，以便线上咨询农技服务人员，及时采取应对措施。

2020年，沙湾县天忠农民专业合作社第一次使用"疆天棉图"，240余人利用平台管理12万亩棉花。棉田平均亩产超过510公斤，品质一致性达标。

顾勇是轮台县阳霞镇的棉花种植户，拥有800多亩被分散为30个地块的棉田，种植品种较多。过去，他每天开车往返100多公里查看棉田里棉株的生长状态，管理存在很大的困难。2020年，他用上了"疆天棉图"，每次下地只需前往显示有问题的地方。此外，"疆天棉图"也能实时对比不同品种的表现差异，结合最终产量和不同品种的管理方案，为下一年度的栽培管理提供支持。

巴州沁航商贸有限公司经营种子、农用地膜、滴灌设备等农资产品，服务库尔勒周边的棉田。2020年，公司与疆天科技签订协议，利用"疆天棉图"对种植户在不同地块使用不同农资产品的效果作对比分析，为农户优选农资产品和使用方案。农资销售之后，又对所售农资产品的使用进行效果评价和质量追溯，提升服务附加值。这样的技术增值服务，提高了种植户的信任度，增强了双方合作的黏性。

2021年10月，疆天科技承接兵团第三师五十一团国家数字农业创新应用基地建设项目，投入3000万元，建成棉花数字农业创新应用基地1万亩，以兵团第三师为核心，辐射带动周边地区数字农业技术的应用发展。

自2019年正式上线，向团场和全疆的棉花种植县推广应用起，到2022年，"疆天棉图"商业服务面积超过1000万亩，为3.5万家农户、家庭农场和合作社提供了技术服务。到2025年，疆天科技计划服务超过2000万亩田地，助力棉花种植进入科技智能的新时代。

这几年，新疆棉田里的科技智慧，出奇出新已经变得不足为怪。

2021年，南疆的尉犁县传出新鲜事，有人要挑战建设"超级棉田"，实现棉花大面积无人化种植。

这又是一个怎样的情形呢？

# 五

尉犁县是一个百万亩种植面积的优质棉花大县。兴平镇的达西村也种棉花，产量却一直上不去。

这里原本是人烟稀少的盐碱滩，地势平坦，处于东北风的通道上，每到春天大风不断。后来人多了，开垦土地种植农作物，却总是遭受风灾，生活不易。这里土地面积广，但因土壤盐碱含量高，其他作物生长不好，所以主要种植耐盐碱的棉花。

尉犁县的大多数棉田，籽棉亩产早已超过400公斤，有些地块能达到500公斤，达西村的棉田却一直徘徊在亩产200公斤上下。风灾小的年份有盈利，风灾严重时辛苦一年反而亏损。

2021年，巴州极飞农业航空科技有限公司在达西村承包土地，要用智能化、信息化、数字化农业技术建"超级棉田"。这些年，各种农业新技术频繁出现，人们听到这个词语后没有感到很意外。引人关注的是"超级棉田"的种植模式，两个年轻人要挑战无人化种植、管理3000亩棉田。这个消息如同一股强旋风，扰动了人们的神经。

为什么说是旋风而不是大风呢？旋风来得猛、走得快，不像大风时间长。村里人见到了这两个年轻人，个子不高，领头的那个，头戴棒球帽，脚蹬白球鞋，鼻梁上架着黑框圆眼镜，怀里抱着笔记本电脑，衣着打扮、行为气质就是人们常说的"IT男"，完全不像种地的。尉犁县种几百上千亩棉花的大户有很多，3000亩地不少也不算太多。但是，以前没有种过棉花的两个城里的年轻人，不雇干活的人，抱着电脑就能种棉花？还能种好？人们想，他们的热情和行动大概会像一阵旋风，刮过就不了了之了。

2021年4月22日，巴州极飞在尉犁县召开"超级棉田"发布会，宣布正式启动国内首个无人化棉花农场项目。他们的目标是，让即将建成的无人化棉花农场够可靠、够耐用、够智能，并且在三年之内实现可复制。

周边的一些种植户到现场看热闹，两个要发起挑战的年轻人在发布会的大红标语下并肩拉手，宣告："海磊兄弟，一定成功。"像综艺节目上的明星搭档。1990年出生的艾海鹏为兄，1992年出生的凌磊是弟。"海磊兄弟"站在台上，人们乐呵呵地看着，却没有几个人相信他们能成功。

几位有20多年棉花种植经验的大户私下表示，3000亩棉花的种、管、收，至少也得有20名长期工，繁忙时节还要雇短工。综合计算，相当于需要30名长期工。两个没有种过地的小伙子要做这么多活，不可能！他们摇摇头，又说一遍："完全不可能！"

到底可能不可能，发布会开完，项目即刻启动，挑战已经开始，只能拭目以待了。

作为挑战方，巴州极飞做了相当充分的准备。公司通过尉犁县罗布淖尔国有资产投资公司以每亩每年700元的价格拿到了3000亩土地15年的使用权。随后，巴州极飞对土地进行了二次整理，把3000亩土地整理成11块面积150亩以上的大田，每100

亩安装一个土壤传感器、一个蒸发散量器，用于采集温度、湿度等相关信息。此外，巴州极飞还布置了无人农场设施，建起了泵房、沉淀水池、肥料配置罐、地下管道等。

巴州极飞的母公司广州极飞科技股份有限公司成立于2012年，是一家机器人和人工智能技术公司，陆续研发出农业无人机、农业无人车、农机自驾仪、遥感无人机、农业物联网和智慧农业管理系统，为全球50多个国家和地区的农民提供无人化智能生产服务。

2015年，巴州极飞农业航空科技有限公司成立，将无人化智慧产品向棉花、小麦等大田种植农业生产的各个环节推广，帮助农民实现高效生产，同时也为自己积累了成功的管理经验。

2021年，公司启动了无人化智慧棉花农场项目，六大无人化科技"神器"全部出动，总投资1500万元。这是他们挑战"超级棉田"的资本和底气。然而，助农生产与直接操作是两码事，这两个年轻人没有直接从事种植的现场经验，能不能成功，还真是一个未知数。

巴州极飞在达西村建了一栋两层办公楼，一楼做展厅，二楼办公，设有未来农场部、渠道二部、无人机智能化部。办公室里的布置都是年轻人的IT风格，板式桌面上放有一些平板电脑和凌乱的小物品。看样子，他们把农场劳动当作电脑程序来操作了。

2021年，"超级棉田"项目启动，各项准备有些匆忙，5月1日才开始播种。雇用大型机械覆膜、播种、铺滴灌带，建设水肥一体化系统，种植过程与其他农场没有多少区别。不同的是，为了提高无人化管理的效率，不少地埂被拆除，导致大片的棉田缺乏防护林的保护。"超级棉田"恰巧处于风口位置，失去了地埂的阻挡，大风刮起来，就可能造成更大的破坏。

播种结束后，艾海鹏和凌磊一边期待着棉苗出土，一边担心大风来袭。七八天之后，种子陆续发芽顶开土壤，绿茸茸两片子叶伸展开，一行一行，整整齐齐，煞是可爱。刚出土的嫩苗，遇风摇摆，非常脆弱，风一大就可能折断。"海磊兄弟"暗自祈祷，大风千万不要来，让棉苗顺利长大。然而，每年春天都会刮来的东北风不会同情两个第一年种棉花的年轻人。该来时不仅来了，而且比往年刮得更猛。

5月12日凌晨，兄弟俩突然听到大风呼啸，紧关的窗户被摇得啪啪作响，整栋房子都在摇晃。他们赶紧起床，想到地里去查看情况。出门没有走几步，他们就如同没入狂躁的大海，除了自保，根本无力去做其他的事。等到大风停下来，他们看到刚刚出苗的棉田里，不少地方的地膜被成片掀起，整行的棉苗要么被连根拔走，要么被拦腰吹断。惨不忍睹啊！

年轻人内心强大。刮风是预料中的事，既然刮了，只能接受现实。查看完毕，他们对受损严重的地块重播。忙活了几天，重播的种子刚刚出苗，第二场大风又来了，情形和第一次差不多。等到风停了，再次重播。这时已到5月下旬。最初播种的没有受到大风破坏的棉苗生长旺盛，后面两次重播长出的棉苗参差不齐，还有一片一片缺苗的空白地。

"超级棉田"的第一次挑战，大范围缺苗已成定局，接下来的管理不能再出意外。"海磊兄弟"整天盯着后台数据，时不时跑到棉田里巡视。

3000亩地里无人化智能场景真是非同寻常——灌溉操控智能化，水肥管理精细化，结合棉田蒸发量、作物需水量和土壤营养状况的监测采样分析，对不同区域的棉田科学安排用水量，按定制配方施用各种液化肥和微量元素，均匀作业。如此一来，便做到了节约水肥。

极飞遥感无人机代替人工巡田，以获取农田信息。物联网传感器与人工智能识别杂草生长和病虫害发生区域，预判病虫害暴发的时间和杂草大面积生长时间，生成作业处方图，指导无人机精准喷洒除草剂和杀虫剂，使杂草、病虫害被及时清除。与普通棉田相比，"超级棉田"的施药次数、施药量与施药面积都有所减少，施药成本有所降低。无人机洒药，能够对棉苗做准确化控，塑造丰产株型，药物打顶和落叶剂的喷洒同样能做到时间、用量、效果三精准。

到了10月，"海磊兄弟"还是当初IT男的形象，只是变黑变瘦了。两次风灾造成大量缺苗，3000亩棉花的可采面积只有50%。不过，由于棉株成长好，结果并没有让他们太过失望，"超级棉田"平均亩产籽棉254公斤，低于周边有经验的种植大户，超过了全疆的平均水平。

"超级棉田"第一季，有风灾肆虐的深刻教训，也验证了无人化管理大规模种植棉花的可行性。

2022年，"超级棉田"挑战第二季。

第一季的教训是要防风。面对平坦的土地和大风必来的现实，"海磊兄弟"能有办法吗？

他们在网络上搜索全疆各地的防风措施，也遍访尉犁县和库尔勒一带的棉花种植户，了解到棉麦分播技术，便立即找到有经验的人拜师学艺。这种技术的操作要点是根据天气情况，于3月中下旬铺地膜播种小麦，把小麦种在地膜右外侧的迎风面。到了4月棉花播种期，在铺好的地膜上穴播棉花。此时麦苗长起来，成为棉苗出土时的"挡风墙"。"海磊兄弟"学得此法，如获至宝，在电脑上生成方案，反复推演，提前制定了操作办法。他们利用地里的传感器和物联网分析温度、湿度，预测最佳播种时间。

2022 年 3 月 20 日，3000 亩棉田铺膜播麦。几天之后，麦苗出土，细窄的针叶随风摇摆，只要不是连根拔起，就不会断裂。4 月 8 日，麦苗高度超过 10 厘米，一行一行，绿茵茵，齐刷刷，排成一道道挡风的"矮墙"。

第一季时间匆忙，棉花播种较晚，第二季准备充分。4 月 10 日，棉花开播。一周之后，棉苗陆续出土，麦苗长得更高了。大风再来时，棉苗躲在麦墙后面，虽小有损失，但大多数棉苗安然无恙。

"哈哈，成功了！""海磊兄弟"击掌庆贺。风期过后，他们停止给苗麦滴水，枯死的麦苗和根系成了地里的有机肥料。过了第一道大风关，后面的管理比第一年更加顺畅，一切按程序操作，"海磊兄弟"的心力体力省了不少。

"超级棉田"第二季加入了一位新的挑战者，1993 出生的"湘妹子"莫晓钰。她加入"超级棉田"项目组，一个人管理棉田 500 亩。

莫晓钰大学毕业后先去广州打拼，加入了极飞科技，作为公司的摄影师见证了"超级棉田"第一季的生产过程。看到艾海鹏和凌磊每人管理 1500 亩棉田，她产生了强烈的好奇心。她也想证明自己的能力，便申请加入了"超级棉田"挑战。从 3 月开始，她跟着"海磊兄弟"，像打游戏一样，一道一道地通关。"打游戏"只是个比喻，一个人管 500 亩棉花，特别辛苦，何况还是女孩子。从播种到除草、防虫、打顶、脱叶，再到最后的采收，莫晓钰身体很疲惫，心里却很快乐。每一项农事的完成，都是满满的成就感。

零种地经验的莫晓钰，复制"超级棉田"的种植模式，迎来了秋天的收获。

2022年10月，"超级棉田"第二季接近收官。艾海鹏和凌磊站在准备开采的棉田里，各自抱着一大捧棉花，如同两个圆满的句号。春播、夏管、秋忙，180天过去，棉麦分播技术、全程飞防病虫害预警技术、处方图杂草防除技术、遥感无人机高效调控技术、智能水肥一体化技术等五大技术助力"海磊兄弟"收获籽棉1210.8吨，平均亩产403.6公斤。经过检测，新棉的绒长超过30毫米，纤维的细度和成熟度达到A级。这样的结果，让周边的种植大户信服了。达西村的棉花，近10年籽棉亩产没有超过350公斤，处于风口位置的"超级棉田"，收获远远超过预期。

梳理量化指标，"超级棉田"管理的无人化率达到80%，与周边棉田相比，用水量减少47.3%，用肥量减少18.2%，农药用量减少33.2%。每亩节约人工费用175.3元、种子、水、肥、药等其他生产资料费用411.2元，每亩投入智能设备改造和维护费用166.9元，算下来，每亩降低成本419.6元，3000亩总计节约125.88万元。随着基础设备和种植模式的优化、完善，后续费用还会有进一步下降。

莫晓钰管理的500亩棉田，亩产373.7公斤，实现盈利20万元。

2022年11月29日，莫晓钰棉田的种子搭乘神舟十五号载人飞船发射升空，飞向中国空间站。她在距离酒泉卫星发射中心发射现场1.5公里的地方，兴奋地欢呼跳跃。

"超级棉田"作为农业数字化、智慧化的一个典型样本和农业碳中和的标杆项目受到农业农村部的关注和各大媒体、权威平台的报道。

新疆的棉花种植有了一个新的范例。当初说"完全不可能"的种植户转而向"海磊兄弟"学习新的"黑科技",越来越多的棉花种植者到"超级棉田"参观取经。

# 六

2022年,新疆棉花种植在规模化经营、机械化生产、水利化保障、社会化服务的基础上,提高了自动化控制、信息化管理的智能化水平。当年,新疆棉花种植面积3745.34万亩,比上年减少13.77万亩;亩产皮棉143.94公斤,比上年增加7.51公斤,高出全国平均水平11.14公斤;皮棉总产量539.06万吨,比上年增加26.21万吨。呈现出种植面积减少、单产和总产增长的总体趋势。新疆棉花的品质提高,纤维长度、强度、色泽等指标全国领先,国内和国际市场的品牌知名度和美誉度得到提高,产业发展前景广阔。

2022年10月16日,媒体报道,新疆棉花的新品种实现重大突破。在兵团第一师十六团的新疆农业科学院棉花综合试验站里,经专家组测产鉴定,李雪源团队试验种植的棉花新品种"源棉8号"收获密度为每亩13133株,平均单株成铃7.92个,平均每亩总铃数103998个,平均单铃重7.19克,实现籽棉平均亩产747.8公斤。

专家组将其评价为重大突破的原因,在于其不同一般的高产,也在于其在成熟度、化控栽培、机采棉综合农艺配套、微生物菌剂等关键技术方面的同时突破。这个品种的培育历时8年,研发团队攻克了高密度种植模式下个体成铃少的难题,实现了棉花产量、质量和效益的协同提升。在栽培管理上，这个品种由以热量为主转为温光并重，能饱和吸收新疆独特的光热能量，改善土壤微生物环境，显著降低了生产成本。

"源棉8号"绒长平均31.7毫米，比强度、整齐度好，达到高品质纺织的要求，引得多家种子企业竞价繁育。最终，位于阿克苏地区的新疆金丰源种业有限公司和位于巴州的新疆国欣种业有限公司共同以500万元的价格拿到了"源棉8号"的繁育权。

李雪源和新疆业界共同期盼的新目标得以实现，新疆棉花迎来了新一轮的品种升级。他们不断培育新的优良品种，在绿色低碳的种植目标下，向世界领先水平迈进。新疆棉花，未来还会演绎出多少精彩感人的传奇故事呢？

# 后记　杂交和孕育

　　写一本书，写什么，怎么写，有很多契机。契机不是巧合，它来自对生活的记忆，只是因为某一件相关的事在某一时间点被触发了。我写棉花的契机就是这样的。

　　某一天，新疆棉花突然成了一个世界性的话题。在外界关于这个话题的各种吵嚷声中，我童年的棉花记忆，像初春的阳光，很温暖地浮现出来。小到棉铃成熟时的一团白絮，老纺车上的一丝棉线，在织布机飞梭的穿越中变长的一块棉布，生活中所有的棉制衣用；大到新疆从古到今的棉花种植史，以及现在无处不在的棉花产业，影响深远的棉花文化。很多的棉花因子，在脑海里一股脑儿地翻滚，使我涌动起阵阵激情，让我在很长一段时间里，思考一种棉花与文学的连接方式。

　　生活中有两个常用词，"衣食"和"温饱"，"衣"和"温"在前，"食"和"饱"在后。这样的用词，也许不是"穿"与"吃"的重要性排序，但至少说明"衣"与"食"同样重要。人类失去大部分体毛之后，"温"与"饱"同样事关生存。进入文明社会，衣除了保温，还关系到尊严与礼仪，穿衣给人起码的颜面。在帝王统领的社会里，衣着关系着礼制，区分人的等级。人类早期的制衣原料毛、麻、丝等远远不能满足需要。只有棉制品成为日常用品，并且极大丰富后，才从根本上解决了有穿和穿好的问题。新疆，很早就有棉花种植，可以说源远流长，现在成为中国乃至全世界最集中的棉花种植区之一，年产量占全球的五分之一以上。这里的棉花故事值得叙述，我于是有了为此写一本书的想法。新疆文联和作协的朋友给了我很大的鼓励，让我有信心确定这个选题。

有了一个新选题，怎么写却是很大的难题。棉花在新疆太常见，有点儿像人们的一日三餐。太熟悉，太平常了。生活的日常，闲聊起来可以喋喋不休，但要写出有价值的文学作品，提炼文学主题，塑造文学的典型性，谈何容易呢？

我用三个月时间，梳理出了新疆的棉花种植史，思考再三，决定写一部新疆棉花的传记。目标确定，难度指数降低了吗？

写传记，不能脱离真实，必须写出历史的严谨性。古代棉花传入新疆，经过两千多年的历史，到今天，漫长的历史如何有声有色地描绘出来？时间、地点、人物、事件，所有的情节如何获得？到了现代、当代，棉花产业发展的宏大场景，其间的技术突破、产业升级，典型事例如何挖掘和表达？一步一步探寻，面临的问题越来越多。越是触及细节，越是触及知识性、技术性的内容，文学表达的难度就越大。各种难题，先把自己吓一跳。一个外行，得到的棉花信息纷繁复杂，下多少功夫才能消化到位？如何做好选择与排序？作为一部传记，如果历史性、知识性、趣味性、故事性不到位，就难言可读性。没有这些硬核内容的支撑，这部作品就可能成为个人抒情作品。我辗转反侧，运筹这部作品的入口与出口、框架与脉络，像一个纺棉生手面对一团蓬松柔软、纤维相互缠绕的棉花，感觉前所未有的难。这该如何处理呢？

文学即生活，生活亦文学。有质感的作品往往源于平凡的生活，然而越是熟悉的东西，越难以实现文学化的表达。难题层层递进，如何求解呢？

　　想完成一部有分量的作品，没有捷径可走，只有多采访、多阅读。因为题材特殊，采访和阅读说来简单做来难。写作说到底是个体性的劳动，面对一个熟悉又陌生的题材，一个人单枪匹马，搞不好就成了螳臂当车那样不自量力的笑话。幸运的是，我得到方方面面的足够支持，新疆文联、新疆作协、我所在的单位，为我提供了很大的支持。新疆作协帮助我协调各地州市文联、各相关部门，对接各方面的采访对象。新疆维吾尔自治区发展和改革委员会、农业农村厅所属有关部门，巴音郭楞蒙古自治州、阿克苏地区、昌吉回族自治州、塔城地区、喀什地区、吐鲁番市、和田地区等地州市文联和所辖县、市有关单位，兵团各相关师与团场，有关企业和棉花种植者，都为我提供了采访便利，讲述了他们的棉花故事。新疆博物馆为我提供了考古资料，新疆图书馆对我无条件开放，给了我良好的阅读环境。

　　新疆棉花专家李雪源先生以及他的技术团队为我提供了大量专业资料，为我释疑解惑，在他们的育种基地为我进行现场讲解，帮助我探索棉花王国的生长奥秘。

　　从2022年春天棉花开始播种，到2023年春天棉花再次播种，一年多的时间，在全过程的生长周期里，我背着双肩包，拿着采访本，走过了南疆、北疆、东疆的很多棉田，采访了40多个县、市和兵团团场，100多个单位和个人，看了很多植棉人的劳动。我攻读了6部砖头厚的棉花、农机和水利专著，翻阅了30多个地州市和县、团场的棉花史志。身上沾满了棉田的泥土，皮肤增加了阳光的颜色，心中的迷雾渐渐散去，露出一粒一粒闪光的珍珠。我把珍珠捡起来，正准备串成一条精美的项链时，突然感觉自己的叙事能力产生了阻滞。写作多年，我曾经颇以语言精准而自信。当要完成大量考古与技术资料的文学转化时，我却如砾石堆于心间，感到疙疙瘩瘩的生涩；又如滚石上山，有一种会被反噬碾压的无力感。这该怎么办呢？

棉花育种有一个规律是远缘杂交，就是用一个优良的母本，与某一个亲缘尽量远、有弥补性突出优点的父本杂交。人生下来，是一个稚嫩的婴儿，也是一个不断接受外来营养的"母本"。一颗文学的种子，发芽可能很早，但若要很好地成长，则需要不断的"远缘杂交"，吸收文学营养，消化感悟，将其转化为自身的优秀基因。这个过程比棉花育种更难、更复杂，更要求人的亲和力。这个亲和力，就是要主动、真诚、努力地吸收优秀的、特异的文学营养，使自己这个"母本"不断"进化"。

李雪源先生的棉花育种基地，营造了专门的病田、盐池与旱池，新培育的种子要经受各类病菌、盐碱与干旱的考验，过了这几道关，才能成为种植品种被大面积推广。不能过关，被病菌侵害，被盐碱压制，被干旱摧残，就要继续杂交，接受新的特异基因。

我写棉花，其实也是在接收一种特殊基因。能选定这个目标，说明我的文学创作与棉花有缘，有亲和力。写作过程出现困难，如同一个正在培育的棉花新品种，正在接受病菌、盐碱或干旱的考验。想渡过难关，就需要接收新的文学营养。在这样的关键时刻，我能恰巧得到弥补自己缺陷的特异基因吗？

幸运的是我真的得到了，给我帮助的是文学名家董立勃老师。董老师主持新疆作协工作10年，开创了新疆文学的一段黄金时期。在他的主持下，我得到了很多非常宝贵的学习机会。我文学创作的每一点进步，都离不开他的关心帮助。

这一次，我的棉花叙事出现困难，董立勃老师给了我很多建议。我每写完一章发给他，他都会放下自己的创作，第一时间阅读并与我电话交流。一通电话，时长往往超过 1 个小时。通话中，他直言问题，提出解决方案。如此一来，他成了我生长离不开的"挡风墙"。每一章内容，只有通过他的审核，才算合格，我也才会进入下一章的写作。整整 2 年，他全程见证了我的写作。此书得以完成，对董老师无论怎样道谢都是远远不够的，只有更加用心地投入创作，写出好的作品，才是对他最好的回报。

还要感谢浙江人民出版社，尚未问世的书稿有了"婆家"，写起来心里踏实，无疑给了我最大的精神支持。感谢从古到今为新疆大地奉献了生命和智慧的人。感谢新疆独特的阳光，感谢这片盐碱含量高于别处的土地。

感谢洁白温暖的棉花。中国不是棉花的原产地，可棉花柔软、温暖、包容的特点，从枝干到棉籽再到纤维的可塑性，天然地具有中国气质。无论是古代传入中国的非洲棉、亚洲棉，还是近代传入中国的陆地棉、海岛棉，在中国的土地上，经过中国人的栽培，都成了地地道道的中国棉。就像茶叶、丝绸、陶瓷、玉器等，有着中国的禀赋，与中国人的性格实现了融合。

特别感谢中国作家协会副主席、著名作家邱华栋先生和中国工程院院士、棉花遗传育种专家喻树迅先生，分别从文明史诗和科学发展两个方面给予的推荐肯定与支持鼓励。

此书的创作，时间跨度长，不少内容完成于旅途中。2023 年 11 月完成一稿，经过多轮修改。2025 年 1 月于新疆三道坝作家村完成修改。其间得到很多人的关心支持与帮助，在此表示衷心感谢。

杂交和孕育，是我创作此书最大的感受。最好的棉花，永远在新的培育中。与此类似，我的棉花叙事，一定存在着这样那样的问题与不足，敬请业界人士和广大读者批评指正。